第五編

摩鹿加群島

第一章
班達
一八五七年十二月，一八五九年五月，及一八六一年四月

我從望加錫坐到班達（Banda）同帝汶（Amboyna）的荷蘭郵船很是寬敞舒服，但在極好的天氣，每小時只能走六哩。船上除我以外，只有三個乘客，所以我們的艙位很為寬裕，舒服的情形得未曾有。船上各種的佈置和英格蘭或印度的輪船略有不同。艙客各自帶有僕人，並無侍者伺候；膳務員只照料客廳同食堂。上午六時備有咖啡或茶。自七時至八時備有茶，蛋，鰮魚等項的早點心。十時送上葡萄酒，杜松子燒酒，及苦啤酒，彷彿是十一時午餐的一種開胃物，那午餐很是豐厚，比晚餐只少一個湯。下午三時擺上茶同咖啡；五時再有苦啤酒等等；至六時半乃進晚餐，兼有啤酒及紅葡萄酒，後在八時以茶及咖啡為殿。而啤酒及汽水又可隨時叫喚，故沈悶的航程不愁沒有美味的興奮物來消遣了。

我們第一個停泊的地方就是帝汶大島西端的庫旁。從庫旁開船以後，沿島航行幾百哩，時時看見一帶一帶植物稀疏的丘陵，向後一重高似一重，一直高到六七千呎。我們的輪船轉向班達出發以後，挨過浦羅坎丙（Pulo-Cambing）、味忒（Wetter），同洛馬（Roma），都是荒涼

裸出的火山島，幾乎和亞登（Aden）一樣的不足動人，與馬來群島一般青葱蓊鬱的景象截然相反。再過兩天，我們就到了火山區的班達，密匝匝的蓋著蓊鬱蒼翠的林莽，那澳大利亞中部平原所吹來的旱風顯已無力及此。班達是一個可愛的小地方，由三個島嶼縮成一個平穩的港口，看不見有什麼出路，海水非常澄澈，七八噚深的海底火山沙上的活珊瑚，以至極小的東西，都是歷歷可見。有一個島有時時吐煙的火山聳出圓錐形的禿峰來，其餘兩個較大的島，卻有茂盛的植物蔓延到丘陵的頂尖。

我上岸以後，走上一條美徑，直達島上最高的地點，風景很是雄壯，設有一個電報局。下面就是小城，內有紅瓦白牆的屋宇以及土人的茅舍，有一邊以葡萄牙人的古堡為界。遠在半哩左右以外，有一較大的島嶼，形如馬蹄鐵，由一帶陡峻的丘陵構成，上有茂林及豆蔻園；再在小城對面近在咫尺的就是火山，為一完整的圓錐峰，只有下層斜坡上有稀疏蒼翠的叢林。峰上向北的一側略有凹凸，在高坡上露出一個小罅或小縫，時時吐出兩股煙來，而從四周崎嶇的表面以及山頂近旁的幾處，也有一些煙上升而出。山峰的上部厚厚蓋著一種白色的風化物（大約是硫磺），和那一條一條狹小垂直的黑色水溝互相輝映。上升的煙結成一團煙雲，在安靜的濕天氣中散出一個大天篷，遮沒了山頂。但在夜間及早晨，這種煙往往直升而上，於是全山的外形畢露出來。

我們必須實地看了活火山以後，才知火山真是雄奇可驚。那永永不竭的火，時時從這荒涼的禿峰吐出硫磺性的濃煙；試問這種火是從那裡來的呢？那偉大的力量，從前創造了這個山峰，至今時時在山峰附近發生地震：這種力量又從那裡來呢？凡是從小知道有火山地震的人，總不覺得火山地震是十二分的奇怪。只有北歐各地的居民，平日看見地球本是一個安定的東西。他們一生的經驗只知地球是固定的，只知岩石裡面有水而無火；而且一切地球的主要特徵，在他們境內一切高山上面都有表現出來。所以火山這一樁事實，對於他們全部的經驗完全相反；它的性質極其可怕，如果它是地上的通例而不是例外的話，這個地球就要不能居住了；而且它的現象又極其可怪，如果它在目前還是初次發現的話，恐怕有人證明它是某處所發生的自然現象，也絕沒有人肯相信了。

這個小島的頂尖全由一種高度結晶的雪花岩構成；稍低一點就是堅硬成層的板狀沙岩，在海濱上則有巨塊的熔岩，與整堆白色的珊瑚石灰岩。而那較大的一島有珊瑚岩從海濱直到三四百呎的高度，三四百呎以上則為熔岩及雪花岩。所以這一層似乎是可能的：這一小組所有四個島嶼就是從前整個地域的碎片，這個地域從前大約和西蘭相連，後來方為創造火山圓錐峰的力量所破裂，以致互相分離。我在後來有一次往遊那個較大的島嶼時，看見一大片地面蓋有魁偉的林木，雖已枯萎，卻未倒地。這就是兩年前那次大地震的一種記載，那次地震發生的時候，海水洶湧而來，氾濫於這一片地面，毀壞了一切低地上的植物。這地方差不多逐年都有一次地震，每隔幾年又有一次大地震，坍倒若干房屋，並且把港口上的船隻湧到街上來。

這幾個小島面積既小，位置又孤立，兼有這種地震引起許多損失，卻是世界上主要的豆蔻園，對於荷蘭政府一向大有利益。豆蔻樹幾乎栽植遍地，上有巍峨的「加利那樹」（Kanary trees學名：Kanarium commune）為之遮蔭。這些島嶼所有輕鬆的火山泥，樹木的遮蔭，過度的潮濕——一年之之中每個月多少有雨降臨——對於豆蔻樹似乎非常相宜，並且不需肥料與人工。花果兩項全年都有，凡新加坡及檳榔嶼的豆蔻種植家勉強仿種的墾殖制度所由失敗的那些病害，也絕無發生。

人工栽植的植物比豆蔻樹更美麗的實在不多。它們的形狀很是優秀，樹葉光澤，樹身高到二十或三十呎，滿樹開著黃色的小花。果實的大小及色彩與桃相同，而形狀卻是橢圓。果實內部在未成熟時，原是一團堅韌多肉的東西，等到成熟裂開以後，露出裡面一顆暗棕色的堅果，遮以一層深紅色的外皮，最是美麗。堅果的中心藏著種子，就是商業上的豆蔻，種子外面包著一層堅硬的薄殼。班達的大鴿慣吃這種堅果，卻只消化了外皮，整個堅果依舊連同種子排泄出來。

這種豆蔻的商業一向都由荷蘭政府絕對的專利經營；但我回國以後，這種專利大約已有一部或全部廢除，據我看來，那種措置大為失當，且亦不必。理由正當的專利實在很多，豆蔻的專利就可說是正當的一種。荷蘭這樣的小國，對於遠方寶貴的殖民地當然應該加意維護；它所佔領的一個小島，假如有一種貴重的產品——但非生活上的必需品——可以不勞而獲的時候，這種產品的專利幾乎可說是國家應盡的職務。專利以後對於他人並無損害，而對於本國及其殖民地的全部人民則有大利，因為國家專利的生產可以減輕人民負擔的賦稅。如果荷蘭政府自始即抱放任主義，不把班達的豆蔻商業收入掌握之中，這幾個小島大約早已全部變為一個或幾個大資本家的私產了。所以結果還是一種專利——因為世界上無論何處都不能出產班達這樣便宜的豆蔻——只是專利的利益不歸於全國，而歸於少數人罷了。要指證國家的專利有時即是國家的職務，不妨假設澳大利亞的金礦不在澳大利亞發現，卻被我們某一隻船在某一個小小的荒島上發現出來。這時候國家對於這種金礦的保管和開採顯然成為國家的職務，因為收歸國有以後，國家既有大宗的收入，即可減輕人民的賦稅，而全國人民即可公平享受其利益；如果單在島上設置政府，對於自由貿易不加禁止，則在當初競爭金礦時，種種罪惡當然層出不窮，後來還是變成某富商或某公司的專利，其大宗的收入不能由全體人民平均受到利益。班達的豆蔻與邦加（Banca）的錫礦頗有幾分和這個假設的情形相似，如果荷蘭政府拋棄他們的專利，我認為是很失當的。

再者荷蘭人因為要把豆蔻和丁香的種植限制於一二個容易保障專利的島嶼，竟將許多島嶼的豆蔻和丁香盡數撲滅：這一層雖則惹起許多合理的反對，但根據上文的原理卻有辯護的餘地，並且和我們自己維持到新近為止的許多專利事業比較起來，也當然要好得多。豆蔻和丁香並不是生活上的必需品；摩鹿加群島的土人甚且並不用作香料，這兩種樹撲滅以後，不致有人受到實際的或永久的損害，因為這些島嶼可以栽植的農作物總有一百種上下，就價值方面說，正和豆蔻丁香相同，再就社會方面說，的確比豆蔻丁香還要好得多。他們這一件事情，和我們禁止英格蘭栽植煙草以求增加賦稅正可相提並論，就道德和經濟兩方面說，彼此絕無高下可分。至於我們從前在印度經營多時的食鹽專利就要壞了許多。凡是我們保存著日用品徵稅的制度的時候——這種制度在實行上既需大批的官吏與海防隊，而且造成許多純粹法律上的罪惡——我們如果憤恨荷蘭人的行為，真是荒謬已極，因為他們在東方領土內所設施的制度，著實比較的合理，比較的有利無弊呢。我十二分歡迎那些反對的人指出荷蘭政府豆蔻專利的行為所有直接發生的任何身、心兩方面的罪惡來。但是我們所有各種專利及禁制的結果卻逃不了這些罪惡。①原來這兩種實驗的條件是完全不同的。凡是高等民族統治低等民族的時候，真正高等民族的「理財學」（political economy）斷斷不能實現。這種「理財學」應用於低等民族的結果，總是低等民族的滅亡或墮落。可見它的應用確有種種必要的條件，而人民的精神上同社會上的融合大約就是條件之一。我對於這個問題，將在敘述德那第——一個舊時以香料馳名的島嶼——的一章再有說及。

班達土人的血族很是混雜，至少有四分之三大約都是雜種，雜有多少不等的馬來人，巴布亞人，阿拉伯人，葡萄牙人，同荷蘭人的成分。就大部分人口而論，馬來人與巴布亞人的成分為其基礎，而巴布亞人的特徵尤為顯著：例如皮膚的暗黑，特別的面貌，以及多少有些鬈曲的頭髮都是。班達的土著顯係巴布亞人；至今還有一部分存在於克厄諸島，當葡萄牙人最初佔領本島時，他們就遷到那裡去。他們常被大家認作馬來種族與巴布亞種族中間過渡的形態，其實只是那兩種人的混合體。

①我在一八九〇年三月二十八日《每日新聞》（Daily News）的國會報告，看到下面這一段文字：「窩牧伯爵（Baron H. de Worms）謂錫蘭的紐瓦拉以利雅區（Newara ELiya district）確因欠繳穀物稅而舉行土地拍賣，其影響及於一萬零二百八十三個男婦小孩；又謂九百八十一人因此貧病而死，二千五百三十九人則苟延殘喘，一貧如洗。」這是官場所報告的我們徵收人民糧食稅的一個結果。當時我們的立法者將它看作十分普通的事件，聽了報告以後，似乎毫不在意。但是我們竟敢痛罵三世世紀以前荷蘭人的撲滅香料樹！——當時他們對於香料樹原有公平的賠償，而且撲滅的結果對於耕種者大約又是利多害少！（看本編第三章。）

班達的動物雖則很少，卻很有趣。除蝙蝠以外，這幾個島嶼大約沒有真正固有的哺乳類。摩鹿加鹿與豬大約為人類所輸入。一種東方鼠也有發現，因為不是由人類輸入的緣故，也許可說是真正固有的動物。對於鳥類方面，我在三次遊歷中（每次住一二天）一共採集八種，而荷蘭的各採集家又加上另外幾種。其中最顯著的就是那精美的食果鴿（學名：Carpophaga concinna），以豆蔻的外皮養生，轟轟的鳴聲時時震人耳鼓。這種鴿在班達及克厄與馬他貝羅（Matabello）諸島都有出現，而在西蘭或其他任何較大的島嶼卻無出現，那些大島棲有相近而大不同的鴿。還有一種美麗小巧的食果家鴿（學名：Ptilonopus diadematus），則為班達的特產。

第二章
帝汶
一八五七年十二月，一八五九年十月，及一八六〇年二月

我們從班達坐船，二十小時即到帝汶。帝汶為摩鹿加群島的首城，亦為東方最古的歐洲殖民地之一。全島由兩半島構成，幾乎為兩個海灣所分離，靠近東端相連處為一段泥沙的地頸，大約只有一哩闊。西面的海灣有幾哩長，為一良港，帝汶本城剛在海灣的南岸上。我帶了介紹信去看摩奈克醫生（Dr. Mohnike），他是摩鹿加群島的領袖醫官，籍隸德國，係一博物學者。他對於英文能讀能寫，而不能說，他的不長於學話和我相似；所以我們只好用法語對談。我在帝汶城內時，承他給我一間房子居住，又給我介紹於他的後輩，匈牙利人，多爾沙爾醫生（Dr. Doleschall），他亦是昆蟲學者。多爾沙爾醫生尚是青年，天資聰穎，性情最為和善，不幸癆瘵待斃，僅能服務而已。摩奈克醫生當晚陪我往見總督哥爾得曼先生（Mr. Goldmann），總督厚意相待，並願盡力幫忙。帝汶本城，只有少數的大街與直角交叉的馬路，統用有花灌木的籬笆為界，又有一帶村屋同茅舍圍在棕櫚樹同果樹的中心，各方差不多都有山阜做著背景，而在早晨或晚上散步於近郊一帶的鋪沙馬路及有蔭的小巷之中，尤其有趣。

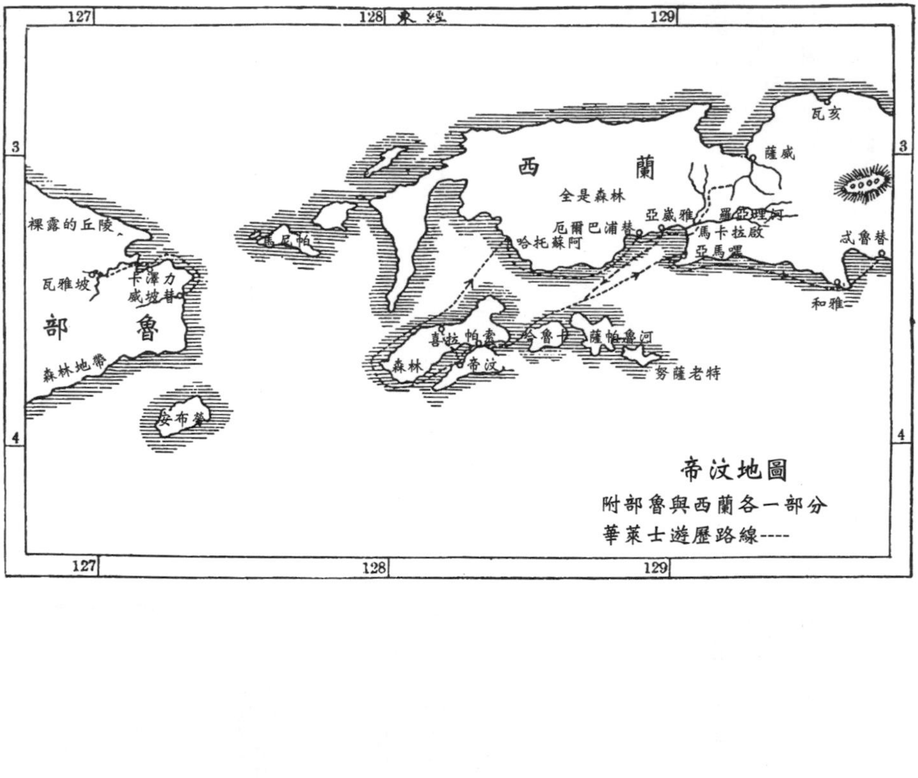

帝汶地圖

附部魯與西蘭各一部分

華萊士遊歷路線----

島上並無活火山；從前雖有幾次猛烈的地震——將來也許難免——而在目前卻沒有什麼地震。從前芬納爾先生（Mr. William Funnell）與丹皮爾在一七〇五年航行於南洋（South Seas）時，曾說：「我們停在這裡（帝汶）的時候，曾有一次大地震，連續兩日，釀成大災；因為地面破裂多處，吞沒若干屋舍及其全家。後來掘出若干人，大半都已死了，又有許多因為房屋坍倒，都已斷腿折臂。城牆破裂若干處，當初我們以為這座城堡和一切屋舍都要倒下來。我們駐足的地面高擁而上，有如海浪一般，但是我們附近一帶都沒損害。」再則本島西端一座火山的爆發也有許多記載。在一六七四年的一次爆發，毀滅一個村莊。一六九四年，又有一次爆發。一七九七年噴出許多蒸汽和熱力。一八一六，一八二〇，及一八二四那幾年，也有爆發，據說，一八二四年的爆發並且噴出一個新噴口來。但是這些地下火的行動大有變遷，故從最後一次的爆發以後，一切爆發的朕兆早已完全停止，以致帝汶一般消息最靈通的歐洲人，都說他們一向不曾聽說島上有什麼火山。

我在預備往遊內地以前所度的幾天，與兩醫士同住很是有趣，他們性情和善。學識宏富，對於昆蟲學又很熱心，只因職務匆忙，對於採集方面差不多完全靠著本地的採集者。多爾沙爾醫士所研究的以蒼蠅和蜘蛛為主，但也採集蝶類同蛾類，我見他的箱內藏有濃綠色的「馬來巨蝶」（學名：Ornithoptera priamus）同淺藍色的鳳蝶（學名：Papilio ulysses），與本島所有其他多種的美蝶。摩奈克醫士專門研究甲蟲，僑居於爪哇，蘇門答臘，婆羅洲，日本，及帝汶各地多年，製成大宗的採集品。其中日本的採集品特別有趣，含有北部各地精緻的「蚑屬」（Carabi），與熱帶上豔麗的吉丁蟲科同「長鬚甲蟲」（Longicorns）。他曾從長崎由陸地直到澤多

（Jeddo），對於日本人的人情風俗，以及日本的地質，形勢，生物，都很熟悉。他取出自己所搜集的彩色木版圖給我看，這些木版圖很是便宜，每張的賣價不到一個「法尋」（farthing），畫的是日本各地的風景和風俗，雖不工細，卻很特別，有些又很有趣。日本植物的彩色圖，他也收藏得很多，係一日本女士所繪，巧妙無比。舉凡一莖，一梗，一葉都用一筆畫出，雖極繁複的植物莫不惟妙惟肖。而且梗葉的相接處畫來也極合於科學。

我決意要往本島北半部內地新墾的栽植地上一所小舍中去住三星期，先將一切物件預備妥當，再費若干手續，僱得一隻小船及船夫（因為帝汶土人懶得可怕），以便渡海而往。我們駛上內河似的港灣，海水的澄清，使我看見以前未曾見到的一種最古怪最美麗的情形。水中絡繹不斷的珊瑚，海絨，「海葵」（Actiniæ），及其他海洋的產物，形態離奇，色彩鮮豔，把海底遮得一絲不漏。海水大約從二十呎深到五十呎，海底起伏不平，到處都有岩石，裂罅，小丘，小谷，那些動物的森林隨著形勢生長起來。其中出沒無常的還有許多藍色，紅色，同黃色的魚類，或有斑點，或有條紋，最是光怪陸離，而浮近水面的又有橙色或粉紅色的透明大水母。這就是我注視多時的景致，其美麗與有趣難以筆墨形容；又有一時，比我一向所讀過的珊瑚海的奇觀還要美麗許多。就海洋產物，珊瑚，介殼，與魚類的豐富而論，世界上無論何處，大約都比不上這個帝汶港灣。

有一條康莊大道，從港灣的北岸穿過濕地，墾地，森林，越過一阜，一谷，通到本島的北岸；珊瑚岩時時從深深的紅泥中聳出，這種紅泥填滿一切罅穴，而各處的平原和阜側也多少總有珊瑚岩展佈著。森林植物最是茂盛；羊齒同棕櫚極其豐富，攀緣藤的繁殖尤為見所未見。我所住居的小舍位於大片的墾地中，這片墾地大約有一百英畝的面積，有一部分已經栽種幼稺的「可可樹」，上有某種芭蕉（plantains）為之遮蔭，而其餘的地面卻放著燒焦的枯樹；還有一邊有一帶樹木剛已砍下，尚未經火。沿著這墾地的一邊有一條小徑和大道相接，穿入原生林，越過丘谷，通到本島的北岸。

我的住宅只是一所小草舍，前有開朗的洋臺，後有黑暗的小臥室。這草舍搭在樁柱上，離地大約五呎，用一粗梯通上洋臺。牆壁及地板用竹做成，舍內計有一桌，一床，及兩竹椅。我急忙佈置妥當，即往新近砍倒的樹木中間搜尋昆蟲，這些樹木上面聚集著象蟲科，「長鬚甲蟲」，及吉丁蟲科，大半都有非常雅致的形態或非常燦爛的色澤，並且幾乎全是新種。我在樹椏同樹皮當中冒熱搜尋若干小時，每隔幾分鐘都有歐洲採集家所未見的昆蟲可以捉得：我心中的快樂的確只有昆蟲學者才能體會呢。

在森林中陰涼的小徑上有許多美蝶，其中最顯著的就是一種有光輝的藍色鳳蝶（學名：**Papilio ulysses**）。這種鳳蝶，當時在歐洲雖以為奇，而在帝汶卻很普通，不過完好的標本很不易得，有許多翅上都有破敗。牠飛的時候只是微微的上下波動，而其魁偉燦爛則為博物學家所見最有熱帶模樣的昆蟲之一。

帝汶的甲蟲與望加錫截然相反：後者往往纖小而隱晦，前者則魁偉而燦爛。就大體上看來，帝汶的昆蟲和阿魯群島（**Aru Islands**）最是相似，但彼此的種往往各別；有些種類雖然相近到十二分，但帝汶的種類總比較的魁偉些，燦爛些，所以我們不免要下一個結論說，傳播於比較惡劣的土壤和氣候裡面的種類，已經退化為比較隱晦的形態了。

通常入夜以後，我都坐在洋臺上看書，預備捕捉那些被燈光攝引而來的昆蟲。有一夜九時左右，我聽見上面有一種古怪的沙沙聲，似乎有什麼大的動物在屋篷上慢慢爬行而過。過了一會，那種聲音就停止了，我就不去理會牠，上床睡覺。次日下午剛在晚餐以前，我因為日間工作疲倦，手持一書躺在床上，仰頭一看，忽然看見頭上有一大團東西，是我先前所不注意到的。我仔細一看，看出黃黑兩色的斑紋，想是一個嵌在脊梁和屋篷中間的玳瑁殼。看到後來卻變出一條大蛇，盤成一團，蛇頭與蛇眼位於正中。於是昨夜的聲音方才明白過來。這一條蚺蛇原從屋柱爬上，爬到屋篷底下，盤在一個舒服的位置，和我的頭只相隔一碼，而我竟已在牠下面安然睡了一夜。

我喚上兩個童子——他們正在屋下剝製鳥皮——並且說道，「這裡有一條大蛇盤在屋篷底下。」但我指給他們看了以後，他們立刻避到屋外，並且叫我趕快逃避。我看他們怕去動手，就往栽植地上叫些工人來，一共來了六人在屋外磋商著。內中有一部魯人——部魯多產大蛇——說他自己可以將蛇取下，一面認真的著手做事。他用藤做出一個堅固的活結，拿在一隻手裡，別一隻手拿著一條長棒去撥動大蛇，那大蛇方才慢慢展開。他把活結套過蛇頭，絡住蛇身，用力拉下，那大蛇捲在椅上柱上來抵抗，雙方起了一場惡鬥，後來那人抓住蛇尾，急忙衝出屋外（他衝得很快，那大蛇似乎被嚇呆了），想把蛇頭撞在樹上。不料他一失手，大蛇鑽入近旁一株倒地的枯樹幹底下去。他再把大蛇撥出，再抓蛇尾，急忙拖蛇而跑，一迴轉就把蛇頭撞在樹上，再用一斧結果牠的性命。這大蛇約有十二呎長，而且極粗，能夠吞下一隻狗或一個小孩。

我在這裡捕獲的鳥類並不很多。最顯異的有猩紅色的「刷舌鸚」（lory，學名：Eos rubra）——一種刷形舌的長尾鸚——很是繁殖。牠們成群的飛到栽植地附近，棲在有花的樹上吃花蜜。又有尾似網球拍的帝汶的魚狗（學名：Tanysiptera nais），我也捕得一二隻，為魚狗科中最奇特最美麗的一種。牠們和一切魚狗（常為短尾）不同的地方，在於兩根正中的尾羽極其狹長，而末端又放大為羹匙形。牠們主要的食物就是昆蟲和軟體動物。牠們從高處飛到地面啄取那些動物，正和普通魚狗掠水啄魚一般。牠們所棲息的地域限於摩鹿加群島，新幾內亞，及北澳大利亞。現在已知的種類約有十種，彼此都很相似，但各地的種類各有充分的區分。帝汶所產的一種——書上描著一個很正確的圖形——就是最大最美的種類之一。牠從嘴端直到長尾羽的末端足足有十七吋長；嘴為珊瑚紅色，腹面為純白色，脊與兩翼為深紫色，兩肩，頭部，後頸，及脊與兩翼的上部的若干斑點，則為純粹的蒼藍色。尾為白色，而羽毛的邊緣各為絲藍色，長尾

羽的狹長部則為濃藍色。這種魚狗確是完全的新種，其學名由格雷先生（Mr. G. R. Gray）所定。

我在聖誕夕回到帝汶城，與我友摩奈克醫士再同住十日左右。總計此次離城不過二十日，內中又有五六日因為天氣太濕，自身又有瘧疾，不曾做事，但是我所製成的昆蟲採集品倒很不錯，在這短促的時間，獲這許多魁偉燦爛的種類，確為前此所未有。我所採集的金屬色的吉丁蟲科已有美麗的十二種上下，但醫士的採集品卻比我多出很精緻的四五種，故帝汶所有這一群昆蟲的種類大約是很豐富的。

我住在城內的時候，對於荷蘭殖民地內歐洲人的生活狀況，獲得一個觀察的機會。他們所有種種風俗都隨氣候而起，和我們的熱帶殖民地內的歐洲人大不相同。一切事務大約都在上午七時至十二時舉辦，下午休息，夜間會友。在日中炎熱時，無論居家或且聚餐，都穿一套寬大的布衣，在出門時或在夜間，也只加上一套歐式的薄衣。他們在日落以後往外散步都是禿頭，只在正式會客時方才戴上黑帽。所以他們的生活極其方便，對於氣候所感受的疲勞和煩悶可以大大減少。聖誕日不很注重，但在元旦卻有正式的和祝賀的訪問，約在日落以後我們都往總督家裡去，男女來賓群集於此。茶同咖啡遞上一周——普通敬客的物品——雪茄煙也隨同遞上，因為荷蘭各殖民地無論何時都不禁止吸煙，在未入筵以前，雖有一半是女賓，大家也要吸煙。還有一種新幾內亞的稀罕的黑色刷舌鸚（學名：Chalcopsitta atra），我也在此初次看見。牠的羽毛頗有光輝，稍著黃紫兩色，嘴與腳全為黑色。

住在城內的帝汶土人是一種半開化奇異民族，性情懶惰，血族混雜，至少兼有葡萄牙人，馬來人，與巴布亞人或西蘭人三種民族的血族，偶或雜有中國人或荷蘭人的血族。葡萄牙人的血族，在老基督教徒的土人中顯然最為濃厚，無論面貌，習慣，以及馬來語——他們現有的語言——中所遺留的許多葡萄牙字，都有表現出來。他們有一種特式的衣服，就是一件緊窄的白襯衫，一條黑襪，和一件黑衫，是在他們自己相處的時候所穿的。婦女們似乎喜歡穿那全黑的衣服。在節日及聖日（holy days），男人卻一律穿起燕尾服，戴起高帽，一切穿戴無非摹仿歐人時髦服裝的荒唐的格式。他們雖是新教徒，而在宴會同婚禮卻保存著天主教的儀節和音樂，雜以本地土人的鑼聲同跳舞。他們雖與荷蘭人相處二百五十餘年，而語言中所含葡萄牙語仍比荷蘭語要來得多；甚且許多鳥，樹，與各種事物的名稱，也顯然是葡萄牙語。他們這一族人從前拓殖的能力似乎非常偉大，在他們所征服的或暫居的各地，似乎都能傳播本族的特色。在帝汶郊外，還有一個土著馬來人的村莊，他們信奉回教，說一種特別的語言，與西蘭語馬來語都有關聯。他們大半都是漁夫，據說，比基督教的土人更為勤勉而且誠實。

我在星期日承某先生相邀，往看他所製成介殼和魚類的標本。魚類的複雜和美麗，大約為全世界各處魚類所不及。荷蘭的魚類學名家布蕾克爾博士（Dr. Blecker）曾製出帝汶所發現的魚類的目錄，計有七百八十種，和歐洲一切海洋及河流所發現的魚類幾乎相等。其中一大部分都有燦爛的色彩，並有純粹的黃，紅，藍的條紋和斑點；而形態方面尤其離奇複雜。介殼也很繁夥，並且含有世界上最優美的種類。而馬珂屬與牡蠣屬的色彩的紛歧美麗尤其使我驚訝。在帝汶境內，介殼久已成為一種商品。有許多土人專以搜尋並洗刷介殼為業，並且每一遊客差不多都要帶一宗介殼回去。所以結果是：許多比較普通的種類，在鑑賞家眼裡看來，簡直不值一錢，以致種種美麗而普通的雞心螺屬，子安貝，及榧螺，在倫敦街上只賣一便士一枚，這都是帝汶這個遠島的土產，而島上的賣價反而沒有那樣便宜。魚類的採集品一概好好的保存在玻璃瓶內，介殼則排列於一只大而淺的木髓箱內，墊以白紙，一一用線縛牢。我大略一算，介殼大約有一千種，計有一萬枚上下，至於帝汶的魚類幾已採集完全。

我於一月四日從帝汶動身往德那第去；兩年以後，在一八五九年十月，我從美娜多回來，又在帝汶城內住一個月，租得一所小屋，把北蘇拉威西，德那第，及濟羅羅各地所製大宗複雜的採集品一一分類裝包。於是我從帝汶第一次往遊西蘭。後來再回帝汶，預備再往西蘭遊歷的時候，我在帕索（Paso）竟住了兩個月。帕索位於帝汶地頸的東岸，地面多沙，遠望哈魯卡島

（Harúka），一片汪洋大海極有可觀。地頸西部有一小河，在東部以一淺水運河相連，直達高潮標相近為止。介在運河與海面中間有一小片略微高擁的沙地，一切小舟及小「普牢船」（praus）很可以在沙地上拖過去，並且西蘭，薩帕魯阿（Saparúa），及哈魯卡諸島運來的小宗貨物，也都取道帕索而往。運河因為有這片沙地相隔，所以不能通海，這片沙地即使鑿通以後，只消經過一次大潮又要淤積不通，而變成現在這樣的沙岸。

從前有人對我說起帕索的某種「馬來巨蝶」（學名：Ornithoptera priamus），以及尾似網球拍的魚狗，頸部有彩色圈的「刷舌鸚」，都很豐富。我到了帕索以後，才知採集「馬來巨蝶」的時機早已過去；對於鳥類方面，我雖獲得很好的幾隻，並有上面所說的一二隻，但是一切鳥類都很缺少。我在此捉得一種長臂的金龜子科（chafer，學名：Euchirus longimanus），自覺十分可喜。這種奇特的甲蟲最難捕捉，只有土人在早上走到棕櫚樹下去取盛滿樹液的竹筒時，看見牠正在那裡吃樹液，才能把牠捉來。有時候，土人每天送來一二隻，常是活的。這種甲蟲很是懶惰，常以粗大的前肢懶散地拖步而前。本編後面第九章有一附圖描畫這一種和另外幾種摩鹿加群島的甲蟲。

我在帕索害著炎性的發疹，一則因為壁蝨時時來咬——這種小壁蝨和秋蚲相似，本為西蘭森林中著名的產物——再則因為島上缺乏滋補的食品。又有一時我滿身生出大瘡，臉上，頰上，腋下，肘節，背上，腿上，膝上，和腳踝，無處不有，以致坐臥不安，舉步維艱。這些大瘡連續到幾個星期，舊瘡才好，新瘡又發；但我注意衛生，時時去洗海水浴，終究把它們醫好了。

約在一月末尾，查理士・阿倫——從前曾在麻六甲和婆羅洲各地做過我的助手——又來幫我做事，訂定三年為期。我身體稍稍復原以後，我們立刻忙著收藏什物，預備將來的旅行。我們最大的困難在於僱人，但到後來，我們每人僱得兩個男子。有一個帝汶的基督教徒，名叫替奧多．馬塔歧那（Theodorus Matakena），從前曾在我身邊學會剝製鳥皮，現願隨同阿倫旅行，還有一個沈靜勤懇的童子，名叫科納立斯（Cornelius）——我從美娜多帶來的——也願隨他同行。我自己僱得兩個帝汶人，一個叫做皮忒．里哈塔（Petrus Rehatta），一個叫做米薩赤．馬塔歧那（Mesach Matakena）——他有兩個弟弟叫做沙達剌赤（Shadrach）和阿柏得納哥（Abed-nego），都只有一個《聖經》上的名字，本是他們給小孩取名的習俗。

我住在這裡的時候，享受一種空前絕後的佳果——真正的麵包果（bread-fruit）。在近郊一帶以及四周的各村，這種麵包果已經種植得很多，並且一切運往帝汶城的小船又在我們門前卸貨，以便拖過地頸，所以我們幾乎天天有買麵包果的機會。雖在馬來群島的其他各地也有幾處種著麵包果，卻不很多，並且果期又短。我們將這種麵包果整個的焙在餘火裡面，用羹匙挖出果肉來吃。我把它比作約克州的布丁（Yorkshire pudding）；查理士．阿倫說它和搗爛的番薯攙入牛乳相似。它通常有甜瓜那樣大小，中心稍有纖維質，其餘都很光滑，恰似布丁，並有幾分類似發酵糰子與蛋汁布丁的混合物。有時候，我們將它做成咖哩食品，或是煎成薄片；但總不及只是焙的好吃。而把它弄甜或加上香料，也可以吃。攙入肉塊同肉汁，就可把它做成絕妙的蔬菜，比我所知任何溫帶或熱帶的蔬菜都要好些。而攙入糖，牛乳，乳油，或糖漿，更可做成一種美味的布丁，輕鬆可口而有特別的風味，和那好麵包和番薯的風味相似，絕不使人生厭。這種麵包果所以不能繁殖的理由，在於種子經過栽培而完全夭萎，以致這種果樹只能用插枝法來增殖。種子的變種在熱帶各地很是普通。這些種子雖似栗子一般的好吃，而果實卻不能用作蔬菜。現在既有蒸汽與「華德箱」（Ward's cases），極便於幼稺植物的轉運，這種上等蔬菜的各種上等變種很可以輸入我們西印度諸島（West India islands），大大的栽植起來。這種果實在收取以後既可保藏若干時候，將來我們在倫敦市場上也許不難買得這種熱帶的佳果。

我在帝汶幾次所度的幾個月，雖在採集方面對我並無多大利益，而在東方旅行的回想中，帝汶常能使我生出鮮明的印象，因為我到這裡，方才初次認識這些顯異的鳥類和昆蟲，這些蟲鳥既使摩鹿加群島在博物學家眼中成為模範地，且使摩鹿加群島的動物區系成為世界上最顯著、最美麗的一個區系。我於一月二十日從帝汶動身，往西蘭和威濟烏（Waigiou）去，留下查理士・阿倫，另坐荷蘭政府的小船自往西蘭北岸的瓦亥（Wahai），再從瓦亥往那未經探檢過的密索爾島（Mysol）。

第三章　德那第

我在一八五八年一月八日晨間，來到德那第。德那第就是靠近幾為人所不知的濟羅羅（Gilolo）大島西岸的一排圓錐形火山島的第四個小島。其中最雄大、最完整的圓錐山就是提多列（Tidore），高到五千呎以上；德那第差不多有一樣高，而山尖卻更圓鈍而參差。①德那第城隱藏在山下，我們進入兩島中間，方才看見它剛在山腳沿著海岸展開。它的位置很是優美，四面都有雄壯的風景。對面就是提多列參差的海角和美麗的圓錐峰；東邊就是濟羅羅連綿多山的海岸，迤邐向北盡於一組三個崔巍的火山峰；而在城市背後，逼近的擁起一座大山，初為斜坡，蓋以密集成行的果樹，繼則陡拔而上，露出深邃的溝壑。直到山尖為止——山尖上不斷地吐出一圈一圈的薄煙——都有植物遮蓋，雖則底下的潛火時或噴發為熔岩的川流，並且屢次產生毀滅城市的地震，但就外表上看來，卻是安靜而美麗。

①挑戰者（the Challenger，想係艦名）的官佐測得德那第火山為五千六百呎高，提多列火山五千九百呎。

我帶著介紹信去看杜汾波登先生，他生長於德那第，出身於荷蘭的古族，而在英格蘭受教育，能說英語。他是一位富翁，握有全城之半，並有許多船隻，及一百以上的奴隸。但他受過良好的教育，嗜好文學與科學——這是這些地方的一種現象。他既擁有雄厚的財產，對於土拉惹及其人民又有偉大的勢力，故往往見稱為德那第王。我承他相助，獲得房屋一所，雖頗傾圮，而極合用，並且離城甚近，要往鄉間或山上卻又甚便。不多幾日，房屋修葺好了，竹製的家具及其他必需品也找到了，再去見了駐使和警官，我自己就變作德那第的僑民，可以察看附近一帶以預定本年工作的計畫了。我把這座房屋留用三年，因為我覺得將來逐次往遊摩鹿加各島及新幾內亞歸來，有一個地方可以裝包採集品，休養身體，並做下次旅行的準備，是很便當的。我為避免重複起見，將一切德那第的箚記都在本章綜述出來。

我先將住屋描寫一番，以便讀者了解這些島嶼上一種很普通的建築方式。這所房屋當然是單層的平屋。圍牆的基礎砌以岩石，高到三呎；石牆上豎起堅固的方柱撐持屋頂，這些方柱的間隙，除洋臺以外，都用西穀椰子（sago-palm）的葉柄納入木架，填成整齊的圍牆。地板用化裝灰泥（stucco）做成，天花板與圍牆相似。全屋為四十呎正方，共有四間房間，一間客廳，及兩個洋臺，屋外為果樹的郊野所環繞。屋旁有一深井，井水清而且寒，為熱帶氣候中難得之物。我在沿路而下，只消五分鐘即可走到市場與海濱，但向上而行，直到山麓，別無歐人的住宅。我在這座住屋內，度了許多快樂的日子。每次在蠻荒地域遊歷三四個月歸來以後，我又依舊享有難得的牛乳和麵包，按時的魚，蛋，肉與蔬菜，為我恢復健康和精力的必需品。我有舒暢的場所，對於拆卸，分類，並佈置採集品，很是便利，且在附郭一帶或下層山坡上，又可自在散步，以練習身體或從事採集。

德那第城後高山的下部，幾乎完全覆有果樹的森林，在果期內，每日有好幾百男、婦、兒童，上山摘取成熟的果實。「榴槤果」與芒果——兩種熱帶的上等佳果——在德那第特別豐富，而芒果的品質尤其優美。「朗薩果」（Lansats）與「山竹果」也很豐富，而成熟之期稍微落後。在果樹林以上，有一帶墾地及耕地，位於二千呎與三千呎高度之間，其上為原生林，幾乎達到山尖。山尖的近城一邊，蓋有很高的蘆葦，遠城的一邊更為高聳，現出荒涼裸露的景象，並有微微的凹陷標出噴口的位置。從凹陷處降下一條黑色的火山岩燼的蹤跡，很是崎嶇不平，覆有散漫的叢林，一直蔓延到海邊。這就是一世紀以前那次大爆發的熔岩，土人叫它做「巴圖盎加斯」（batu angas，原註：即燒岩）。

剛在我的住屋下面，有一座堡壘，為葡萄牙人所建，堡壘以下，直達海濱，統是空地，空地之外就是一座土城，向東北方伸長一哩左右。約略在土城的正中，就是「蘇丹」的王宮，現已成為一座齷齪頹敗的石建大廈。蘇丹，由荷蘭政府給以年俸，而保有本島及濟羅羅北部的土民的統治權。德那第及提多列的蘇丹從前在東方頗有威勢。德類克（Drake）在一五七九年遊歷德那第時，葡萄牙人雖在提多列仍有一個居留地，而在本島則已被逐出境。他把蘇丹寫得有聲有勢，說：「這位君主，頭上覆以金線繡花的華蓋，身旁站著手持長矛的十二個衛兵。他從腰間懸到地面統是金線錦，頭上纏以皺金的帽圈，計有一吋或一吋多闊，花樣繁多，很是富麗，形式上頗有幾分類似王冕；頸上繫有金鏈，鏈環很大，每一個環各有兩圈；左手手指戴有鑽石，綠柱石，紅寶石，及土耳其玉各一顆；右手戴有兩個指環，一個嵌著一大顆優美的土耳其玉，一個嵌著許多小顆的鑽石。」

這一切閃爍的金子都由香料貿易而獲得的，蘇丹們對於這種貿易享有專利而致富。德那第及其南方一排小島，遠達巴羌為止，就是古代的摩鹿加群島，本為丁香的出產地，並為世界上唯一的出產地。豆蔻與肉豆蔻從前都從新幾內亞及其鄰近諸島的土人手中得來，這兩種東西在那裡都是野生；販賣香料的利息很是豐厚，所以歐洲的商人都喜歡拿出金子，寶石，和歐洲或印度的上等工藝品去交換。從前荷蘭人在這一帶地方為土酋解除葡萄牙人的高壓，而造成他們自己的勢力以後，他們看看取償的方法只有取得這種香料的貿易最是便利。因此，他們採用一種良好的辦法，把香料的栽培集中於他們所能管轄的各地。為求這種辦法有效起見，他們不得不去禁止其他各地的栽培與貿易，他們和土酋訂定條約以後，這一層果然見諸實行。各土酋允許他們撲滅一切香料樹。土酋雖則失去大宗不很固定的稅款，卻已換回一種固定的補助金，並且不致再受葡萄牙人的襲擊與壓迫，又可長保他們的王位，以統治他們自己的人民，這種統治權除德那第以外，在這一切島嶼上面都一直維持到現在。

荷蘭人這種辦法，在一般英國人看來，當然大為驚怪，認作一種極端無理的野蠻舉動，以為土人不免因此吃了大虧。但事實上並不如此。蘇丹們對於這種獲利的貿易，一味把持著專利的經營，絕對不肯給人民以溢額的工資，一面又竭力聚斂大宗的香料。所有早期的航海者如德類克之輩，似乎都從蘇丹手中買得他們整船整船的香料，並不從耕種的人民手中買來。他們的勞力既已盡量使用於香料的耕種，一切糧食與各種必需品當然仰給於香料的交換；香料樹撲滅以後，他們可以種植更多的稻，製造更多的西穀（sago），捕捉更多的魚，搜集更多的玳瑁，並樹膠橡皮（gum-dammer），藤料，以及其他海洋與森林的貴重產物。所以我深信摩鹿加群島境內禁止香料的貿易，對於居民實際上是有利益的。這種辦法本身既妙，在道德政治各方面也有正當的理由。②

不過荷蘭人對於選擇種植地這一層，卻不能完全得法。班達被擇定為豆蔻的種植地，固然大有成效，因為本島歷年出產大宗的豆蔻，供應大宗的稅款，直到現在並無間斷。至於擇定帝

②看本編第一章本文及附註。

汶為丁香的種植地，雖其土壤與氣候在表面上與出產丁香的諸島十分相似，而按諸實際卻不相宜，並且有幾年付與農民的價格高於他處丁香的買賣——由於賣價的低落——因為這種價格由荷蘭政府規定若干年為一期，政府雖則折本，還是按期照付。

我們周遊德那第的附郭一帶，看出到處都有磚石建築物，門路，和拱門的遺蹟，可見從前的城市比現在格外繁華，那地震破壞的力量煞是可驚。我從新幾內亞回來以後，第二次住在這裡，方才初次感受到一次的地震。那次的地震很是輕微，比前幾次並沒有怎樣厲害，但發生在地震屢次成災的地方，不免格外驚人。我剛在鳴砲時（早晨五時）清醒過來，屋頂忽然沙沙作響，並且有些搖動，彷彿有一陣貓在屋上奔跑一般，再過一會，我的臥床也有搖動，我立刻想像自己還住在新幾內亞的破屋當中，那破屋每逢有一隻老鶉雞棲止在屋脊上面，就要搖動起來的；但我記憶到自己原在穩固的泥地板上時，就對自己說道：「呵，這是地震啊！」一面依舊安心的躺著，盼望下一次的震動；但是再沒有了，並且我在德那第時也只有這一次。

以前最後一次的大震發生於一八四〇年二月，本地所有一切房屋幾乎全數被毀。那次地震開始於中國陰曆除夕十二時左右，那時中國人家中個個要坐到次日天明相近，一面設筵相慶，一面看賞遊行隊。因此，生命並無損失，因為最初不很厲害的震動發生時，個個人立刻避出戶外來。過幾分鐘以後的第二次震動，坍倒許多房屋，由是接二連三震到全夜同次日一部分，方才完畢。破壞的範圍是很狹的，所以向東一哩的土城幾乎絲毫無妨。地震的風波自北而南，經過提多列，馬姜（Makian）諸島，而終止於巴羌，在巴羌直到次日下午四時方才感覺到地震，可見地震進行一百哩須有十六小時，每小時約為六哩。那一次地震很是奇特，因為潮水並無湧現，海中也沒有別的風潮，與往常的地震截然不同。

德那第的居民，計有三種顯著的民族：㈠德那第馬來人（Ternate Malays），㈡奧朗賽剌尼人（Orang Sirani），㈢荷蘭人。第一種原是外來的馬來民族，與望加錫人有些相近，遷入本島已很久遠，遷入以後就驅逐土人出境——那些土人當然與濟羅羅島上鄰近地帶的土人同種——建立王國。大約他們從土人手中奪得許多婦女為妻：這就是他們現在所說奇特語言的由來——他們現在的語言有幾方面和濟羅羅土人的語言密切相近，同時又有許多成分表現一種馬來語的來源。他們大多數人對於馬來語全不通曉，雖則他們經商的人不得不學習馬來語。「奧朗賽剌尼人」——即拿撒勒人（Nazarenes）——就是馬來人所給葡萄牙基督教徒的稱呼，和帝汶的基督教徒面貌相似，並且只能說馬來語。還有若干中國商人，內中有許多都生長於本地；還有少數阿拉伯人；又有以上各種民族與土著婦女合生的若干雜種人。此外更有若干做奴隸的巴布亞人，以及其他各島遷居而來的少數土人。所以本地的居民極其駁雜而難辨，須待探詢並觀察以後，方有頭緒可尋。

我第一次來到德那第以後，接著就往濟羅羅島上去，同行者有杜汾波登先生的兩位公子，一個年輕的中國人，係我房東的一個兄弟，房東借給我們一隻小船和船夫。這些船夫統是家奴，大半是巴布亞人，在動身時，使我看見世界上這部分地方主人對待奴隸的一斑。船夫們原令在早上三時預備定當，卻竟延遲到五時才來，我們大家都在陰寒中等候了二小時。後來他們來了，主人將他們責罵一頓，卻只用揶揄的態度，他們竟和他嬉笑相答。最後剛剛要開船了，有一個最強壯的船夫絕對不肯前去，他的主人只得求他並且勸他前去，後來切實許他說，我可以給他一些東西；於是那黑種先生既得這個口惠，又知吃喝的東西很多，要做的事又很少，方才垂允同行相助。一路划槳前進，三小時後到達目的地塞定哥爾（Sedingole）；提多列的蘇丹在此建有一所茅屋，有時候也許來此打獵。這所茅屋齷齪頹敗，屋內除了幾副竹床架以外，別無用具。我入境散步一次以後，立刻看出這地方對我全不合用。一片雜草叢生的平原展佈到許多哩遠，處處有樹木點綴其間，在那內地遠遠的丘陵上才有森林出現。這種地方既少鳥類，又缺昆蟲，所以我們預備只住兩天，就要前進到多定加（Dodinga），多定加位於中部的狹地頸上，和我同來的幾位朋友將來就從那裡回到德那第。我們從事射擊鸚鵡、「刷舌鸚」、鴿，並想射鹿，但鹿雖多，卻無所獲；我們的船夫又攜網出去捕魚，所以我們並不缺少食品。但在我們要想繼續前進的時候，卻有一個新難題發生出來，因為我們的奴隸先生不肯再和我們同去，很堅決的說，要回到德那第去。因此，他們的主人只得屈服下來，我只好自行設法前往多定加。幸而我在當日僱得一隻小船，帶同手下兩個男人以及我的行李，即在當晚到達目的地。

此後過了二三年，在我離別東方二三年以前，荷蘭人解放一切的奴隸，給蓄奴的主人以少數的賠償費。解放以後並無惡果發生。因為奴隸與其主人的關係一向和諧的緣故——這當然有一部分是由於政府早已承認奴隸享受法律上的權利與保障——有許多奴隸依舊做著同樣的服役，還有若干暫時受到小小的挫折，後來幾乎全數回到舊主人或新主人手下做工。政府採用一種正當的步驟，把一切被解放的奴隸安置在警官監督之下。所以他們不得不顯出自食其力的精神，與自謀生活的技藝。一切不能謀生的都由公家給以工作，酬以薄資，不致陷入私用公款或其他罪惡的迷途，否則新獲自由以後，不願操勞的惰性不免要來牽引他們了。

第四章

濟羅羅　一八五八年三月及九月

我遊歷這個無名大島的次數既少，時間又短，但在自然界方面卻獲得許多知識，因為我先遣童子阿理，再令助手查理士・阿倫過來，他們各在北半島住了二三個月，帶回大宗鳥類和昆蟲的採集品。我在本章只把自己遊歷到的各部分描述一番。我第一次的遊歷住在多定加。多定加位於德那第對面一個深海灣的盡頭處，靠近一條小河，與河口相距不遠，上溯入內地有幾哩長。這是一個小村，四面都有丘陵環抱。

我一到村中以後，立刻往見村正，請其代覓住屋，無奈村屋一概有人居住，要覓一所空屋很是為難。同時我將行李起上海岸，後來才有一所小草舍的主人願意騰出草舍，只要我肯付他五枚荷蘭銀幣（guilders）作為一個月的租錢就行。這種房租總算很少，我就承諾如數給他，以便即時有屋可住，只有一個條件，就是請他快來葺漏。他承諾了，並且每天都來和我攀談；而我屢次堅持原約請他立刻從事修葺之時，我所得到的答語總是「厄阿喃替」（Ea nanti，原註：「是的，且等一等」）這一句話。後來我用恐嚇手段，說是每遲一天，我要扣除四分之一銀幣的租錢，如有物件遇濕，再扣銀幣一枚。他聽了以後，方才動手修葺，只消半小時就把一切絕對必需的修葺都做完了。

在一條岸的頂尖上，高出水面約有一百呎，矗立著葡萄牙人所建堅固的小堡壘。堡壘的城垛和敵樓早已被毀於地震，城牆也因地震而坼裂；但是一輩子不會坍倒，因為它是一團結實的石工，做出一個十呎左右高的平臺，大約有四十呎正方。堡壘裡面有一條狹拱道，可以拾級而上，上面蓋有一排茅舍，住著一小隊駐防軍，計有一個荷蘭伍長及四個爪哇兵，為荷蘭政府在本島唯一的代表。村民全是德那第人。濟羅羅的真正土人——本地所稱的「阿爾佛洛人」（Alfuros）——都住在東部海岸上，或在北半島的內地。在這裡橫斷地頸的距離只有兩哩，米及西穀可以沿著一條好路從東岸各村運輸而過。全個地頸雖不甚高，而甚崎嶇，峻阜及深谷絡繹不絕，到處擁出大堆露角的石灰岩，往往幾乎塞住路徑。沿路大半都有原生林，極其茂盛優美，這時候又有許多猩紅色的大「賣子木屬」（Ixoras）開著花兒，所以格外可愛。我在這裡捉得若干很好的昆蟲，但因自己時時有病，採集品實在很少；而我的童子阿理卻替我射下一對美麗的東方大地棲畫眉（學名：Pitta gigas），背部的羽毛為絲絨黑色，胸部純白，兩肩蒼藍，腹部鮮紅。牠有很長很健的腳，在岩石林立的密林中跳得極其活潑，很不容易射擊。

一八五八年九月，我從新幾內亞回來以後，前往澤盧盧（Djilolo）村中住了幾時，該村位於北半島的一個海灣上。德那第的駐使好意的替我下令該村預備一所住屋。進入一個新地點的未經探檢的森林裡面初次的散步，對於博物學家真是一種最有興趣的時間，因為這裡面差不多一定可以貢獻他若干怪異的或者陌生的東西。我首先看見的東西就是一陣纖小的「小長尾鸚」（parroquets），我從中射下兩隻來，果然很是美麗，有綠，紅，藍三色的裝飾，為我見所未見。

這是 Charmosyna placentis 的變種，是一種最小巧的刷形舌的鸚鵡。我的獵手們不久又替我射下其他若干美鳥來，我自己又覓得一隻稀罕美麗的日間飛出的蛾類（學名：Cocytia d'Urvillei）。

澤盧盧這個村莊從前原是德那第蘇丹的駐節處，直到八十年左右以前，蘇丹依照荷蘭人的請求，方才遷到現在的首城去。當時本村的人口當然比現在多得許多，因為附近大片的墾地就是一個明證，這一片墾地現在都長著高高的粗草，行走極為不便，對於博物學家尤其無益。我探檢幾天以後，知道四周幾哩只留著幾小片森林，所以昆蟲很是缺乏，鳥類也是不多，我只得另擇地點。有一個村莊叫做薩胡（Sahoe），大約與本村相距十二哩，有一條陸路可以相通，從前有人對我說及，以為鳥類既多，回教徒及阿爾佛洛人又很不少——對於後一種人我很想去觀察一番。某日早晨，我親自動身去考察那個村莊，希望路上可以穿到一片森林。但這一層不免大為失望，因為沿路都是粗草和叢莽，一直走到薩胡村以後，才有高林的地帶向著北方的高山展佈而去。我們走到半路，須在竹筏上渡過一條深河，這竹筏在我們腳下幾乎要沈下去。據說，這一條河從北方遠遠的高地流下。

薩胡的情形雖與我期望大不相合，我卻決意要做一度的嘗試。過幾天後，我僱得一隻小船由海道運送行李，我自己步行而往。海濱上有一座蘇丹的大屋，供我使用。這一座屋孤立於曠野之中，四面都很空曠，又沒有退避之所，只因我打算暫住幾天，所以也覺合用。果然不多幾天，就把我從前想在此處製成採集品的一切希望都打消了。各方除了無限的蘆草地帶以外，再沒有別的東西，那蘆草高到八呎或十呎，雖有狹徑橫斷而過，卻也往往難以通行。內中間有一叢一叢的果樹，一簇一簇的低林，還有很多的栽植地和稻田——在熱帶上，這一切都是昆蟲學家最沒出息的地方。我所指望的原生林僅在遠方高山的山尖和峻坡上方有出現，顯然無路可通。我在本村的近郊覓得不少的蜜蜂和黃蜂，還有若干纖小而有趣的甲蟲。獵手們替我獵得二三種新奇的鳥類；村民經我屢次責難以後——因為他們屢次爽約——也替我覓來若干陸上介殼，內有很精美的一種蝸牛（學名：Helix pyrostoma）。在這裡與在良好的地點相較，不免要糟蹋時間，所以一星期後，我就回到德那第，對於濟羅羅境內初次採集的嘗試不免大為失望。

在薩胡四周一帶及內地各處，住有大批的土著，其中有許多每天帶著他們的產品到村上來出賣，其餘都被中國商人和德那第商人僱作勞工。我經過仔細的考察以後，深信他們和一切馬來民族都是根本有別。他們的身材和面貌，以及性情和習慣，差不多都和巴布亞人相同；他們的頭髮含有一半巴布亞人的特徵——既不平直而光滑，和那真正的馬來人一般，也不和那純粹的巴布亞人一樣的鬈曲如羊毛，卻是起皺，生波，而粗糙，和那真正的巴布亞人常有出現的一般，但在馬來人中間絕無所見。只有他們的膚色往往剛和馬來人相同，或且更淡。他們和馬來人固然有混合的痕跡，並且偶然又有幾個人很不容易分類；但就大概的情形看來，他們那種頗似彎鉤的大鼻，伸長的鼻尖，高大的身材，波形的頭髮，有髭的面龐，多毛的身體，以及比較率真的態度，比較宏大的口音，顯然都是巴布亞人的特徵，所以我在此處竟發現馬來種族與巴布亞種族的正確界線：這真是一切著作家所未曾預料的事情。我斷定這一條界線，覺得十分可喜，因為它使我對於人種學上一個最困難的問題得了一個線索，並且使我對於其他許多地方都能夠把這兩種種族區分出來，把這兩種種族的混合闡明出來。

我於一八六〇年從威濟烏回來以後，曾在濟羅羅南端住了幾天，但除本島的構造和一般性質更有所見以外，其餘的知識確是所得無多。土著的種族只在本島的北半島還有發現，其餘本島的全部，與其西方巴羌等島，統被馬來種族佔據著，這些馬來人和德那第提多列的馬來人相近。這一層似乎表示那阿爾佛洛人是些比較上新近的移民，從北方或東方遷移而來，大約從太平洋中有些島嶼而來。否則那許多肥沃的地面為什麼並無真正的土著民族，就難以解釋了。

濟羅羅，馬來人同荷蘭人又叫它做哈爾馬海剌（Halmaheira），似乎曾在新近因上升及下陷而改形。在一六七三年，有一座高山，據說，曾在北半島的加摩哥諾剌（Gamokonora）上升而出。我所看見的各部分不是火山性，就是珊瑚質，並且沿岸都有珊瑚的裾礁（fringing coral reefs），對於航行方面很是危險，同時，在本島自然史的特徵上，又證明它是一片頗古的陸地，因為島上有若干動物是本島特產的種類，或是四周各小島共通的種類，但與東方的新幾內亞，南方的西蘭，西方的蘇拉威西及薩拉群島，則幾乎一概不同。

與濟羅羅東北邊境相近的摩底島，曾有本斯泰因博士及我的助手查理士·阿倫前往遊歷；他們所得的採集品，與濟羅羅的動物比較起來，顯出若干古怪的差別。摩底島所有已知的陸棲鳥，大約有五十六種，其中有一種魚狗（學名：Tanysiptera doris），一種蜜雀（學名：Tropidorhynchus fuscicapillus），一種類似烏鴉的大歐椋鳥（學名：Lycocorax morotensis），概與濟羅羅所發現的類似種很有分別。摩底為珊瑚質而多沙，所以我們必須認定它與濟羅羅分離是在一個頗為古遠的時代；我們一方面又從它的自然史上，看出二十五哩闊的內海即足以限制飛力頗強的鳥類的傳播。

第五章
由德那第往開奧群島及巴羌　一八五八年十月

我從薩胡回到德那第以後，立刻預備往巴羌去旅行。巴羌這一個島，我一來到德那第以後，時時有人勸我前去。一切預備妥當以後，我看看自己須得去租一隻小船，因為別種機會簡直是沒有的。我因此親往土人所居的鎮裡去，卻只有兩隻可租的小船，一隻太大，一隻太小，都不十分合用。我卻擇定小的一隻，一來租錢比大的那一隻可省三分之二，二來對於沿岸的航行，小船比大船要靈活些，路上遇著颶風，也容易躲避些。我隨帶四個人：第一個就是婆羅洲童子阿理，現在對我很是有用；第二個是德那第土人拉哈奇（Lahagi），他身體極強，長於射擊，曾經同我前往新幾內亞；第三個是濟羅羅土人拉喜（Lahi），能說馬來語，可充樵夫及一般的助手；第四個也是童子，名叫加羅（Garo），用作廚子。我們所坐的小船裝上一切行李以後，我們自己幾乎再難容身，所以我另外只帶一個男人，名叫拉赤（Latchi），當作領港人。他是巴布亞人，充當奴隸，長身壯健，性情卻很溫和，又很精細。我這隻小船是向一中國人名叫駱肯堂（Lau Keng Tong）租來的，每月租錢是五枚荷蘭銀幣。

我們在十月九日晨間開船，而離岸不及百碼，即有猛烈的逆風，我們不能划槳，只得傍岸靠在城下，等到轉風過來，再向提多列的海岸出發。下午三時左右，我們重新開船，揚帆而前，很是順利。進了一程以後，風勢停止，仍須划槳前行。我們靠在一處細沙的海灘。上岸煮起晚餐，太陽剛剛落在參差起伏的丘陵背後，位於提多列的大圓錐峰以南，過了一會，看見太白星照耀於暮色之中，加以新月的月光，射出十分鮮明的山影。我們在七時相近離岸而去，駛出山影以後，看出山岡上有一部分發出亮光，再過一會，看見山尖上有一種似火的白芒。我叫大家來看，他們也只認作是火；但在幾分鐘後，我們離岸更遠，光芒超然升出山岡以上，山岡上有些薄雲也已散開，我們方才發現那歐洲遍地也在同時受驚的大彗星。用肉眼看來，那彗星核恰是一個白光的圓盤，彗星尾從核上射出，與地平線成為三十度或三十五度上下的角度，微微向下彎曲，彎曲度逐漸減少，直到尾梢幾近直線，尾梢上微弱的光芒儼如闊帚。尾上近核的部分，比銀河中最燦爛的部分似乎還要燦爛三四倍，而我所詫為奇特的現象，則更在其上緣直從核上以至尾梢相近，都是皓潔鮮明，然其下緣則逐漸暗淡模糊。這彗星超出山岡以後，我立刻對大家說道：「看啊，這不是火，是一顆「賓湯柏厄科」（bintang ber-ekor，意即「有尾之星」，為馬來人對彗星的稱呼）。」他們說，「你說的是」；於是他們紛紛聲言自己雖曾屢次聽說有這種星，卻從不曾看見過。我身邊既無望遠鏡，又無何種器械，但我估計彗星尾大約有二十度長，其尾梢相近大約有四五度闊。

次日逆風又起，我們在提多列村莊相近整整停泊一日。這一帶地方都已墾種，我去搜尋各種值得採集的昆蟲，也是徒勞無功。我手下有一男人出去射擊，卻也空手而回。在日落時，風勢既定，我們離開提多列，駛到附近的島嶼馬勒（Mareh），停泊一夜。彗星重復看見，而光芒不及以前的燦爛，有一部分為雲所遮，又為新月之光所掩。我們泊到天明以後，划到摩忒島（Motir）去。這個小島完全被珊瑚礁包圍著，我們不能近岸。這些珊瑚礁非常平整，在高潮時方為海水所掩，潮退後變為深海中嶙峋的珊瑚峭壁。即在微風時，駛近這些岩石也是危險的；可幸當時十分平靜，所以我們拋錨於岩石的邊緣，船夫們爬過岩礁，走上陸地，生火煮飯，因為船上地位很擠，只能煮水，替我泡那晨昏幾次的咖啡。我們再沿岩礁邊緣划到本島的末端，可喜得了微微的東風，吹送我們穿過海峽，直向馬姜而來，大約在下午八時到達。天空皓潔，月光雖明，而彗星的光芒卻和我們初次看見時一般。

以上這些小島的沿岸，就地質的組成而論，是很不同的。那活火山或死火山，或是圍以峻峭的黑色沙灘，或是緣以崎嶇的熔岩堆及雪花岩堆。珊瑚大概都是沒有的，只在安靜的海灣中才有小塊的出現，罕有或且絕不形成岩礁。凡德那第、提多列及馬姜都屬於這一類。起源於火山的島嶼——島嶼本身並不是火山，但其上升成陸大概是新近的——通常多少總有珊瑚的裾礁包圍著，並且總有發光的白色珊瑚沙的海灘。它們的海岸現出火山性的結合岩，雪花岩，並且有幾處現出成層岩石的基礎，雜有小片上升的珊瑚。馬勒及摩忒都有這種性質，而摩忒的輪廓卻顯出從前是一座真正的火山，據福勒斯特（Forrest）所說，在一七七八年曾有岩石噴出。我們在次日（十月十二日）沿馬姜島的海岸而行，這個小島由一座大火山構成。現在它已安靜，但在兩世紀左右以前（在一六四六年），卻有一次可驚的爆發，毀去全部山尖，留下現在所見殘削參差的山頂和廣闊黑暗的噴口。據說，在那次災變以前，它和提多列有一樣高。①

我看見岸上有一處，那山上峻峭的部分有一片新墾地，就停下若干時候，獲得少數有趣的昆蟲。我們乘夜前往極南的一點，預備穿過十五哩闊的海峽，駛到開奧去。次日早晨五時，我們動身，但一向的東風現在卻向南方及西南方吹去，我們只得沿路划槳，頭上又炙著火燒一般的太陽。我們將要近陸的時候，好風又起，我們前進很快；但在一小時後，我們還未見近岸，才知船隻正被一種洋流漂送出海。後來我們戰勝難關，在日落時登岸，總計十三小時剛走十五哩。我們在一處硬珊瑚岩的海岸上陸，岸上雜有珊瑚岩的嶙峋峭壁，與克厄群島的珊瑚峭壁相似（見第六編第二章）。岸上的植物鮮明繁茂，與我從前在有些島嶼所見的十分相似，那些島嶼極其可愛，以致我決意要在首村住了幾天，並要看看動物的出產是否同樣的有趣。我們正在尋覓安全的拋錨處以便過夜的時候，仍舊看見彗星和當初一樣燦爛，而彗星尾則已升到一個更高的角度。

十月十四日——我們全日沿開奧群島的海岸航行，這些島嶼的外觀和輪廓，很像小規模的克厄群島，卻多出沿岸平坦的濕地，與近岸的珊瑚礁。逆風與逆流阻止我們從正道上向西的去路，我們只得走紆曲的路線，繞著一個島嶼的南岸，常因珊瑚礁的緣故，遠遠駛出海上來。我們看見一個珊瑚礁當中有一條海峽。就想穿峽而過，不料嘗試一回，竟至擱淺，大家只得走出

---

①在我離開馬來群島以後，過不多時，在一八六二年十二月二十九日，這火山忽又爆發，釀成島上的大災。村莊及禾稼悉數被毀，居民死亡極多。沙及灰燼落下很厚，以致德那第境內相距五十哩的禾稼都有一部分被毀，並且德那第次日極其黑暗，以致午時都要點燈。欲知本島及鄰近諸島的位置，可看本書第六編第十章所附的地圖。

船外，站在水中，淺峽的水已被太陽曬得有些燙人，我們都在水草，海絨，珊瑚，及多刺海藻之間拖船，一直拖了若干路才能放手。我們達到小村的港口已在深夜，因為工作辛苦，非常疲倦，而且在日中除了喝鹹水以外，又不曾吃過東西——直到最後的停泊處才有甘泉。靠近海岸有一座房屋，原為德那第駐使在巡視時來往過路的住所，現在若干旅行的土商人住在裡面，我從他們中間覓得一個地方睡覺。

次日一早，我往村上去找「卡帕拉」（Kapala）——就是村正。我把自己要在埠頭上那座屋裡住宿幾天的意思向他說明，一面請他吩咐那座房屋替我預備妥當。他很是和善，聽了以後，立刻過來處置一切，看見商人都已出屋——他們聽說我要住在這裡，就搬去了。這屋沒有門扉，我借得一對柵欄來遮蔽，以免狗類混入。這裡的陸地顯在急進的沈陷中，因為許多樹木都被鹹水浸溺而枯萎了。吃過早餐以後，我隨著兩個做嚮導的童子，動身往村後的林阜而去。天氣異常亢旱，兩個月來不曾下雨。我們走上二百呎左右的高地以後，沿岸的珊瑚岩已變作一種堅硬結晶的變性沙岩。這一層或者表示這一帶地方曾在新近上升了二百多呎，而在最近則又變為沈陷的運動。阜上很是崎嶇難行，但在燥椏及墮樹中間，我倒覓得若干好昆蟲，其中大半的形態和種類，我在德那第和濟羅羅早已認識。因為阜上並無好徑，我就掉頭而回，向那村東較低的地面搜尋一回，穿過一帶香蕉和煙草的栽植地，到處橫著砍倒的或燒焦的樹木，我在這些樹木上面覓得大宗吉丁蟲科的六種甲蟲，就中有一種為我未曾見到過的。我轉到濕林裡面的一條小徑來，以為可以得些蝴蝶，卻也不能如願。我冒熱而行，身子已倦，自計不如回去休息一日，等到次日再來搜尋。

我在下午坐下整理昆蟲的時候，男婦小孩擠在屋外，看我做那莫名其妙的事情，都看得駭異出神；我把標本用針戳出以後，在圓形的小卡片上填好地名，再把卡片逐一吊到標本上去的時候，連那老年的「卡帕拉」，與回教的祭司，及若干馬來商人，都不禁現出駭異的神色來。假使他們對於白種人的行徑和心理稍微明瞭一點的話，大概就要把我看作一個愚人或瘋人了，只因他們全然不曉，所以對我所做的事務表示十二分的敬意。

我在次日（十月十六日）直往濕地以外，尋出一個地方，已在原生林內製成一片新墾地。這是長途炎熱的旅行，且在砍倒的樹幹樹椏中間搜尋標本，覺得極其疲倦，但我所得的報酬卻有七十種左右的甲蟲，其中至少有十幾種為我所未見過的，其餘又有許多種都是稀罕有趣的。這個地點所產甲蟲的豐富，為我生平所未見。金色的吉丁蟲科，綠色的金龜子科（原註屬名：Lomaptera）以及觸角很長的蛄螻（原註：角蚶科），都很繁殖，當我向前走去的時候，牠們整陣的飛升而起，發出營營的聲音，填滿空中。還有若干種精緻的「長鬚甲蟲」，也幾乎同樣的繁殖，往往結成大陣，我們看了以後，覺得平時在充實的陳列室內檢閱抽屜之時對於熱帶所生豐盈的觀念，從此得了一個實證。在倒地的樹幹底下聚集著許多比較纖小或懶怠的「長鬚甲蟲」，而在墾地邊緣的樹椏上又有許多「長鬚甲蟲」伸出觸角，蹲在那裡，稍有驚動，就要起飛。這個光榮的地點，永永在我的記憶中活潑潑地現出熱帶上豐富無比的昆蟲生活來。以後三日，我都繼續在此採集，每一次都有許多新種加入我的採集品——下面的節略對於昆蟲學者也許是有趣的。十月十五日，計得甲蟲三十三種；十六日，七十種；十七日，四十七種；十八日，四十種；十九日，五十六種——共計一百種左右，其中有四十種為我見所未見。「長鬚甲蟲」

計有四十四種，而在最後一日我得了二十八種「長鬚甲蟲」，竟有五種為我見所未見。

我手下兩個童子，在射擊方面，成績不見得好。常見的鳥類只有碩大的紅鸚鵡（原註學名：Eclectus grandis）——在摩鹿加群島中大半都有出現——及一種烏鴉，一種營塚鳥。尾似網球拍的魚狗也有幾隻射下，而羽毛很是醜惡。這幾隻魚狗，和別些島嶼所發現的卻不同種，而和林尼阿（Linnaeus）最初所描述的 Alcedo dea 最是相近，他那種魚狗原從德那第而來。這或者表示這一小帶和濟羅羅平行的島嶼有幾種特殊的種類是共通的——至於昆蟲方面，當然具有這種現象。

我覺得開奧的居民十分有趣。他們顯然是一種混雜的民族，兼有馬來種族與巴布亞種族的特徵，與德那第、濟羅羅的居民有些相近。他們說一種特別的語言，雖與四周諸島的語言有些相似，卻是全然各別。他們現在都做著回教徒，由德那第統治。這裡所看見的水果只有萬壽果（papaws）及鳳梨（pine-apples），因為多岩的土壤與乾燥的氣候對於水果是不相宜的。而稻，玉蜀黍，與香蕉（plantains）卻很發達，不過時或苦旱而已——例如目前一般。有一種小巧的棉布長衫，婦女們用以織成「紗龍」——即馬來裙。這些島嶼只有一口好水的井，剛在埠頭附近，一切居民都要到此汲取飲水。男人都是優良的造船匠，按期出賣，處境似乎很好。

我們在開奧停泊五日以後，繼續航行，不久航到狹海峽與島嶼縱橫羅列的中間來，直向巴羌城前進。我們當晚宿在加雷拉人（Galéla men）的一個居留地。他們是濟羅羅極北部某區的土人，漫遊於馬來群島的這一部分。他們造出宏大的「普牢船」，船舷上裝有橫架，於是飄海而去，飄到他們所愛的海岸或島嶼，就住下來。他們獵取野豬與鹿，曬成肉乾；探採海參與玳瑁；

斬代森林以種稻或玉蜀黍，極其壯健而勤勉。他們是美貌的民族，膚色淺淡，身材長大，而有巴布亞人的特徵，與大溪地（Tahiti）、奧崴希（Owyhee）兩地真正的玻里尼西亞人的形象極其相近，且其相近的程度為我見所未見。

我在這次航程上，有好幾次看見船夫們用摩擦來取火。他們拿一段削尖的竹片，放在另外一段竹片的凸面上，往復摩擦，那凸面上有一個斲口割好。當初他們慢慢的摩擦，後來越摩越快，摩下來的細粉燃燒起來，落入摩擦所割成的竹孔內。他們取這種火，極其敏捷準確。但是德那第人用竹取火的方法，卻又不同。他們拿瓷器的碎片，擊在竹片的含燧石質的表面上，使它發出火星，再用一種引火物來取火。

我們航行十二日，在十月二十一日夜間到達目的地。沿路天氣晴明，雖則十分炎熱，我卻大足自娛，並且對於小船在島嶼與珊瑚礁縱橫羅列的中間的航行，也獲得一點經驗，使我以後可以從事同類的遠道航行。巴羌村——或巴羌城——位於一個深闊的海灣的盡頭處，有一低窪的地頸聯絡本島南北兩部多山的地面。南方有一帶優美的山脈；我在幾處埠頭上，早已留意到本島的地質構造與四周諸島很不相同。各處所出現的岩石，若不是向南傾斜的薄層沙岩，就是一種石子很多的結合岩。有時候也有一點珊瑚石灰岩，卻沒有一點火山岩。森林濃密而高大，實為德那第、濟羅羅兩島乾燥多孔的熔岩與高擁的珊瑚礁上所罕見。我看了這種情形，滿心期望本島的鳥雀和昆蟲總有相當的豐富，所以高高興興的在這個一向無名的巴羌島上開始搜索了。

第六章 巴羌　一八五八年十月到一八五九年四月

我在一座專備德那第駐使應用的房屋對面上岸，當有一位可敬的中年馬來人前來迎接，他說，他自己就是蘇丹手下的祕書，而且是來接受我所帶來的公函。我把公函給他以後，他立刻說，我可以使用那座閒空的官屋。我將行李搬上岸來，看見這屋卻不宜於久住。相距很遠方才有水，我手下有一個男人差不多專門要做汲水取柴的事務，我自己每天往森林去又要走過村莊，而且所住的地方差不多又是人眾所聚集，真是討厭得很。屋裡的房間都有板壁，頭上又有天花板，除了用釘釘入板壁以外，不論什麼東西都沒有懸掛的地方，比那土人篷蓋的竹舍簡直沒有一半的便利。因此，我訪問村莊外邊前往煤礦地的大路上有無房屋可住；後來蘇丹的祕書通報我說，蘇丹在那裡建有一座小屋，明日一早，他可陪我去看。

我們先在粗陋而穩固的橋上走過一條大河，再在水中涉過沙明水淨的溪流——那小屋剛在溪流的那一邊。這屋並不搭在樁柱上，地板用土做成，圍牆與屋頂幾乎全用西穀椰子的葉柄蓋造，這種樹在此叫做「加巴加巴」（gaba-gaba）。在屋後穿過河流就是森林遍地的河岸，而屋前就是一條大路，穿過種植地約有半哩即到森林，向前再走四哩直達煤礦地。這幾種便利立刻使我打定主意，就向祕書表示合意。我吩咐手下兩個男人立刻去買「阿塔普」（ataps，即棕葉篷）來修葺屋頂，次日多承蘇丹手下八個男人相助，所有行李器具一概運來佈置妥當。一張粗陋的竹床即時做好，自己帶來的一張板桌擺在窗下，加以兩把竹椅，一把藤椅，幾個用油杯插腳的架子——因為要避螞蟻的緣故——就是我的全套家具了。

當日下午，祕書領我去見蘇丹。我們先在門房等候幾分鐘，再被引入一座粗糙粉白的半堡壘式的房屋裡來。一個寬大的外廊，擺著一張小桌和三把椅子，走出一位汙面的老人，頭髮蒼白，鬍鬚汙穢，上穿藍色有斑點的棉布短衣，下穿紅色寬大的褲子，與我握手行禮，請我坐下。對於我的事務經過十幾分鐘的會談以後——他聽了似乎覺得十分有趣——就有特別的茶點送上來。我謝謝他的房屋，並且請他過來看看我的採集品，他也答應了。於是他就請我教他描摹地形——製造地圖——替他從英格蘭代買一支小鎗，從孟加拉代買一頭乳牛；我對這些要求一一設詞推諉，我們結成好友，歡然而別。他似乎是一個有識見的人，痛惜本島人口太少，以為島上雖有許多寶藏，例如金礦之類，而人口稀少，不能從事開採。因此，我把澳大利亞發現金礦時人口激增的情形，及其境內所發現的大金塊，對他敘述一番，他聽得津津有味，大聲嚷道，「啊！只要我們有那樣的人口，我們的國家就會一樣的富足了！」

次日早晨，我叫手下幾個童子出門射擊，我自己去探檢那一條通到煤礦地的大路。不到半哩以後，大路通入原生林，路旁有若干大樹，成為一種天然的蔭路。路上頭一部分平坦而潮濕，走不多遠，地勢稍高，沿一美麗的河流而往，那一條河流繞過我的屋後，在此沖瀉於一種岩石或石礫的河床之上，河流兩旁有時候都是沙灘，有時候都是高岸，高岸上叢生雄偉繁複的森林植物。大約走了兩哩以後，谿谷就變狹了，大路沿著峻峭的山坡而前，山坡直從河邊突兀而起。路上已有幾處鑿去岩石，但其表面都已蓋著精緻的羊齒和蔓草。魁偉的木狀羊齒很是豐富，整片的森林既是茂盛，又是複雜，真是我近來常見的火山燥土所絕對沒有的景象。再向前一點，走過一座橋，到了谿谷的那一邊，橋下河流的中心剛有一大塊岩石托住橋身，從此再走兩哩最優美最有趣的大路，來到煤礦地。

這煤礦地位於大片曠野上兩條支流匯入主流的所在。林間的幽徑和新墾地供給我若干良好的採集地，我捉得一些新奇有趣的昆蟲；只因天色漸晚，我不得不等到下次再來搜索。這裡的煤礦發現於幾年以前，因為要運下充分的煤先由荷蘭的輪船試用一番，所以造成這條大路。但在試用以後，品質欠佳，開採的工程就停止了。直到新近，又在另外一處從事開採，希望礦脈可以較佳。所用的工人約有八十，大半都是囚犯；但在這種地方開礦，只用八十名工人實在太少，因為單單修路一項就需若干工人時時做工。如有好煤發現的時候，要造成一條車路是很容易的，因為谿谷循序下降，並無阻礙。

我回到住屋門前，剛好追及射擊回家的阿理，他的帶上懸著若干鳥雀。他似乎十分高興，口裡說道：「先生，你看，這隻鳥何等奇特。」一隻手拿著一隻初看真是可怪的鳥類。我看見這鳥胸部有一團豔綠色的羽毛，伸長為閃爍的兩簇；但我所不能了解的卻在於每一肩上聳出一對白色的長羽。阿理切實的告訴我說，這鳥飛的時候，就有這兩對長羽直聳出來，射下以後，他並沒有動牠一動，還是依舊的直聳著。我方才知道我已獲得一件珍寶，這件珍寶和那風鳥的一種新奇形態可以相敵，與各種已知的鳥類都有顯著的差別。牠一般的羽毛很是樸素，現出一

種純粹的灰橄欖色，脊上加以紫色的渲染；頭上的羽毛現出金屬的淡菫菜色，具有美麗的光澤，前列的羽毛延生於嘴上，與同科大半的鳥類相同。頸部胸部現出鱗形，為美麗的金屬綠色，腹面的羽毛分向兩側伸長而出，成尖叉形，既可摺疊於翼下，也可聳出一部分，和那大半風鳥的側羽（side plumes）一樣的伸張出來。那兩對奇特的白色長羽，從翼角貼近的小瘤伸出；又長又狹，徐徐彎曲而上，兩側的羽瓣互相對稱，而做純粹的乳白色，長約六吋，與翼相等，可以隨意豎起或伏下，其直豎時與翼成為直角。嘴為淡黑色，腳為黃色，睛簾為淡橄欖色。這種奇鳥已由不列顛博物館的格雷先生（Mr. G. R. Gray）取名為「華萊士風鳥」（Semioptera Wallacei），或「奇翼鳥」（Wallace's standard wing）。

過不多天，我獲得一種異常美麗的新蝶，與某種精緻的藍色鳳蝶（即 Papilio ulysses）相近，但其著色更濃厚，後翅的邊緣又多出一行藍色帶。不料這地方的昆蟲，尤其是蝴蝶，頗為缺少，鳥類的簡單更為我預料所不及，所以那隻新蝶的開端原是騙人。但到後來，也有幾種精緻的摩鹿加種類為我所獲。有一種優美的紅色「刷舌鸚」，翼做綠色，脊上有一黃點（學名：Lorius garrulus），頗為常見。村中番石榴（學名：Eugenia sp.）開花的時候，成群結隊的「小刷舌鸚」（lorikeet，學名：Charmosyna placentis）——我在濟羅羅看見過的——都來吃花蜜，故我獲得充分的標本。還有一種美麗的綠鸚鵡（學名：Geoffroyus cyanicollis），頭與嘴為紅色，頭上轉為蒼藍色，從此再轉為鮮藍色與脊上的綠色。更有兩種優美的大食果鴿，長著金屬綠色，灰色，及棕色的羽毛，也是常見；又有一種鮮濃藍色的佛法僧科（學名：Eurystomus azureus），一種頭上金色的太陽鳥（學名：Nectarinea auriceps），一種尾似網球拍的魚狗（學名：Tanysiptera isis）——都是鳥類學者所未見的新種——也被我發現出來。對於昆蟲方面，我獲得大宗有趣的甲蟲，內有許多精緻的「長鬚甲蟲」，其中「雪花蠰屬」（Glenea）的種類，魁偉美麗，更為前此所未見。就蝴蝶而論，一種小巧美麗的 Danis sebæ 頗為豐富，以其精巧的白翅與濃豔的金屬藍色點綴於森林，而鮮明的「鳳蝶屬」，美麗的粉蝶科，與暗濃色的 Euplæas——有許多都是新種——又使採集者時時發生愉快與興趣。

巴羌全島並無真正土著的居民，內地絕無人煙，僅有沿岸各處幾個小村零落相間；而我在這裡卻找出四種各別的民族，即在研究人種的旅行家，也不免無從窺測其來歷。第一種就是巴羌馬來人，大約遷入最早，與德那第的馬來人相差甚微。但他們的語言似乎含有更多的巴布亞的成分，再攙以純粹的馬來語，顯然由各種民族的漂泊者結合而成，不過現在已很融合。其次則有「奧朗賽刺尼人」，與德那第帝汶兩島相同。他們有許多顯然保存著葡萄牙人的面貌，而皮膚往往比馬來人更為暗黑。他們的風俗還留下若干葡萄牙人的色彩，他們唯一的語言——馬來語—也含著許多葡萄牙的字及成語。第三種民族就是濟羅羅北部遷來的加雷拉人，我在前文已有描述。第四種則由蘇拉威西的東半島上托摩立（Tomōré）遷徙而來。這一種人，在幾年前，由於他們自己的請求而被遷於此，以免為他族所殲滅。他們膚色甚淡，面貌近似韃靼民族，身材甚矮，語言與布吉人相類。他們是一種勤儉務農的民族，供給城內以蔬菜。他們製出大宗的樹皮布，與玻里尼西亞人的紙狀布（tapa）相似，先砍下合用的樹木，取出整筒的樹皮，再用木槌搗得稀爛，浸入水中，然後逐次繼續搗成棉紙一樣的薄，一樣的韌。這種樹皮布多半用作衣服的包布；他們自己卻也用來做成短衫，縫好以後，用一種樹皮的汁染成暗紅色，幾乎可以不透水。

以上四種不同的人種，在巴羌城內或附郭天天都有看見。假使有一位不懂馬來語的旅行家，從「巴羌語」（Batchian language）裡面雜湊一二字，正把「巴羌人身心兩方面的特點，以及風俗習慣」一一記載下來，寫成一章（因為旅行家每多於二十四小時內寫成的），其正確動人則將如何！他所指出種種的變遷，所演出巴羌人起源的理論，又將如何！同時第二個旅行家到來，不免就要絕端的駁他每一句話，而達到恰巧相反的結論了。

我到此未久，荷蘭政府即發行一種新銅幣，以一分代替一「兌特」（doit）——即以值一銀幣百分之一代替一百二十分之一——命將一切舊幣運往德那第兌換新幣。我運去一袋舊幣，計有六千「兌特」，按數換得新幣，由原船載回。但在阿理往取時，船長卻向他索取主人的筆據；故我只好等到次日再遣阿理前往，誰知因此竟叨了光，因為當晚即有盜賊入屋，將我一切箱篋抬到外邊去搜括，等到次日早晨五時，我們起床一看，屋內早已空無所有，即往屋外尋訪盜賊的蹤跡，在二十碼左右以外的大路上尋得他們所遺棄的物件。他們原想偷我剛剛收到的新幣，不料竟無所獲，於是四散而逃，只取幾碼棉布與一套黑衣褲而去，這一套衣褲在幾天後又從叢草中找尋出來。這些竊賊究竟是誰，卻不難推測而得。裝運新幣的小船從德那第運回以後，荷蘭政府派出囚犯來保護官辦的商店。內有二人看守全夜，往往乘機漫遊各處，搶劫財物。

次日我取得新幣以後，藏在一只堅固的箱子裡面，牢牢縛在床下。我取出五六百枚作為日用之需，放在桌上一只黑漆的小箱內。下午我出門散步，因為偶然失檢，把小箱和鑰匙丟在桌上，回來一看概已失蹤。留在屋裡的兩個童子竟不曾聽見什麼聲息。我立刻把這兩次被竊的情形報告於採礦場的理事官，與堡壘上的司令官，所得的批答就是以後如有盜賊當場捕獲，我可格殺勿論。我們向村中再三探問，方知當日有一個守衛官辦米店的囚犯確曾離開崗位，有人看見他走過橋上向我住屋走來，又看見他在我住屋二百碼左近的地方，後來回到橋上時，腋下挾有一種東西，用「紗龍」遮護起來。我的箱子剛在村人看見他先後往返橋上的中間被竊，而且箱子很小，正可挾在腋下。這似乎是一種十分明顯的證據。我即帶同證人向司令官控告那個囚犯。囚犯受訊之時，自供曾往我住屋相近的河中洗澡，並沒有往前一步，又說他曾攀上椰子樹摘取兩顆椰子帶回家去，因為被人看見不免可羞，故用「紗龍」遮護起來。司令官認這種解釋為滿意，把他釋放還家。我損失一宗錢財，和一只小箱，一顆很可愛的圖章，與其他零星物件，及一切鑰匙——最大的損失就在這些鑰匙。幸而大錢箱當時已經鎖著，但是其餘我立刻要開的箱篋也都鎖著。可巧採礦場所僱用的一個鐵匠很是聰明，替我開鎖，且在幾天以內替我配成新鑰匙，我以後在東方旅行都用這些新鑰匙。

快近十一月的末尾，濕季就開始了，天天差不多連綿下雨，只在上午稍有一二小時的陽光。森林裡面的平坦部分盡成澤國，大路上到處是泥潦，昆蟲與鳥雀比往常格外缺乏。挨到十二月十三日下午，我們感受一次厲害的地震，房屋同家具震了五分鐘，樹林搖撼作響，有如大風吹過一般。我在十二月十五日前後，搬到村裡住下，一則要往村西一帶採檢更為便利，再則接近大海，我可隨時回德那第去。我覓得坎蓬賽剌尼（Campong Sirani，即基督教村）裡面一座大小適中的住屋，村民在聖誕日及新年節時時鳴砲，擊鼓，奏琴，我也只好忍受了。

這些村民很喜歡音樂和跳舞，在他們集會舉行的時候，我們歐洲人若去參觀一回，真要吃驚不小。我們走入一座幽暗的棕葉小舍，小舍裡面點著二三盞半明半滅的燈，黑魆魆看不清楚。地板用黑沙泥做成，屋篷也燻得漆黑；二三條長凳靠在牆壁擺著，一把四弦提琴，一支笛，一面鼓，和一個三角振動器，合成全副的樂器。與會的人統是年輕的男女，人數很多，一律穿著黑白兩色十分整潔的衣服——這純粹是葡萄牙人的習慣。四組跳舞，旋轉跳舞，坡爾卡跳舞（polkas），馬則卡跳舞（mazurkas），都做得極為精彩。點心只有混濁的咖啡與幾顆糖果。跳舞連續到許多小時，一概導演得極其合法。這一種集會每星期大約一次，由主要的村民輪流舉辦，其餘村民可以自由參觀。

這些村民在最近的三百年中雖已改換語言，並且連自己的國籍也已全然不知，但其變異卻又甚微。在舉止和面貌方面，他們幾乎依舊是純粹的葡萄牙人，和我從前在南美洲亞馬遜河兩岸所看見的那些葡萄牙人很是相似。他們的住宅和家具極其簡陋，而衣服卻保存一半的歐式，在星期日差不多一律穿起全套的玄色衣服。他們在名義上雖是新教徒，而星期夜卻是他們舉行音樂和跳舞的節日。男人往往是好獵手；他們每星期出門打獵二三次，獵取野豬與鹿而回，又有魚與家禽，所以食品是很好的。在馬來群島以內，差不多只有他們吃那食果的大蝙蝠，這種蝙蝠我們叫做「飛狐」。他們認這種醜陋的動物為珍饈，所以盡力搜羅。大約在每年開始時，這些動物成群結隊的來吃果實，晝間都在海灣中某幾個小島上，整千整萬的掛在樹上，尤其是枯樹上。所以牠們很容易被捉或被棒條擊下，盛得滿籃滿籃的攜回村中。烹煮牠們的手續務須精細，因為牠們的皮毛含有強烈的狐臭；但是通常都用許多香料和醬料煮成，的確十分好吃，並且有幾分相似兔肉。這班奧朗賽刺尼人真是優良的廚子，所製各種美味的肴饌比馬來人繁複得多。他們的主糧就是西穀，偶然也有一點粳米，又有豐富的蔬菜和水果。

這是一種古怪的事實：在東方各地，凡葡萄牙人與各種土人的混合種，在膚色上都比父族或母族要暗黑些。摩鹿加群島所有一切奧朗賽刺尼人，以及麻六甲所有葡萄牙人都是如此。但在南美洲的情形卻又相反，所有葡萄牙人或巴西人與印第安人的混合種「馬麥魯科人」（Mameluco），在膚色上比父族母族都要淺淡不少，比印第安人更為淺淡。巴羌的婦女雖比男人白皙一些，而面貌都很粗陋，完全比不上荷蘭人與馬來人的混合種，或且比不上純粹的馬來人。

我在村中所住的地方有一簇椰子樹，夜間將枯葉聚在一處燃燒時，真是一種壯觀：巍峨的樹幹，樹梢的美葉，與大簇的果實，在黑暗的天空底下大放光明，彷彿是一座百柱支撐的仙宮，覆以弧稜形的葉子拱門。發育完好的椰子樹，在美觀方面和實用方面，當然都為各種棕櫚之冠。

我在巴羌初次步入森林的時候，看見伸手不到的樹葉上棲著一隻黑色巨蝶，有顯明的黃白兩色的斑點。牠高高飛去，我無從捉牠，卻立刻看出是「馬來巨蝶」即「鳥翼蝶」（bird-winged butterfly）的一種新種的雌蝶，這是東方熱帶地方的特產。我天天想望這種雌蝶，並想尋覓雄蝶，因為這一屬的雄蝶總是極端美麗的。但在以後兩個月內，我僅僅再見到一次，過不多時又見一隻雄蝶在礦村中高飛。我想這種標本不免是絕望了，因為牠似乎是極其稀少而難馴的。直到一月初旬某日，我覓出一株美麗的灌木生著白色的承花葉和黃色的花——玉葉金花屬（Mussænda）的一種——有一隻這種巨蝶翱翔其上，但牠飛得太快，我捉不到牠。我在次日再往原處，果得一隻雌蝶，再過一天，又得一隻精緻的雄蝶。這種巨蝶果然是一種新奇壯美的蝶類，而其著色濃豔也為世界上所僅見。有五隻雄蝶的標本，兩翅伸長在七吋以上，翅上顯出絲絨的黑色與近紅的橙色，這橙色剛好代替那類似種的綠色的位置。這種巨蝶的美麗和燦爛難以筆墨形容，並且除了博物學者以外，更無一人能夠體會我最後奏功之時所發生的興奮的心理。我從網內把牠取出，展開牠的巨翅之時，我的心頭亂跳起來，血液湧到頭上，頓時覺得昏暈過去。我害了一天的頭痛病——這樣高度的興奮，在一般人看來，不免覺得是無謂的。

我本已決意在一二星期之內回返德那第，卻因這次的奏功又住下來，且等這種新奇的蝶類捉得一宗以後再做道理。後來我把這種蝴蝶定名為 Ornithoptera crœsus。那玉葉金花的叢林真是一個大好的地方，我每天往森林去都要經過此地；只因它的周圍卻是一片灌木和蔓藤的密林，故我派定拉喜把它四周淨除一番，以期捕捉昆蟲格外方便。又因自己須在那裡守候，故在叢林旁邊一株樹下設一座位，自己每天到此午餐，以便午時前後有半小時的守候，而在早晨經過此處的時候，又有一次守候的機會。我用這種方法捉了許多天，平均每天捉得一隻標本，但內中一半以上是雌蝶，其餘又有一半是殘破的標本，故我若不曾覓得其他地點，完好的雄蝶當然不能捉得很多。

我在當初看見牠們出現在花上以後，立刻差出拉喜持網到各處搜尋，因為牠們在海濱有些開花的樹木上也有出現。我和拉喜約定：他每次捉來一隻精美的標本，我給他額外的半天工錢。過一二天以後，他持上兩隻很優美的標本，且對我說，這兩隻都從一條岩石很多的河流上捉來，那一條河流從山上流下，在村下一哩光景的地方流入大海。牠們沿河飛下，間或棲在中流的岩石上，他不得不涉水而往，或跳過一塊一塊的岩石而去。有一天，我和他同去，而河水太急，岩石太滑，我簡直無從下手，只好完全讓他去做。以後我們住在巴光的期間，他都整天出外捕捉，通常每天捉得一隻，有時候也有二隻或三隻。所以我臨走時一共帶去一百多隻標本，內中大約有二十隻很精緻的雄蝶，但絕對完好的卻只有五六隻。

我每日沿著沙灘先走半哩光景，再穿西穀濕澤，走過椿柱搖動的棧道，直到托摩立人（Tomōré people）的村莊。村莊前面就是森林，森林裡面有好幾片新墾地，好幾條幽徑，還有大宗砍倒的木材。這是一個優良的採集地，尤其是甲蟲的採集地。新墾地上砍倒的樹幹，富於金色的吉丁蟲科與古怪的三錐蚌科及「長鬚甲蟲」，而森林中又有豐富的象蟲科與許多「長鬚甲蟲」及若干綠色精緻的蚊科。

蝴蝶雖不很多，卻也捉得幾隻精緻的藍色鳳蝶，若干美麗的小灰蝶科，還有一隻很稀罕的「華萊士鳳蝶」（Papilio Wallacei）——這種鳳蝶，我只在阿魯群島曾經捉了一隻。

我在這裡所得最有趣的鳥類，計有美麗的藍色魚狗（學名：Todiramphus diops），精緻的綠色與紫色家鴿（學名：Ptilonopus superbus 與 P. iogaster），及若干纖小的新奇鳥類。我的獵手們又替我獵得許多「窩雷斯風鳥」，且據若干本地獵手所說，還有一種類似種尤其美麗而顯異，我聽了以後，真是喜極欲狂。他們聲言那一種的羽毛是光亮的黑色，胸部也是金屬綠色，而肩上那兩對白色的長羽卻是加倍的長，比軀幹還要長出許多。他們又聲言他們自己遠入林中獵豬或鹿的時候，時或看見這種鳥類，只是少見而已。我立刻和他們約定，一隻標本奉酬十二枚荷蘭銀幣（即一鎊）；但是結果仍舊無效，且到現在，我也不能斷定這種鳥類究竟有無存在。在我離開巴羌以後，德國的博物學家本斯泰因博士曾在巴羌住了許多月，僱著一批獵手專為來丁博物館（Leyden Museum）採集；但是他的成績仍舊和我相等，所以我們必須認定這種鳥類若非十分稀罕，就是出於神話。

巴羌實為地球上棲有猿猴類的極東地點。一種黑色的大狒狒猴（學名：Cynopithecus nigrescens），在若干處森林裡面很是豐富。這種獼猴有許多裸出的紅色硬結，一條殘餘的尾巴只有一吋光景長——單是一種小肉瘤，不容易看得清楚。這種獼猴和蘇拉威西到處森林都有出現的完全相同，但是蘇拉威西所有其他各種哺乳類卻都沒有傳播到巴羌來，所以我不免要假設這種哺乳類是偶然由漫遊的馬來人輸入，因為馬來人往往帶著馴養的獼猴或其他動物漫遊各地。這個假設還有一樁事實可以佐證，就是這種動物在濟羅羅並無出現，其實濟羅羅和巴羌只隔著一個很狹的海峽。這種動物的輸入也許十分新近，因為牠在這個肥沃空曠的島嶼上大約是繁殖得很快的。我在巴羌所得其他哺乳類只有一種東方鼯——格雷博士曾用Cuscus ornatus的名稱說明過一番——一種小飛鼯（學名：Belideus ariel），一種麝貓（學名：Viverra zebetha），還有九種蝙蝠，大半都是比較的小，這些蝙蝠都在夜間飛繞屋前的時候，被我用昆蟲網捉來。

我在此滯留多時以後——由於天氣不好，手下又有一個男人害病——方才決定往遊巴羌北岸附近一個島上的卡塞洛塔（Kasserota，為從前的首村），該村位於一條小河的上游，據說有許多稀罕的鳥類。我僱得一隻小船裝上行李，預備齊全以後，一連起了三天的颶風，直到三月二十一日我們才能開船。次日早晨，我們駛入小河，再過一小時左右，到了蘇丹許我使用的房屋。這房屋建在河岸上，環以果樹的森林，林中有若干椰子棕櫚，其巍峨雄偉為我見所未見。當天連綿下雨，除了起貨拆包以外，我不能做什麼事。直到下午天氣清朗以後，我想向各方探檢一番，不料附近一帶只有一條路徑，全是汙泥的濕地，幾乎不能插足，四周的森林又是十分陰濕，昆蟲的出息一定不多。我又問明村民並無墾地，全靠西穀，水果，魚類與鳥獸養生；並且那一條路徑只通到一個峻峭的岩阜，也沒有什麼出息。次日我遣手下人往阜上搜羅，希望阜上也許有些好鳥；但是他們只帶得兩種普通的鳥類而回，我自己更是毫無所得，凡我所走的各條小徑，一概通到一片濃密的西穀濕澤。我看看自己留在這裡不免糟蹋時間，決意在次日就要動身。

在熱帶上，植物豐饒而昆蟲缺乏的地點很是不少，這一村就是一個實例。這真是歐洲的博物學家所夢想不到的事實。這種地點的昆蟲，竟與歐洲最荒涼的各處一樣缺乏，並且一樣隱晦：這大約有一部分正因為熱帶植物過於豐饒的緣故。在溫和的氣候中，不論那一片地面，如果植物方面有一種類似性，各處昆蟲的分佈就會含有多量的一致性，至於昆蟲稀少的原因，顯然都在樹林的缺乏或地面的一致。旅行家即使很匆忙地穿過這一片地面，也可立刻指出一處良好的採集地。但在這裡情形卻不同了。每一處良好的採集地都有若干先決的條件，這些條件，須在一村附近搜索幾天以後，方能決定它們的存在。在有些地方，例如澤盧盧與薩胡，缺少了原生林；有些地方，例如眼前的一村，卻又缺少了開朗的路徑或墾地。巴羌只有兩處很好的採集地，就是前往煤礦地的大路與托摩立人的新墾地，而後者尤佳。我深信森林未經斬除的各地，昆蟲的分佈很是平均，不論我們在那一處搜尋都尋不出什麼昆蟲來。再就反一面說，如果森林統已斬除乾淨，各種昆蟲更要從此絕跡；只有小片的墾地與開朗的路徑闢成以後，有了各種枯敗的樹身和樹葉，紛紛剝落的樹皮，與樹皮上長出菌狀的植物，加以透光的各處開著格外繁茂的花卉，才能攝引四周各處的昆蟲而積聚許多的種類和數目。昆蟲學者如果發現了這種地點，在一個月以內，很可以做出全年在整片森林當中所得的成績。

次日早晨，我們離開本村，在一小時以內駛下小河的河口。這小河穿過一帶很平坦的沖積平原，但在河口相近，卻有丘陵逼近河岸。沿著下流，在一片濕澤上——在高潮時定有鹹水侵入——有許多雅致的木狀羊齒，從八呎高到十五呎。這些羊齒通常都認作山上的植物，以為熱帶上一二千呎以下的高地就罕有出現。但我在婆羅洲，阿魯群島，及亞馬遜河兩岸，都在海平面上看見它們，所以通常猜測它們所需的高度，大約都從平原上、低地上、大部分都已墾種、以致固有的植物大半都已消滅的各地所觀察到的事實歸納而來。凡爪哇，印度，牙買加，巴西所有熱帶植物經過充分探檢的各地，都是如此。

出海以後，我們轉向北方航行，大約兩小時後，到了一個小村，叫做郎干狄（Langundi），有些加雷拉人在此建有幾所草舍，採集樹膠，做成火把，運到德那第市場上出賣。在村後大約一百碼，有一阜頗為峻峭，我向村後稍走幾步，即見阜上有一路徑，故我決意在此暫住幾天。在我們對面以及巴羌的沿岸一帶，排列著許多優美的島嶼，而絕無人煙。我每次問及那些島嶼為何絕無人煙，所得的答語都是：「怕那馬金達諾海盜（Magindano pirates）。」這班海盜時而往東，時而往西，嘯聚在絕無人煙的某個島上，蹂躪附近一帶的小村；搶劫，毀壞，殺人或擄人。他們駕駛狹長的「普牢船」，水手齊備，一有帆船追逐他們，立即兜著逆風而逃，見有輪船的火煙，則躲在淺灣，或小河，或有森林的海口之中，等到危險過了以後，方才回去。消滅他們騷擾的唯一有效的方法，大約只有進剿他們的巢穴，勒令他們放棄海盜的行為，而加以嚴密的監督。布魯克爵士曾用這種方法對付婆羅洲西北沿岸的海盜，深得馬來群島各地居民的感激，因為他代他們大家除去半數的敵人。

這裡沿岸一帶，與岸上多沙的窪地，都展佈著露兜樹科。這些露兜樹大小不同。最小的像是枝形的大燈架，高到四五十呎，樹枝的末梢各有一簇形如巨劍的大葉，闊到六吋或八吋，長到六呎或八呎。最大的聳出一株無枝的樹幹，高到六七十呎，上部生出螺旋式排列的樹葉，戴著頂梢的一顆果實，和鴿的卵一樣大。還有大小折中的，出生許多簇粗糙的紅果。以上三種露兜樹，葉緣上多少都有尖刺，莖上一概都有圈輪。其中第二種的幼樹，生出平滑光亮的厚葉，在摩鹿加群島及新幾內亞到處都用來做「科科雅」（cocoyas），就是臥蓆，這種蓆子往往裝飾著彩色的花紋，很是華麗。再在阜上高處，有一片大樹的森林，內中有一種出產樹膠的橡皮樹（學名：*Dammara sp.*），很是繁夥。巴羌有若干小村的村民，純以採集這種樹膠為業，將樹膠搗爛，灌入棕櫚葉做的一碼光景長的管子裡，做成火把，許多土人都用來代燈。有時候，這種樹膠積成十磅或十二磅重量的巨堆，或附著於樹幹上，或埋藏於樹腳的地下。但是林中最奇特的樹木還有一種無花果樹，它的氣根形成一種近一百呎高的稜錐體，稜錐體的尖梢就是本樹分枝的所在，並無真正的樹幹。這個稜錐體或圓錐體由粗細不等的氣根構成，這些氣根大半都是直線的降下，但多少都有攲斜，並且互相交叉，又有橫椏聯絡其間，而形成一種複雜的密網，只有攝影才能描摹出來。還有「加那利」（Kanary）也很繁殖，它的堅果有很好的香味，並有上等的油質。這種堅果的多肉外皮就是這些島嶼的綠色大鴿（學名：*Carpophaga perspicillata*）最愛吃的東西，這些大鴿時時在樹枝中間聒噪著。

我在郎干狄住了十天以後，自己所特別搜尋的鳥類（「尼科巴鴿」〔Nicobar pigeon〕，或其相近的新種）既不能得，其他新奇的鳥類也無所獲，昆蟲又是很少，就在四月一日早晨動身，當晚駛入巴羌本島的一條河流（郎干狄和卡塞洛塔相似，也在另外一個小島上），有些馬來人和加雷拉人在此建一小村，闢成大片的稻田和香蕉地。我們覓得臨流的一座好屋，水清且潔，屋主是一位可敬的巴羌馬來人，自願借我一間臥室和一個洋臺。我看看四周的森林倒是很近，就接受他的好意住下來，次日晨間，我在早餐以前出門探檢，在森林的邊際上捉得少數有趣的昆蟲。

後來我覓出一條路徑，穿過一片很優美的森林，有一哩多長，其中棕櫚極多，我在摩鹿加群島還是第一次看見。有一種棕櫚十分雅致，特別引起我的注意。樹幹只有我拳頭般粗細，卻很高聳，生著許多簇鮮明的紅果。外觀上像是檳榔子屬的一種。還有一種，樹身非常高，外觀上和南美洲的 Euterpes 很是相似。再者扇形葉的棕櫚也有生長，其葉細小而近全邊，用以做成橡皮火把與水桶。我在這次步行中看見十來種棕櫚，還有二三種露兜樹屬和郎干狄的種類不同。此外又有幾種很精緻的攀緣羊齒與真正的野香蕉（原註：芭蕉屬）。這野香蕉生出一種可食的果實，其大不及拇指，內含種子一團，包以果肉及果皮。據村民說，他們確已做過栽培的實驗，卻不能將它改良。大約他們栽植的數量既不充分，保留的時期又不長久吧。

巴羌一島對於植物學者從事搜羅的報酬，大約比馬來群島全部任何島嶼都要好些。島上的地面和土壤極其複雜，大小的河流很是繁多，有許多河流都可通航若干路，又無野蠻的居民，到處可以安然遊歷。島上有金礦、銅礦、煤礦、溫泉、間歇溫泉、水成岩、火成岩、珊瑚石灰岩、沖積平原、峻阜，及高山，又有潮濕的氣候，廣茂的森林植物。

我在這裡住了幾天，獲得若干新奇的昆蟲，卻沒有什麼鳥類，蝶類與鳥類在這些森林當中真是異常缺少。我們走了一天，也許看不見二三種以上的蝶類和鳥類。這些東部的島嶼，若和西部的島嶼（爪哇，婆羅洲等等）比較起來，除了甲蟲以外，不論什麼都可說是十分欠缺，而和南美洲的各處森林相比，尤其如此，因為在那些森林當中，每天可得二三十種蝴蝶，遇有很好的機會，不難捉得一百種——這一個數目，我們在這裡即使繼續搜尋幾個月也不能達到。在鳥類方面也有同樣的差別。我們在美洲熱帶上，幾乎到處可以覓出幾種啄木鳥、鸓、伯勞（bus-hshrikes）、連雀（chatterers）、「咬鵑」、鵎鵼、鳲鳩，與「美洲鶲」（tyrant-fly-catchers）；並且幾天的搜尋可以抵得這裡幾個月所遇到的種類。不過這裡的數目和種類雖則貧乏，而在各綱各目當中差不多總有一二種非常美麗或奇特的種類，很可以抵擋、或且凌駕南美洲全洲所產任何的種類。

某日下午，我正在整理昆蟲的標本，一批驚訝的觀眾圍成一圈，我把手透鏡遞給一個人，叫他看看一隻小昆蟲，他看了以後，奇怪得了不得，以致其餘的也都要看。因此，我把手透鏡固著在一塊軟木上，擺好適當的焦點，拿「芒背蛴屬」（Hispa）的一隻有刺的甲蟲放在底下，傳遞他們去看。他們的興奮真是不可名狀。有些聲言這甲蟲有一碼長；有些看得害怕了，立刻丟下不看。他們大家都和小孩們看了啞劇或聖誕日的氧氫化的顯微鏡展覽品一般，個個指手畫腳，滿口叫喊，十分驚奇。但是這種興奮的由來，只是一面小小的透鏡，僅有一吋半焦點，只能放大四五倍——在他們看不慣的眼睛看來，卻似放大一百倍了。

我住在這裡的最後一天，手下有一個獵手竟覓得並且射下一隻美麗的「尼科巴鴿」。這種鴿，我已搜尋多時，卻無所獲，而村民也是見所未見，顯然是稀少而怕人的。我這隻標本是完好的雌鴿，那羽毛的光亮的銅色和綠色，雪白的尾巴，與頸部美麗下垂的羽毛，都是膾炙人口。後來我在新幾內亞再得一隻，在開奧諸島又見一次。此外在望加錫與婆羅洲兩地附近的小島，及尼科巴諸島也有發現，而其名稱即從尼科巴諸島而來。這種鴿在地面上覓食，飛到樹上棲宿，肥大而笨重。這一層可以解釋牠往往發現於小島的事實。牠在馬來群島西半部的各大島似乎完全絕跡。牠既在地面上覓食，當然難免食肉獸的攻擊。而在小島上則食肉獸並無出現。但是牠在馬來群島分佈很廣，直從極西到了極東：這的確是很奇特的。因為除了幾種鷙鳥以外，並沒有一種陸棲鳥有這樣廣闊的範圍。地面覓食的鳥類往往缺乏遠飛的能力，況且這一種鴿又是這樣肥大笨重，初看似乎連一哩路都不會飛。但是細看卻看出牠的兩翼非常強大，若拿身體的大小來做比例，比各種鴿大約都要大些，並且牠的胸部肌肉尤其發達。而我友杜汾波登先生的公子又有一樁事實報告給我，這樁事實正和這些構造上的特點相合，顯出這種鴿具有遠飛的能力。杜先生在一小珊瑚島上設有一個油廠，那小島在新幾內亞以北一百哩，中間並無陸地。杜先生在小島上經營一年，闢成縱橫的道路以後，他的公子才往島上去遊歷。他的雙桅小船剛剛駛近埠頭的時候，他看見一隻鳥從海上飛來，飛到岸上以前精疲力竭，落入水中。他差出一隻小船把牠撈起，卻是一隻「尼科巴鴿」，這一隻鴿當然是從新幾內亞飛來，因為小島上一向沒有這種鴿棲息著。

這當然是適應一種不常的並且例外的需要之很古怪的實例。這一種鴿在平時不須有遠飛的能力，因為牠們正和別種地棲鴿相似，住在森林當中，吃那落地的果實，棲在矮樹上面。所以牠們大多數所有強大的兩翼絕無用武的餘地，只有偶然有一二隻被大風吹送出海，或被食肉獸驅逐出境，或因食物缺乏必須遠遷的時候，方才用得著。這裡面似乎發生過一種變異，這種變異剛好和那無翼鳥（如「幾維屬」〔Apteryx〕，加朔阿利〔Cassowary〕，與渡渡鳥〔Dodo〕）所由產生的變異相反；而棲息於島嶼竟為這兩種變異的動因，更是一種古怪的事情。這兩種變異的解釋，大約不能逃出達爾文先生對於馬得拉甲蟲所加的解釋之外，因為那些甲蟲也有許多是無翅的，而有翅的又有若干比大陸上相同的種類有了格外發達的翅膀。這些甲蟲或者絕不能飛，以免被吹出海，或者極其善飛，以便飛回島上或移棲於大陸；這都是對牠們很有利益的。因為不善飛比不能飛還要壞些。故在紐西蘭與模里西斯（Mauritius）這些遠離大陸的島嶼上，地面覓食的鳥類自以絕對不飛為比較安全，而短翼的後裔得以繼續生存的結果，遂成為一群無翼的鳥類；但在大小島嶼星羅棋佈的大片群島之上，則以不時能夠移棲為有利益，故長翼善飛的變種得以繼續生存，直到後來，其他一切種類都被排擠出去，牠們自己的種族遂得展佈於群島的全部。

除了這一種鴿以外，我在這次旅行所得新奇的鳥類，只有一隻稀罕的夜鷹（**goat-sucker**，學名：**Batrachostomus crinifrons**），為摩鹿加群島目前已發現的那一屬鳥類的孤種。我所捉得最好的昆蟲，有一種稀罕的粉蝶（學名：**Pieris aruna**），呈出濃厚的鉻黃色，鑲著一條黑邊，生出一對顯異的白色觸角，大約是那一屬裡面最精緻的蝴蝶；還有一種黃蜂似的黑色大昆蟲，生著一對大顎和鍬蜋科相似，已由斯密司先生（Mr. F. Smith）取名為 **Megachile pluto**。我所採集的甲蟲，大約有一百種為我見所未見，不過大半都很纖小，還有許多稀罕優美的甲蟲，和我在巴羌村所已發現的相同。我對於這次十七天的旅行，在大致上是很滿意的，沿路十分舒服，本島的景物看得很多。我所租用的是一隻寬敞的小船，並且隨帶一張小桌和一把藤椅。這桌椅兩項最為合用，因為我在各處遇有住屋之時，立刻可以自行佈置，做事吃飯都很方便。若在岸上無處容身，即可睡在船中；我們每在一處小住幾天，都把船隻拖到灘上來。

我回到巴羌村以後，將採集品逐一裝包，打算回到德那第去。我在當初來到巴羌的時候，立即吩咐領港人將來船駛回德那第，有二三個船夫趁著機會也都一同回去了。現在我自己趁著一隻官船恰巧運來軍米的機會，得了政府的許可，就在四月十三日乘坐這隻官船，動身回去，總計在巴羌島上住了六個月少一星期。這隻官船是一種叫做「科剌科剌」（Kora-kora）的小船，船身很低，卻很開朗，大約可載四噸。兩邊船舷搭出五呎光景的竹架，竹架上鋪著竹板，和船身一樣長。竹板的外緣上坐著二十個划手，船裡的前部後部各有便利的通路。中部搭起一個篷屋，行李和乘客一概裝在裡面；船舷出水只有一呎，且因頭頂及側腰的重量很大，一般的情形又很笨拙，所以這些小船在天氣不好的時候很是危險，往往要覆沒於海洋之中。在順風時，一支三角桅張著一面蓆帆，很可以破浪而前，雖照季候風來估計，應該是順風，但這種順風卻不常有。我們所帶的淡水盛在竹筒裡，只夠兩天的使用，因為航程估著七天，所以沿路須在許多地方停泊。船長沒有威權，船員划槳很懶，否則我們沿路天氣晴朗，風勢微弱，也許三天以內可以駛到德那第了。

船上除我以外還有若干乘客：有三四個爪哇兵，兩個滿期的囚犯（說來奇怪，有一個就是從前偷去我的錢箱和鑰匙的人），一個教師的妻子帶一僕人往遊德那第，還有一個前往賣貨的中國商人。我們大家只得擠在艙裡睡覺；但是他們對我十分客氣，騰出一些空位，讓我攤著被褥，我們相處之間都很和善。船頭上有一間小小的廚房，我們可以煮飯，泡咖啡；我們各人當然自帶糧食，並且自由舉餐。船上如果沒有「鼕鼕」（tom-toms）——即木鼓——在划船時敲個不停，這次的航程就可說是很舒服了。那木鼓時時用兩個船員敲著，鼓聲真是震得可怕。船上這些划手都是德那第的蘇丹所派的男夫。他們大約一天獲得三便士，且須自謀膳食。各人都有一個堅固的蒟醬木匣，通常他都坐在木匣上面，又有一床臥蓆，一套換洗的衣服——划槳時只披一件「紗龍」或一件腰衣。他們睡在他們的地方，蓋起他們的蓆子，雨倒不會漏下。他們時時嚼著蒟醬或吸著紙煙；吃的是乾燥的西穀，攙上一點鹹魚；划槳時不大唱歌，只在興奮的時候，或划近埠頭的時候，方才開唱，並且不大談天。他們大半都是馬來人，間或有些濟羅羅的阿爾佛洛人，以及給柏（Guebe）或威濟烏的巴布亞人。

某日下午，我們停在馬姜；許多船員跑上岸去，帶回大宗的香蕉和別種水果。我們再駛一點路，到晚又再下錨。我在上床睡覺的時候，吹滅我的燭燈，船上仍有半明不滅的燈點著。我一時失了手巾，心中一想，曾在床側一只箱上看見過，立刻伸手想去取它，不料摸到一種又冷又滑又會走動的東西，急忙把手收回。我就叫道，「快拿燈來，這裡有一條蛇。」拿燈一看，果然有一條蛇好好的盤在那裡，正在舉頭查問那吵擾牠的是誰。這條蛇，我們務須好好的把牠捉來，或者殺死，否則牠一逃走以後，不免躲在整堆的行李裡面，我們簡直不能安睡了。有一個從前的囚犯，用一塊布裹好一隻手，自願來捉牠，但我看他有些害怕的神氣，不免要將牠放走，就不讓他嘗試了。我去拿了一把庖刀，將那剛剛掛在上方、阻礙我的手勢的昆蟲網小心地撥開，再用庖刀悄悄地橫割蛇背，將蛇按住，我手下一個童子立刻再用一把刀斫碎蛇頭。我仔細一看，看見這條蛇有很大的毒牙，幸而我初次碰牠的時候，沒有咬我。

我想同時總不會有兩條蛇爬到船上，就再上床睡覺；但在睡中時時發生一種幻想，以為自己也許再將手掌放在另外一條蛇上，所以躺得非常鎮定，整夜沒有輾轉過一次，和我平常的習慣截然相反。次日我們到達德那第，我安居於舒服的原屋，取出自己一切的珍寶，逐一審查，分別裝包，以便運送回國。

第七章

西蘭哥蘭及馬他貝羅群島
一八五九年十月到一八六〇年六月

我於十月二十九日晨間三時從帝汶動身，初次往遊西蘭。這一次乘坐一隻小船，因為船夫不能齊集的緣故，動身的日期誤了幾天。船長凡得伯克（Van der Beck）追尋船夫，整整忙了一天，不料半夜時分，我手下又有兩人失蹤，我們只得上岸搜尋。有一個，我們在他家裡找到，正在離筵上喝亞力酒，喝得頗有醉意，還有一個卻已渡過海灣，我們無從尋覓，只好丟了他開船。我們駛到帝汶東端相近的兩個村上停泊若干小時；有一村是為教會起卸木料停泊的。第三日下午到達船長的栽植地，這栽植地位於帝汶對面的西蘭島上叫做哈托蘇阿（Hatosúa）的地方，是平坦卑濕的森林裡面的一片墾地，約有二十英畝的面積，大半種植「可可樹」與煙草。除了工人所住的一所小草舍以外，還有一所烘焙煙葉的大草舍，騰出一角給我使用。我看看這地方的情形，以為可以找到良好的採集地，就將臨時的桌凳床架配置起來，預備住幾星期。但在幾天以後，卻已露出失望的端倪。甲蟲頗為豐富，精緻的角蚌科與優美的「長鬚甲蟲」，我都捉得很多，但是大半都和我初次在帝汶短期遊歷中所獲的種類相同。森林裡面只有少數的幾條路徑，鳥類與蝶類似乎很少，我手下人天天沒有值得注意的東西拿來。因此，我不得不立刻想到遷移地點的問題，因為住在這裡，對於一向未經採檢的西蘭的產物，顯然不能獲得正確的觀念。

我卻捨不得這個地方，因為屋東是一位非凡的人物，又是最有趣的伴侶，為我生平得未曾有。他的出身原是一個法蘭德斯人（Fleming），正和他的許多本族人一般，對於語言一科具有特別的天才。他在幼時曾與政府派往地中海調查商業的官員作伴，他們每到一處住了幾個星期，他都學得一口俗語。後來他屢次航海，到過聖彼得堡（St. Petersburg），到過歐洲的其他各地，又在倫敦住過幾個星期，從此出到東方，在若干島嶼上經營若干年的商業及投機事業。現在他對於荷蘭語，法國語，馬來語，和爪哇語，都說得一樣的好；他說英語只是重音太輕一點，卻很純熟，對於成語的知識最為淹博，我簡直難他不倒。德國語及義大利語，他也十分熟悉，而且他所認識的歐洲語言，還有現代的希臘語，土耳其語，俄羅斯語，及希伯來與拉丁的土話。我可以舉出一件來證明他的天才。從前他有一次航海，到過偏僻的薩力巴部島（Salibaboo），做過幾星期的生意。在我採集語類的時候，他對我說，他大約還記得若干字，並且背出一大宗來。過了幾時，我得到一張小表，上面載著在那些島上所記下來的許多字，和他所背的那些字竟是互相符合。他時常要唱一則希伯來的飲酒歌，這一則歌，他在某次同著幾個猶太人在一塊旅行時學來，那些猶太人因為他說上猶太語和他們攀談都吃了一驚。他對於所遇的人種與所遊歷的地方，無論事蹟與典故都說得滔滔不絕。

西蘭島這一部分的村莊，大半都設有學校，由土教師掌教，各村的居民早已歸化於基督教。各處較大的村莊又有歐洲的教士，但在基督教村與阿爾佛洛村之間，絕少或且絕無外表的差別，即在居民方面，據我看來，也並無差別。各村的居民似乎比濟羅羅的更可斷定為巴布亞人種。他們的膚色更為暗黑，有些又有巴布亞人的鬈髮；他們的面貌也是粗糙而特別，婦女們尤其比馬來人難看得多。船長凡得伯克始終斥罵這些基督教村的居民不但惰性難改，並且又是竊賊，騙子，和酒鬼。我那兩位住在帝汶城內的朋友，摩奈克和多爾沙爾醫士，以及大半的駐使和商人，也是同樣的埋怨這些居民。他們說是：與其僱用這班土基督教徒來做僕人，還不如僱用那些做了囚犯的回教徒。因為「節制」二字就是回教徒的宗教的一部分，他們過慣節制的生活，差不多絕對不會犯規。所以這班基督教徒有一種奢望的來源，一種怠惰和罪惡的傾向，而回教徒則無之；並且基督教徒看待自己和歐洲人幾乎相等：他們也信奉相同的宗教，也比那回教徒優秀得多，所以往往鄙夷勞工，想去經商，或去耕種己有的土地，以謀生活。這一層簡直可以不言而喻：對於文明程度這樣低的人民，宗教一項差不多完全是儀式的事情，基督教的教義既不了解，基督教的訓條也不遵行。但是同時據我自己的經驗看來，高等的「奧朗賽剌尼人」卻也和馬來人一樣的溫文，誠懇，而勤勉，只是沈湎於酒，有異於馬來人罷了。

我寫信寄給薩帕魯阿的助理駐使（他對於哈托蘇阿迤北的沿岸一部分有了統治權），請他指派一隻小船供我航行之用，後來收到一隻倒比意中所需的還要大些，並有二十個船夫同來。因此，我向好友凡得伯克船長告別，即在傍晚動身，向著厄爾匹浦替村（Elpiputi）出發，在兩天之內到達。我原想在此住下，只因地方的情形不能合意——附近一帶似乎並無原生林——就決意再向亞馬嘿灣（Amahay）駛上十二哩光景，前往新闢的一村，村上住著內地遷來的土著，有幾個帝汶的上流人在此墾闢幾片廣大的可可樹栽植地。我在當日下午到了這個地方（叫做亞歲雅〔Awaiya〕），多承彼得斯先生（Mr. Peters，各栽植地的管理人）與土頭目相助，覓得一所小小的住屋，將我一切物件起上岸來，一面給資遣散二十個船夫——有兩個船夫沿路敲著「鼕鼕」，幾已使我心神恍惚了。

村民的生活幾乎純任自然，差不多一絲不掛。男人蓄著鬈髮，在左額角上紐成一個扁平的圓結，額上很有一種伶俐的相貌，耳朵裡插著一段圓木，剛和手指一樣粗大，末端染成紅色。草編的或銀製的手釧和腳鐲，加上細珠或小果串成的頸飾，就是他全身的裝束了。婦人的裝束和男人相同，但她們的頭髮卻不打結。男婦身材都高，皮膚為暗棕色，面貌顯係巴布亞人種。村中有一個帝汶教師，大批的兒童每天早晨都去上學。做了基督教徒的村民的標誌，在於蓄髮並不打結，以及採用一些土基督教徒的服裝——有一條褲子和一件寬大的襯衫。能說馬來語的村民很居少數；這一切沿海的村莊，都在新近勸誘荒僻內地的土人向外遷居而成。在西蘭中部一帶，現在只剩著一個人口眾多的村莊，位於山嶺之中。此外東部與極西部，還有幾個內地的村莊，其餘西蘭全島的居民統已薈萃於海岸上。在北岸及東岸的各區，大半都是回教徒，而在西南岸上最近帝汶的一帶，卻是名目上的基督教徒。

荷蘭人在馬來群島的這一部分努力改進土人的境況，極其可嘉。他們分佈教師（大半都是帝汶或薩帕魯阿的土人，受教於當地僑居的教士）於各村，以教育各村的居民，並僱用種痘的土醫師，以預防天花的危險。他們鼓勵歐洲人的僑居，與可可及咖啡新栽植地的墾闢——這是提高土人境況的最好方法，他們從此可得工資平允的工作，並有步武歐人的機會。

我在這裡的採集品比從前那一個地點並沒有多大的進步，只是蝶類稍多，我於晨間在海濱上覓得幾種很精緻的種類，牠們站在濕沙上極其鎮定，一一可以用手捉來。有許多兒童用這種方法，替我捉來許多精緻的鳳蝶屬的標本。但甲蟲卻是很少，鳥類尤其如此，我不免認定平時所聽到的西蘭島上發現的佳種完全限於它的東部極端。

向北幾哩，在亞馬嘿灣的盡頭，就是馬卡立啟村（Makariki）的所在，有一條小徑從此直達本島的北岸。我友洛蹭柏先生——我和他在新幾內亞熟識起來，現在他是西蘭這一部分的政府所派的監督——在我住在亞崴雅二星期以後，新從本島北岸的瓦亥回來，將他自己在內地山澗上所得若干美蝶取給我看。他提出本島中部的一個地點，以為我很可以去住幾天。所以我在次日同他往馬卡立啟去，由他囑咐村正替我備辦人夫，挑運行李，並陪伴我去旅行。只因村民都要趕回家中過聖誕節，故我務須及早動身；於是我們約定，人夫在兩日以內預備齊全，我自己急忙回到亞崴雅佈置行裝。

我預備旅行六日的最小量的行李，在十二月十八日早晨，從馬卡立啟動身，有六個男人挑運行李並他們自己的糧食，還有一個亞崴雅來的童子，原是替我捉慣蝴蝶的。我把兩個帝汶的獵手留在後面，吩咐他們照舊射擊並剝製鳥類。我們離村以後，穿過一帶密集的叢莽，疾走一小時，因為昨夜下過大雨，所以現在還滴著水，到處又有泥洞。我們穿過幾條小河以後，走到西蘭的大河叫做羅亞坦（Ruatan）的河邊，須得穿河過去。河水又深又急。挑夫們先把行李逐件戴在頭上涉水過去，河水幾乎浸到他們的腋下，再由兩個挑夫回來幫扶我。河水深到我的腰部以上，水勢又急，我若沒有他們相扶，兩隻腳當然要站不住了；我覺得他們怎麼還會扶我倒是可怪，因為我在河中把腳舉起以後，再想插腳下去，真是困難已極。我想：這是他們天天赤腳走路，腳勁格外的好，所以站在急流當中也格外穩固吧。

我們把衣服脫下絞乾以後再穿上去，依舊沿著一條森林的狹徑向前行走，狹徑上塞著敗葉和枯木，即在比較曠朗的各處也長著糾纏的植物。我們走了一小時，走到一條較小的河流，河床廣闊，都是石礫，我們的路徑沿河而上。我們在此休憩半小時，吃了早餐，再向前去，時時穿過河流，或在石礫的河岸上行走，直到午時相近，河床變作岩石，兩岸都是丘陵。向前不遠，就是絡繹不斷的山峽，我們進入山峽以後，須在岩石上爬行，又須時時在河流中穿去穿來，或在森林中截取捷徑。這是疲憊的工作；且在下午三時左右，騰雲蔽天，山中隆隆的雷聲表示大雨將至，我們必須尋覓一個搭棚的地點，再過一會，來到洛蹭柏先生的一座老屋。他的小宿舍的骨架還是留著，我的挑夫們就去斫取樹葉，剛在雨勢開始時急忙做成一個屋篷。行李都用樹葉蓋好，挑夫們盡力設法躲雨。在大雨下降時，洪水沿河瀉下，即使我們有意前進，也要被阻。我們燒起火來，我泡好一點咖啡，挑夫們烤熟他們的魚和香蕉（plantain），等到天黑以後，我們設法過了一夜。

次日早晨六時，我們依舊動身，走了三小時同樣的路，至少渡過三四十次的河，河水往往深與膝齊。隨後走到路徑離河的起點，我們停下早餐。再在山上走過一條長嶺，高到海平面以上一千五百呎左右。我在此處看見一種從未見過的最纖小而最雅致的木狀羊齒，只有我拇指般的莖，卻有十五呎或二十呎高。我又捉得一隻粉蝶屬的新奇蝴蝶，與某種鳳蝶（學名：Papilio gambrisius）的一隻壯美的雌蝶，這種鳳蝶我一向只覓得雄蝶，形體較小，色彩也很不同。我們向前下嶺而去，路徑很是峻峭，直到全島中心左近一個臨河的地點，就是我們要住二三天的所在。

挑夫們在二小時以內替我搭成一間小小的臥舍，大約有八呎長，四呎闊，再用木片做好一條長凳，而他們自己就住在過路人所留下的二三間小舍裡面。

這裡的河面大約有二十碼闊，沖瀉於石子或岩石所成的河床之上，兩岸都是峻阜，偶或有些平坦的濕澤介在阜麓與河流之間。四面看去，都是濃密陰濕的原生林。剛在我們住所前面，有一個叢莽掩護的小洲位於中流，所以河面做成的森林缺口略微廣闊，陽光稍可射入。這裡有若干美蝶飛來飛去，但最精緻的被牠逃走，以後就再也看不見牠。我在此住了二天半，天天沿河上下去搜索蝴蝶，一共捉得五六十隻，有幾種是我一向不曾見過的。還有許多種類，我只看見一次，不曾捉來，覺得這些內地的谿谷沒有村莊，不能久住，真是一種遺憾。我在每天早晨攜鎗出門捕鳥，還有兩個挑夫幾乎整天在外覓鹿；但是我們都無所獲。我所看見的唯一好鳥就是精緻的帝汶刷舌鸚，但都棲在高處，難以射擊；此外幾乎只有摩鹿加大犀鳥，又是我不要的。我始終看不見一隻地棲畫眉，或魚狗，或鴿；而且動物這樣缺乏的森林的確是我一向不曾見過的。除了蝴蝶以外，其餘各群的昆蟲都是缺乏已極。我本想找些稀罕的斑蝥科，和那蘇拉威西的相似地點一般；但我雖在森林，河床，及山澗中仔細搜索過一番，也只能找出兩種普通的帝汶種類。其餘的甲蟲簡直一無所有。

我在這裡時時涉水登山，身邊所帶的兩雙鞋子都穿破了，在回去的路上簡直破成碎塊，故在最後一日只得用襪踏地，忍痛行走，以致跛腳回家。我和獵手們再從馬卡立啟回到亞崴雅的時候，海上又有暴風雨，我們傍晚到家，一切行李弄得透濕，我們自己也大不舒服。再者我在西蘭島上，到處有一種看不見的壁蝨咬我，大為受苦，這種壁蝨比那蚊、蟻等類都要討厭些，因為牠是沒法防禦的。這最後一次在森林中旅行，使我發出一身腫塊，回到帝汶以後變成重病，把我禁錮了兩個月少幾天——這是我初次遊歷西蘭的不很愜意的報酬，這種報酬剛和一八五九年同時結束。

直到一八六〇年二月二十四日，我再從帝汶動身，打算沿著西蘭海岸一村一村挨過去，遇有合用的地點就住下來。我帶著一件摩鹿加群島總督的公文，這件公文通令各地的頭目為我備辦船隻及船夫。第一隻小船在二天內載我到亞馬嘿，和亞崴雅遙遙相對。說來奇怪：亞馬嘿的頭目並不託詞延宕，立刻派出一隻小船，搬上我的行李，入夜以後豎起桅帆，當夜備好船夫；故在次日晨間五時，我們早已開船——這種果斷敏捷的現象，在土頭目當中真是十二分的難得。我們先在塞帕（Cepa）傍岸，再到塔密蘭（Tamilan）宿夜——西蘭南岸頭兩個回教村。次日午時相近，駛到和雅（Hoya），就是現在這隻船所運送的最遠的地點。埠頭在村東大約一哩，村前有珊瑚礁，須待晚潮到後方可傍村起貨，村中為遊客設備著一所奇形怪狀的亭子，木料已很腐敗。

這地方並無寬大的船隻，足以裝運我的行李，但用兩隻小船卻很合式，不料拉惹一定要派四隻。我覺得他的理由不外是：在他治下有四個小村，他令一村派出一隻，對於去取方面不致發生困難。他告訴我說，此處最近的忒魯替村（Teluti）有許多阿爾佛洛人，又有許多刷舌鸚與其他鳥類。他聲言黑色黃色的刷舌鸚，以及黑色的白鸚，在那裡都有出現；但我至今還是認定他並不是不熟悉情形，只是有意對我說誑，使我同意於他的運我到那一村去的計畫，可以省卻我所希望的向前一天的航程。這裡的村民，也和各處大半的村民一般，看見我的酒精，都想討去一點喝喝；他們只是名目上的回教徒，他們的宗教差不多完全限於不吃豬肉，不吃以外幾種違禁的食品。次日早晨，經過許多麻煩，方才裝上船貨，平穩地划過忒魯替的深海灣，望見西蘭中部的崔巍山脈。我們的四隻小船用六十個船夫划槳，船上飄著旗幟，敲著「鼕鼕」，並且大嚷大唱，以期振作精神。海水平鋪，晨光明朗，全部的景物十分宜人。我們上岸的時候，「奧朗卡雅」同著若干頭目，身穿鮮豔的綢短衣，在埠頭上迎接我們，領我到一所預備了的住屋裡來，我決意在此小住幾天，且看附近一帶有無新奇的東西。

我首先問及刷舌鸚，但所得的報告卻不滿意。村中所知的種類，只有環狀頸的刷舌鸚與普通紅色綠色的小刷舌鸚，都是帝汶常見的東西；至於黑色的刷舌鸚與白鸚，則全無所知。阿爾佛洛人住在離村五六天路程的高山上。本村所見的只有一二種鳥類，概無價值可言。我的獵手們單單獵得幾隻普通的鳥類；雖有優美的高山，茂盛的森林，又是迤東一百哩的地點，我卻找不出新奇的昆蟲，就連帝汶和西蘭西部的普通種類也不多見。我留在這裡顯然毫無益處，所以決意及早搬移。

忒魯替這一村，人口發達，而屋宇零落，地面很髒。西穀樹（sago trees）叢生於山坡上，與普通生在卑濕地帶的情形顯然不同；但是仔細一看，卻看出它們都生在疏鬆岩石中間所有的窪地上，這種窪地既受雨水的浸潤，又有許多澗泉滴流其間，時時保持著豐富的濕氣。西穀就是村民的主糧，他們似乎只種有幾小片的玉蜀黍和甘薯。所以昆蟲當然缺乏：這在前文已有解釋。本村的「奧朗卡雅」有了華麗的衣服，精美的油燈，以及其他值錢的歐洲貨物，但他日常的食品卻只有西穀與魚類，和其餘的村民正是一樣清苦。

我住在這個無聊的地方三天以後，就在三月六日早晨，坐著兩隻小船動身。這兩隻小船和以前四隻本是一樣大小的。我向頭目一再交涉，才由頭目許我用這兩隻船駛往托波（Tobo）——我打算在那裡小住幾天——所以前進很快，先在來伊穆村（Laiemu）換了船夫，再在大雨中到了亞替亞哥（Ahtiago）。拍岸的海浪很大——夜間如果起了大風，大約還要更大——我們的船隻都被湧上岸來。我在「奧朗卡雅」家裡吃了晚餐，記下阿爾佛洛人——他們住在內地的高山上——的若干字語，回到船上睡覺。次日早晨，我們依舊前進，先在瓦立那馬（Warenama），再在哈托麥騰（Hatometen），換了兩次船夫，這兩處大浪拍岸，沿岸又無港口，所以船夫上岸下船都要泳水。三月七日傍晚，我們到了巴圖阿薩（Batuassa）——隸屬於托波的拉惹、而由班達的政府統治的第一村——因為海水洶湧向西的緣故，拍岸的波浪十分厲害，因此，我們繞過村莊所在的岩角，駛到其他一邊的海岸，卻也好不了許多。但是我們只能在此上岸。等到岸上的人在岸邊擺好一排木塊、用作拖船的襯墊以後，我們候到猛浪一過，立刻對準岸邊盡力划去。我們的船隻靠到岸邊以後，船上的人立刻跳出船外，同著岸上的人合力拖船上岸，只因人數不夠，以致海浪屢次從船尾沖上船來。幸虧海岸很是峻滑，所以船身並無損害。隨後第二隻小船既有兩隻船的船夫一同來拖，拖上岸去就沒有困難了。

次日早晨，潮水低落，浪花湧現於離船頗遠之處，我們先將船隻拖近岸邊，候到平穩的時候，安然出海。以後我們又在兩村添入船夫，他們都泳過拍岸的海浪上船而來；而在第二村，又有拉惹上船，陪我同往啟薩老特（Kissa-laut）而去，他在那裡建有一所房屋，許我借住。啟薩老特也有拍岸的猛浪，我們費盡周折，才把船隻拖上岸去。我從帝汶動身的時候，大家都說海水平穩，風勢遠離海岸，但就這次以及歷次的情形看來，我對於航程上相隔二三天的各地的風勢和節季，實在不能得到何種可靠的消息。就表面上看來，由於西蘭島一般的方向（東南東及西北西）的關係，在正西的季候風吹來時，南岸就有猛浪，又無何種屏蔽，而向東航行卻只在這時候趁著順風是平安的；再在正東的季候風吹來時，就是我預定要沿著北岸折回瓦亥的時期，大約北岸也是暴露而危險的。但是班達海的正西季候風一般的方向，雖則湧起狂濤來衝撞海岸，我們卻得不到何種順風的利益；因為我們沿路反而都遇著東南風，或且正東風——我猜測這一層是由於許多海灣和海角的緣故——以致從帝汶動身以來，幾乎始終都要划槳。所以這種正西的季候風對於我們有百害而無一利，雖則從前大家都說，它可以擔保我們航程的順利。

我在啟薩老特雖則只住上三天，就感到住在此地的無謂，當即請求拉惹指派船隻和船夫，運我到哥蘭（Goram）去，無奈被他再三延擱，竟住到四個星期。他並不指派就近的船，卻要尋覓幾哩以外的船，經過多次延擱以後，才有一隻過來，卻又破爛不堪，並且我的行李也裝不下。他吩咐手下人趕快再找一隻，許我三天以內可到，不料過了六天還看不見一個影子，所以我們只好向鄰村去找了一隻——如果當初就用這種辦法，也許早已成事。船隻找好以後，卻要補隙蓋篷，船主與拉惹的船夫又有紛爭，以致再誤十幾天，我在這許多天，完全得不到什麼東西，才知這部分的西蘭，在動物學上真是一片沙漠，雖則風景很美，植物很盛。這的確是一種莫名其妙的現象，我到現在還是索解不得；總計我在這裡一個月內所獲值得注意的東西，只有少數優美的介殼。

挨到四月四日，我們才坐一隻載重四噸左右的小船動身，我的許多箱簏只得打作一包，以便騰出睡覺和烹飪的地方。這隻船，在構造方面，並無一「盎司」的鐵或一呎的繩，在裝飾方面，又無一點瀝青或油漆。船板都用通常機巧的方法，拿木栓和藤索湊合起來。用竹豎起一個三角當作船桅，不需什麼護桅索，上面張著長長的蓆帆；兩把舵用藤掛在後部的兩邊船舷，一個木錨用一條長長的粗藤當作錨鏈。船夫只有四個，容身於船頭和船尾上大約四呎長、三呎闊的位置，僅有斜坡形的船篷上可以躺一躺。我們的航程幾乎有一百哩，全程暴露於班達海的風濤之中，這種風濤有時候是很厲害的；我們幸而遇著風平浪靜，所以航程還比較的舒服。

次日，我們經過西蘭東部的極端，這極端處由一簇石灰岩的圓丘構成；再經過夸麥（Kwammer）與刻奮（Keffing）兩島——人口都很發達——望見啟爾瓦魯（Kilwaru）小城，似從海中湧出，可說是村式的威尼斯（Venice）。這小城的外觀真是奇特已極，並沒有一點陸地或植物可以看見，彷彿是遠遠浮在海上的一個大村。這大村的所在固然有一個若干英畝的小島，但是環島的房屋突出水上，搭椿架造，密密相連，以致全島都被遮藏了。這地方原是交通的孔道，東方諸海各項產品的大市場，有許多布吉商人與西蘭商人僑居於此；這地方所以被選為市場的理由，大約在於接近西蘭老特（Ceram-laut）與西蘭東端兩處淺灘中間所有唯一深水的海峽。我們至此遇著迎面的東風，只得持竿撐船，撐過三十哩光景的西蘭老特的淺水珊瑚礁。我們航程上所有唯一的危險剛在航程的結尾，因為我們在向馬諾窩爾科（Manowolko）——哥蘭組最大的島嶼——划去的時候，竟有一種有力的向西洋流攆走我們的船隻，彷彿要遠離島岸一般——這一層既是可厭，又是可危，因為剛才所吹的東風也許使我們有許多天不能回來，而且我們所帶的淡水又支持不到一天。我在緊急的關頭取出一些火酒給船夫們喝了，他們的臂膀添上新力量，果然及時駛出洋流的勢力以外。

哥蘭群島——馬諾窩爾科

我們到了馬諾窩爾科以後，才知拉惹駐節於對面的哥蘭島；當經派人過去請他，同時又有一大所草舍給我們住宿。拉惹乘夜而來，次日親來看我，果是三年以前我在阿魯所認識的拉惹。他對我十分親切，我們攀談很久；但我請他派出一隻小船和船夫運我前往克厄的時候，他卻說出許多困難來。這裡並無「普牢船」，因為它們都已駛往克厄或阿魯；即使可以找到一隻，也是沒有船夫，因為這時候大家都在出門經商。但他答應代我去找，我只得等候著。隨後的兩三天攀談更多，他說的困難也更多，我因此有了時間可以考察本島的地面和居民。

馬諾窩爾科大約有十五哩長，是一個上升成陸的珊瑚礁。離岸二三百碼的內地擁出珊瑚岩的懸崖，有許多處挺拔而上，高到一百或二百呎；並且據我所得的報告，全島都是如此，並無別種岩石，又無河流。少數的罅隙和裂縫做著一種路徑，通到懸崖的頂尖，頂尖上有一片參差起伏的曠野，居民所有主要的蔬菜都種在那裡。

這裡的居民——至少是主要的居民——都是馬來種族，在血族上比西蘭島的回教徒還要純粹得多：這一層大概是由於最初的殖民來到的時候，這些小島上面並無土著的民族。在西蘭島上，巴布亞種族的阿爾佛洛人佔著優勢，馬來種族的面貌罕有出現；但在這裡，情形剛剛相反，

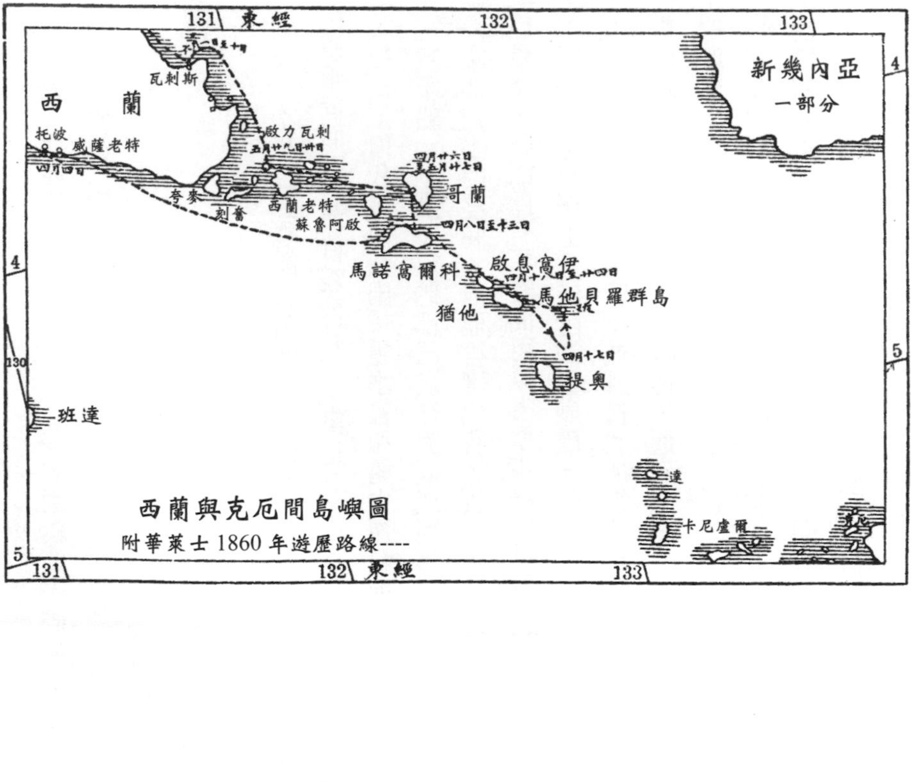

西蘭與克厄間島嶼圖
附華萊士 1860 年遊歷路線----

馬來人與布吉人的混合種，再攙入一點巴布亞人的成分，產生出一套美貌的人民。下級人民幾乎全由鄰近諸島的土著構成。他們是一種純潔的民族，具有顯異的巴布亞種族的面貌，鬈髮，與棕色皮膚。哥蘭的語言，在西蘭東端及鄰近諸島一律通行。這種語言，和西蘭的各種語言大略相似，但有一種特別的成分，這種成分，在馬來群島其他各種語言當中，我簡直沒有看見過。

我在這裡稽延多時以後——這是就一年當中這段時期的寶貴來設想——方才覓得一隻可憐的小船和五名船夫，將我絕對必需的行李勉強裝入以後，連坐臥的地方簡直都沒有了。他們滿口誇美這隻小船對於航行的相宜，並且對我切實的說，在這一季船隻越小越好。我們最初傍岸而行，次日早晨（四月十一日）駛到本島的東極端，忽有西南西的風吹來，剛剛可助我們航往馬他貝羅群島（Matabello Islands）而去，計有二十哩不到的距離。我本來不很喜歡這種天空陰霾，海浪翻騰的景象，船夫們也很不願意去嘗試；只因我們不能希望更好的機會，我就執意要去試一回。小船的跳動和顛簸，不久使我墮入可憐的境地，我只得躺下，一切事體置之不管。過三四小時以後，他們就對我說是快要到了；但再過二小時在我起來的時候，太陽剛剛下山，我們離開目的地還是很遠，因為路上曾有一種有力的洋流抵抗我們的前進。入夜以後，逆風比較的利害，我們只得收帆。隨後風也靜了，我們划槳而前，間或乘風張帆；直到次日晨間四時，方才到達啟息窩伊村（Kissiwoi），在最後的十二小時內只航了三哩路。

馬他貝羅群島

天明以後，才知我們已在一個美麗的小港內，這小港由離岸二百碼左右的一個珊瑚礁構成，十二分的護風。我們從上一日的早晨起，不曾吃過東西，至此方在岸上安然預備早餐，直到午時左右，乃再開船，傍著本群島的兩島而行，這兩島成一直線，中間隔著一個狹海峽，似乎全由上升的珊瑚岩構成；但就沿岸各方的「堡礁」（barrier reef）看來，顯已有過一種陷落。在海面稍稍高湧的時候，這種暗礁就有幾處只被一線的碎浪所標出來；但是其餘幾處卻有死珊瑚的脊岡露出水面，脊岡上又有高聳的幾處足以養活少數的灌莽。這是我初次所遇真正的堡礁的實例，這種堡礁由於陷落而成，有如達爾文先生所明白指示的一般。在有屏蔽的群島當中，由於缺乏巨濤和碎浪的緣故（這種浪濤在大洋中促成尋常高潮標以上的破碎珊瑚堡），堡礁罕有升到水面，所以罕能辨認出來。

我們駛到南島叫做猶他（Uta）的極端以後，要想駛往最近的提奧島（Teor），竟候了兩天的風，我們以為往遊克厄真是絕望了，就決意要回頭來。我們趁著南風開船，後來卻忽然變成東北風，誘得我再向南方航行，心中希望這種風就是幾天順風的開端。我們向著提奧很順利地航行一小時左右，風勢又轉為西南西，我們被它逐出路線以外，在黃昏時進入一片茫茫的大海，與目的地的下風一邊足足相距十哩。船夫們驚惶萬狀，因為我們如果依舊前進，也許要坐這隻沒甲板的小船飄了一星期的海；否則也許飄到新幾內亞的沿岸，大家不免見害於土人之手。我不能反對他們這種猜測的可能性，而且我把當時的風向阻礙我們的回頭路對他們說明以後，他們仍舊執意要回去。於是我們掉頭而回，但是前進的方向，對於猶他，並沒有比對提奧靠近了一點；幸而我們在十時左右遇著一個小珊瑚島，就在它的下風處泊到次日早晨，其時風向順利，吹送我們回到猶他，我們即在當日傍晚（四月十八日）到達馬他貝羅的第一個埠頭，我決意在此暫住幾天，然後再返哥蘭。我覺得克厄與其居間諸島不能往遊，真是十分可惜——我在西蘭的失望原想在克厄取償，因為我在從前航往阿魯的時候，曾在克厄匆匆遊歷過一次，採集了許多稀罕美麗的昆蟲。

馬他貝羅的土人幾乎完全從事於製造椰子油，製好以後，賣給布吉與哥蘭商人，由商人轉運到班達與帝汶。島上崎嶇的珊瑚岩，對於椰子棕櫚的發育似乎十分相宜，這種棕櫚滿佈全島，直達頂尖，全年生產椰子。此外又有大宗檳榔子或蒟醬果的棕櫚，這些棕櫚的堅果切薄曬乾，磨成一種漿糊，暢銷於嚼蒟醬的馬來人與巴布亞人。這裡一切小孩們，甚至剛剛能跑的小孩們，嘴上都銜著一團骯髒模樣的紅漿糊——這一層比他們吸雪茄煙的模樣還要討厭；至於吸煙一層，在他們未曾斷乳以前就很常見了。椰子，甘薯，以及不常有的西穀餅，煮完油汁的廢椰子，就是這些土人的主糧；這種不合衛生的惡食的影響，可以從他們的時常發疹，時常有壞血皮膚病看出來，並且從小孩們的頭面上生出許多瘡毒而成為瘢痕看出來。

村莊都在崔巍崎嶇的珊瑚峰上，只有峻峭的狹徑可以通上，遇有裂罅則架梯造橋而過。村中腐敗的皮殼及油渣狼藉滿地，屋舍黑暗，油膩，齷齪，達到極點。村民都是窮苦，醜陋，而齷齪的野蠻人，穿的是永永不換的破布，吃的是最惡劣的食物；點滴的鮮水都要從海濱取上，洗滌一層絕未計及；但是他們實際上卻很富裕，很有購買一切生活上的必需品和奢侈品的能力。家禽很多，我每次往遊各村，村人都把禽卵給我，禽卵被村人看作愛物或商品，絕對不吃。婦人幾乎都戴著塊狀的金耳環，並且各村都有幾十管小銅砲狼藉地上，雖則他們平均都費去十鎊左右賣得一管。各村的主要人物都來看我，身穿花緞的衣服，雖則他們的屋舍和日常費用並沒有比別的村民好了一點。若把這些村民和婆羅洲的山居達雅人，或南美洲的印第安人——他們臨流而居，身體和屋宇都很潔淨，又有許多滋補的食物，養成健康的皮膚與優秀的容貌——比較起來，真是天淵之隔！在事實上，各種野蠻民族中間所有的差別，與各種開化民族中間的差別幾乎是一樣大的，並且我們很可以斷定高等的野蠻民族比下等的開化民族要好得多。

馬他貝羅只有少數奢侈品，其中有一項是棕櫚酒，就是椰子的花梗上所取來的發酵的樹汁。這確是一種很好的飲品，雖與啤酒一樣的醉人，卻和蘋果酒更為相似。還有嫩椰子也很繁夥，故在內地無論何處，只須走了幾碼，攀上樹去，就可找出一種甘美的飲品。這種飲品就是果肉不曾變硬的嫩果的汁水；那時候的汁水格外豐富，清潔，而養神，並且膠質的果皮也被認作一種大奢侈品。充分發育的椰子的汁水就被認作難飲而拋棄，雖則比起又老又乾的堅果的汁水還是甘美得多——在我們本國只能找到這種汁水。椰子的果肉我當初並不喜歡吃；只因水果這樣缺乏——除了特別的節季以外——所以不久即能賞識水果性的任何東西。

歐洲有許多人總以為香味佳美的水果叢生於熱帶的森林之中，如果聽說這大片繁茂的群島——那植物的繁茂在世界上罕有其匹——所以真正的野生水果，談論是那一個島，量和質都比不上不列顛，他們當然要驚訝起來。野生的草莓和覆盆子有幾處也可找到，但都是惡味難吃的東西，完全比不上我們的黑莓和漿果（whortleberry）。再則「加那利」堅果（kanary-nut）大略可以比擬我們的榛子，但我不曾遇到其餘的東西可以勝過我們的酸蘋果，山楂實，榅實，野梅，和橡實——這種種果實都可以大受這些島嶼的土人的誇美，而成為他們糧食的重要部分。一切優美的熱帶水果都和我們的蘋果，桃，梅，經過等量的栽培；它們野生的原型如有找尋出來，往往都是不好吃，或不可吃。

馬他貝羅的居民正與東西蘭（即西蘭東部）、哥蘭兩地大半回教村的村民相似，對於俄土戰爭抱著奇怪的觀念。他們深信俄國人不但被土耳其人打得大敗，而且完全被土耳其人征服，業已改奉回教！他們總不信實際上並不如此，總不信那可憐的蘇丹，若無英法兩國相助，早已不可收拾。他們還有一個觀念，就是：土耳其人是世界上最魁偉、最剛強的民族——實在是一族巨人；那些人吃肉無算，最是凶猛無敵。這種荒謬絕倫的觀念，如果不是起源於阿拉伯的祭司或參拜麥加而回的回教徒——這些回教徒也許聽說從前土耳其人震撼全歐的時候，土耳其的軍隊非常勇猛，所以猜測現在土耳其人的性質和戰略一定還是相同——就不容易明瞭它的來歷了。

哥蘭

穩定的東南風吹來以後，我們即在四月二十五日回到馬諾窩爾科，次日航往哥蘭的首村溫多（Ondor）。

哥蘭全島的周圍有一圈離岸五百多碼的珊瑚礁——間斷的地方很少——可以從一帶海水的淡綠色看出來，僅在潮水最低的時候才有岩石露出水面。這一圈珊瑚礁中間有若干深水的入口，入口裡面有良好的拋錨所。岸上的陸地漸漸升到不很高的高度，沿岸有許多小河流入海中。單就這些小河而論，已可證明本島並非全是珊瑚，否則島上的水都要滲入多孔的岩石裡面，與馬諾窩爾科及馬他貝羅相同了；再就河床的石子和岩石而論，更有確鑿的證據，因為它們現出各種成層的結晶岩。島上距岸一百碼左右，聳出一重珊瑚岩，有十呎或二十呎高，背後就是參差起伏的珊瑚表面，向著內地傾斜而往，再在微微升高以後，即有第二重珊瑚岩來攔隔。還有相似的若干重更為高聳，且在本島最高的部分都有珊瑚出現。

這種特殊的構造所給我們的教訓是：這地方在珊瑚未曾形成以前，已有陸地存在；這陸地漸漸沈陷，而有相間的靜止，其時周圍的暗礁依次形成而上升；隨後這陸地上升到目前的高度以上，而在目前又已再在沈陷中。我們這種推論的原因，在於周圍的暗礁就是一種沈陷的證據；假使本島再上升了一百呎左右，目前的暗礁與暗礁以內的淺海，即可變成一重珊瑚岩與一片參差起伏的珊瑚平原，剛與目前島上所有各種的珊瑚岩相似。我們又可認定這些變動都發生在一個比較新近的時代，因為珊瑚的表面不曾受了多大的氣界作用，而且散佈於本島表面直達頂尖相近的千百介殼，又與海濱上所發現的極其相似，還有許多留著固有的光澤和色彩。

哥蘭組在原始時是不是新幾內亞或西蘭的一部分，實在難以斷定。如果這一組島嶼——有如我所假設的一般——在動物界發生現有物種的時期以內曾有完全沈沒的事實，它們現有的物種對於上面這個問題是沒有多大貢獻的；因為這些物種一定都在新近才由四周的陸地傳播而來。

而事實上，這一組島嶼的物種的貧乏剛與這個見解十分相合。有許多物種與東西蘭完全相同，同時又與克厄群島及班達極其相似。有一種精緻的鴿（學名：Carpophaga concinna）棲息於克厄，班達，馬他貝羅，及哥蘭各島，而在西蘭卻由一種各別的物種（學名：Carpophaga neglecta）來補充。並且這四組島嶼的昆蟲更有一種共同的外觀——這種事實似乎表示從前有一片廣漠的陸地已在新近由這一個範圍裡面隱沒下去，那一片陸地就是它們所有少數特殊物種的來歷。

哥蘭人（我在他們中間住了一個月）是經商的民族。他們每年都要前往的寧白爾（Tenimber），克厄群島，阿魯群島，與新幾內亞的西北岸從厄塔那塔（Oetanata）到薩爾瓦底（Salwatty）一帶，以及威濟烏，密索爾諸島。他們也要前往提多列，德那第，班達，與帝汶。他們所用的普牢船都由克厄群島那種奇怪的造船民族造成，那一種民族每年造出幾百隻大小不等的小船，那些小船，形式的優美和結構的精巧真是翹然特出。他們主要的商品就是海參，藥用的「馬綏」（mussoi）樹皮，野豆蔻，及玳瑁，都在西蘭老特或阿魯賣給布吉商人，罕有運往其他市場出賣。再就其餘各方面說，他們確是一種怠惰的民族，苟且度日，好吸鴉片。他們的工藝品只有帆蓆，粗布，與露兜樹葉做成的箱篋，這些箱篋染成美色，飾以介殼細工。

這個八哩或十哩長的哥蘭島竟有一打上下的拉惹，這些拉惹與其他土人簡直一樣的苟且度日，除了接受荷蘭政府的命令，得以仗勢行權以外，僅擁有一個虛位。我友安麥的拉惹（Rajah of Ammer）——普通稱為哥蘭的拉惹——告訴我說，在幾年前荷蘭人未曾干涉本島事務的時候，商業的進行並沒有像現在這樣和平，當時互相競爭的商船，在前往同一地點的路上，或在同一村莊賣貨的時候，往往互相爭鬥。但到現在，這種事件早已絕跡——這就是開化政府加以監督的一種好結果。不過各村中間的爭論，有時還用爭鬥來解決，我有一天，親眼看見五十左右男人，荷著長鎗與彈藥帶，整隊過村。他們為著某種侵害或疆界的爭論，從島上的那一邊過來，預備和平談判不能解決之時即可訴諸武力。

我在馬諾窩爾科曾用一百枚「夫洛麟」（florins，原註：合九鎊）買得一隻小普牢船，這隻船即在次日送到哥蘭，因為據說哥蘭住有若干克厄的造船匠，修理上比較的容易。

我們僱得工匠開始修理以後，我對於採集一層只得立刻丟下不做，因為我自己若不時時在場監工，工作就做得很少。我打算用這隻船從事長途的旅行，決意把它配置妥貼，親身去做船裡的一切工作，由手下兩個帝汶的童子相助。看我的人很多，他們看見一個白種人做工，不免吃驚，看見我在船裡所做各種新奇的佈置，尤其吃驚。幸而我自己有幾項工具，有一把小鋸和幾把鑿子，可用以配製堅木樹的重板，當作地板的材料和三角桅的扶柱。這幾項工具原是倫敦的上等出品，很是合用；如果沒有它們的話，即使我想做得一半的精巧，或者費去加倍的工夫，也是不可能了。我僱了一個克厄工匠裝上新船肋，買了布吉商人的鐵釘——價錢是八便士一磅。但我所帶的螺絲錐都是太小；我們既無螺鑽，只得用熱鐵來穿孔——這是一種最麻煩並且最不滿意的辦法。

有五個工人做到完工為止，完工以後和我同往密索爾，威濟烏，及德那第。但他們做工的觀念和我大不相同，我對付他們真是十分困難；他們罕有二三人以上同來，來了以後又要託故回家，只做半天的工。他們又要預支工錢，時時說是缺少糧食。我把工錢預付他們以後，他們在次日總是不來做工，但我不肯再付的時候，他們就有幾個不肯再來做工了。在將次完工的時候，這班工人尤其難以對付。有一個工人的叔父剛有鬥爭——一種黨爭——要他相助；又有一個的妻子害病了，不放他來；還有一個害著瘧疾，頭痛，背痛；還有一個遇著固執的債主，不肯放他走開。他們都已預支一個月的工錢；數目雖則不多，卻須使他們歸還，否則全數的工人都要不來做工了。因此，我差出一個村警去抓了兩個工人，監禁一天，還我所欠的四分之三。那害病的也還了我，那舵手自覓替人，代為負債，只取所餘的工錢。

我們在這時候，對於新幾內亞經商的危險得到一個明顯的證據。有六個餓得半死的男人坐著一隻小船，逃到本村，他們原有的兩隻普牢船只逃出這一隻，其餘的船員（計十四人）已為新幾內亞土人所殺。這兩隻船原在數月以前離開本村，被殺的船員有拉萘的公子，與許多村民的親屬同奴隸。這個消息傳到以後，哭泣的聲音真是悽慘已極。有二十個婦人因為失了丈夫，兄弟，兒子，或比較疏遠的親屬，立刻發出悲痛的呼號，嗟嘆和啼哭，相間的連續到夜深為止；而我所住的屋舍剛剛擠在本村主要的住宅當中，所以我們的處境最是難堪。

這次肇事的地點與拉卡喜阿（Lakahia）小島約略相對，似乎原是有名凶險的村莊，那兩隻船只在幾天以前方才駛到那裡，想買些海參。各船員都留在岸上，船隻泊在貼近的小河裡，他們在日中和巴布亞人議價的時候，竟被巴布亞人殺害。那六個逃生的人剛在船上，看見情形不好，急忙跳入一隻小船，划槳出海，逃了回來。

新幾內亞的西南部——土著商人叫它做「巴布亞科尉宜」（Papua Kowiyee）與「巴布亞奧能」（Papua Onen）——住有幾種最陰險、最殘忍的民族。初期的探險船，有許多隻的領袖和一部船員都在這些地方被害，直到現在，逐年還有幾人被殺。哥蘭與西蘭的商人通常並不犯怒；

他們熟悉那些土人的性質，不會有什麼侮辱土人或開明搶騙的嘗試，以激起土人的襲擊。他們逐年都往相同的地方，那些土人決計不會傷害他們，有如歐人受其攻擊所可歸咎的原因一般。其他廣大的地域，例如密索爾，薩爾瓦底，威濟烏，與鄰近沿岸的幾部分，都住有相同的巴布亞民族，卻都有初步的文明——這大約是由於混合種的商人住在他們中間的緣故——並且許多年來都沒有這樣的襲擊發生。但在西南岸上與佐比（Jobie）大島上的土人卻很野蠻，一有機會就要搶物殺人，因為他們靠那廣漠的山林的掩護，不會受到什麼懲創，所以養成這種惡習。在上文所說肇事的村莊，四年以前，曾有五十多個哥蘭人被殺；那些蠻民既從普牢船中奪得大宗的戰利品與一切附屬品，如果商人依舊前往經商，而又不圖報復，這種襲擊的行動怕要層出不窮。要懲創那些蠻民，須用專斷的手段，例如設計擒獲他們的頭目，責成他們捉拿殺人的凶手之類。但是這種手段，與荷蘭政府對付土人所採用的制度截然相反。

從哥蘭往西蘭的瓦亥

後來我的小船下水了，船夫也齊集了，就在次日（五月二十七日）揚帆開船，哥蘭人看了不免大大吃驚，因為這種敏捷的舉動，在他們看來是很新奇的。船上除了兩個帝汶童子以外，還有三個男人，一個男孩，雖在划槳前進的時候不免人數太少，但在揚帆開船的時候卻很夠了。次日天氣很濕，有時暴風，有時無風，有時逆風，我們經過若干周折，航到啟爾瓦魯——遠東布吉商人的首城。我要買些東西，在此停泊兩天，又有一隻望加錫的普牢船把我兩箱標本帶往德那第去，所以我自己少了一種牽累。我買了許多小刀、盆、碟，與手巾當作商品，再加上我自己原有的庖刀，布疋，與細珠，倒也合成一宗雜貨。我再買兩支塔形的小鎗，以博船夫們的歡心，因為他們執意要預備武裝，以防海盜的襲擊；此外再買些香料及食品，我的錢財就使完了。

啟爾瓦魯小島只是一種沙洲，洲上剛剛容得一個小村，介在西蘭老特與啟薩（Kissa）兩島之間，相隔的海峽各有六七百碼闊。這小島四周都有珊瑚礁包圍著，在兩種季候風中都有良好的拋錨所。雖則縱橫不過五十碼，超出高潮不過三四呎，卻有許多上等飲水的井：這種奇特的現象，彷彿表示那地下深處的流水與其他諸島相連。本島的位置既在巴布亞人貿易地域的中心，島上又有這種種的便利，所以布吉商人時時在此駐足。哥蘭人運出他們的產品，來交換布疋，西穀餅，和鴉片；四周諸島的居民也都抱著相同的目的，到了本島來。本島就是前往新幾內亞各部分，從事貿易的普牢船的集合地，這些普牢船在出發時整理船貨，返家時預備一切，都在這裡措辦。運到這裡的貨物以海參與「馬綏」樹皮最為大宗，其餘野豆蔻，玳瑁，珍珠，與風鳥較為小宗。西蘭島的村民運出大宗的西穀，分配於迤東的諸島，而由峇里與望加錫運來的穀米，賣價也不很貴。哥蘭人都到這裡採辦鴉片，一則可以自吸，再則可以轉賣於密索爾與威濟烏；那兩處的鴉片已由他們輸入，所有頭目與富人都很愛吸。峇里來的雙桅小船買去巴布亞人做奴隸，飄海的布吉人駛著笨重的普牢船，直從新加坡而來，裝運中國人的工店與克林人的商場所有的出品，以及蘭開夏（Lancashire）與麻薩諸塞（Massachusetts）的織布機。

有一個布吉商人新從密索爾來到這裡，替我助手查理士・阿倫帶來一個消息，他和查理士很是熟識。他切實的說，查理士正在製造鳥雀和昆蟲的大宗採集品，雖則風鳥並無所獲，因為賽林塔（Silinta）——查理士所在的地方——不是風鳥的產地。這種情形大致上是滿意的，我心中急急想到他那裡去。

我們在六月一日早晨，離開啟爾瓦魯，趁著強大的東風，在午時前後繞過西蘭的尖端，洶湧的海洋震盪我們的普牢船，損壞我們的陶器。我們看看天氣不好，駛入暗礁以內，在瓦剌斯村（Warus-warus）的對面下錨，等候天氣的變化。夜間暴風連綿不斷，我們泊在良港裡面，也是震盪不安；而至次日早晨尤其可惱，因為我們全體的船夫都已逃走，帶去他們自己的一切物件，以及我們的一點東西，我們留在船中，並無小舟可以傍岸。我立刻吩咐手下的帝汶人裝鎗鳴放，表示遇難，不久即由村正派出一隻小舟，渡我上岸。我請求村正立刻派人向鄰近各村追究在逃的船夫。我的普牢船拖入一條小河裡來，在低潮時可以固著於泥岸中；又有一部分的屋舍給我暫住。我在當時自謂主要的難關都已過去，不料忽然又有這種波折。我對那些船夫既是十二分的優待，他們要求的事物也幾乎一一照辦，所以他們出逃的原因，只可說是他們不曾受慣白種人的約束，不曾明瞭我對他們的主意，而起無謂的恐慌。那年紀最大的船夫素吸鴉片，又以竊賊見稱，只因當時有一船夫不能同來，所以用他替代。我覺得誘惑其他船夫逃走的一定是他；他們對這一帶地方既很熟悉，動身出逃又已若干小時，所以要捉拿他們的機會實在很少。

這是東西蘭出產西穀的地域，四周諸島的日常食物大半取給於此，我在此羈留一星期，看見西穀製造的方法，得到幾種有趣的統計。那西穀樹是一種棕櫚，雖則罕有椰子樹這樣高，卻比椰子樹粗大些，羽狀有刺的巨葉滿佈於樹幹上，只有多年的老樹方才凋落。它有一種纏綿的根莖，與「尼帕棕櫚」（Nipa palm）相似，在十年或十五年左右的年齡，發出樹梢的穗狀花，開花以後，全樹枯萎。它生長在濕澤內，或在岩坡的濕孔內，與鹹水浸潤的地方似可同樣的發育起來。巨葉的中肋是這些地方最有用的物件，可以用來代竹，並且有許多用途比竹更好。這中肋有十二呎或十五呎長；發育完全的中肋，下部正和人腿一樣粗大。質量很輕，全由緻密的木髓蓋以一層堅硬的樹皮而成。房屋完全可用它們蓋造；既可用作絕妙的屋椽；剖開以後又可鋪作地板；再擇大小相等的相併釘好以後，做成木框屋的嵌板，更是十分整齊；這種牆壁比木板做成的要來得好，因為它們並不皺縮，無用油漆，其用費尚不及木板之四分之一。若把它們好好的剖開削平，即可做成薄板，再用樹皮栓湊合一起，就是哥蘭的包葉箱（leaf-covered boxes）的基礎了。我在摩鹿加群島所用的一切昆蟲箱，都是帝汶製造的這種箱子，內外襯上厚紙以後，堅固輕巧，昆蟲針又戳得很牢。西穀樹的葉片摺好以後，平鋪地縛在比較細小的中肋上，成了一般所用的「阿塔普」（atap）——即屋篷，而樹幹的出品更是幾十萬人的主糧。

村民要製造西穀的時候，先擇定一株充分發育而將次開花的西穀樹，將樹身從貼近地面處砍下，除淨樹葉及葉柄，再剝去樹幹上側的一條闊闊的樹皮。從此露出木髓的物質，在樹根相近是鏽色，以上就是純白色，大約和乾蘋果一樣堅硬，其中有木質纖維直穿而過，大約每隔四分之一吋即有一條纖維。這種木髓用一種特別的器械敲成一種粗粉，那種器械就是一個硬木的重棍，粗鈍的一頭牢牢嵌著一塊鋒利的石英，突出棍外約有半吋。用這木棍連續敲擊，將木髓的狹條逐一敲下，落入樹皮做成的圓筒內。這樣逐漸敲取下去，全部的樹幹都被取淨，單單留下一層半吋厚的皮殼。這種木髓盛在籃內（籃用鞘狀的葉腳做成），攜往就近的水邊，水邊備有一個洗滌機，這洗滌機幾乎全用西穀樹本身的東西做成。魁偉的鞘狀葉腳做成水槽，嫩椰子樹的葉柄上所取下來的纖維質皮殼做成濾水器。拿水傾在整堆的木髓上，木髓抵在濾水器上再三搓捻，等到所有的澱粉都已濾清，即將纖維質的廢物抛去，再倒上新的一籃木髓來濾。濾下來的西穀澱粉溶在水中，流入水槽，水槽中心凹下，澱粉沈澱於此，餘水從淺出口滴流而下。水槽將次盛滿澱粉的時候，即將澱粉——微有紅色——做成三十磅光景重的圓柱，再用西穀葉蓋好，當作生西穀出賣。

這種生西穀用水煮熟，成為厚膠狀的一團，頗有澀味，與食鹽，宜母子（limes），及紅番椒（chillies）同吃。而在小泥爐內烤成餅狀，又可做出大宗的西穀麵包，那泥爐有六條或八條平行的裂縫，每一條裂縫大約有四分之三吋闊，全爐為六吋或八吋的正方形。生西穀弄碎，曬乾，搗粉，仔細的篩過。泥爐炙在潔淨的餘火上面，拿西穀粉虛鬆地盛滿爐內。再用一片扁平的西穀樹皮遮蓋泥爐的裂口，大約在五分鐘以內，爐裡的西穀餅就烤好了。這種餅趁熱加些乳油，很是好吃，若有一點蔗糖和椰子攙入去烤，尤其好吃。這種餅很是柔軟，與玉蜀黍粉烤成的餅有些相似，但有一點特別的氣味，這種氣味在我們本國所用的淨西穀裡面就沒有了。這種餅可用幾天的陽光曬乾，每二十個縛成一捆。曬乾的西穀餅可以保藏許多年，很是乾硬粗糙，只因土人自幼吃慣，所以連小孩們咬這種硬餅，都和我們的小孩們吃麵包和乳油一樣的高興。若把這種硬餅蘸水再炙一次，卻和新烤的也差不了許多；我每天用來替代麵包的就是這種餅和咖啡。若把硬餅浸透煮好，即成為一種很好的布丁或蔬菜，很可以節省我們的米，因為在這裡有時難以得米。

這樣整株的樹幹——大約二十呎長，四五呎周圍——只用小量的勞力和製造，即可變成食品：真是一種奇特的現象。每一株大小適中的樹幹可以製成三十「托曼」（tomans）——即三十包——的澱粉，每一「托曼」有三十磅重，可以製成三分之一磅的餅六十個。一個男人每一餐吃兩個餅就盡夠了，每一天有五個餅也盡夠了；故就一株樹做出一千八百個餅，共有六百磅重來計算，一株樹就可以供給一個男人的一年糧食。製造的工作頗為簡易。兩個男人在五天之內完了一樹，兩個婦人再費五天的工夫將全數的餅烤好；不過生西穀須好好的安放，烤時始能滿意。統計每人全年的糧食，只須十日的工夫即可製成。這是就這個男人自己有西穀樹來設想，因為現在的西穀樹都是私有的財產。假使他自己沒有西穀樹，就該付出七先令六便士上下去買一株；加上這裡的工價是五便士一天，一個男人全年糧食的總價值大約是十二先令。這糧食便宜的影響一定是有害的，因為西穀產地的居民，在生活上，絕對比不上各地種稻的居民。這裡的居民，有許多既沒蔬菜，又沒水果，日常的食品幾乎全是西穀和一點魚類。他們在家裡，既沒多大職業，所以漫遊於附近諸島，或做小本的生意，或做捕魚的旅行；就生活的舒適方面來說，他們實在大大的比不上婆羅洲所有草昧的山居達雅人，或馬來群島各地所有許多更野蠻的種族。

瓦刺斯的四周統是卑濕的地帶，又因沒有耕種的緣故，以致通入森林的路徑簡直不多。所以我在羈留的期間並無多大的採集，並且找不到一隻稀罕的鳥雀或昆蟲，來改進我對於西蘭這一片採集地所抱的意見。我在這裡既不能僱得長期的船夫，只得滿意於一班替我航往瓦亥的船夫，瓦亥在西蘭北岸的中部，是全島主要的荷蘭市鎮。這次航程只有五天，因為海面平靜，間有微風，並無意外的事件發生，我在停泊的各處也不曾獲得一隻值得題名的標本。我在六月十五日到達瓦亥以後，多承司令官與舊友洛蹭柏先生——他在那時巡視本地——優渥的接待。他借我一些錢，付清船夫的工資，我又可幸僱得三個船夫，願意和我同往德那第，還有一個將從密索爾回家。但有一個帝汶童子從此分手，故我依舊缺人。

我在瓦亥接到查理士・阿倫寄來的一封信，他住在密索爾的賽林塔，急切的盼望著我，因為他的米和別種必需品都斷絕了，昆蟲針也用缺了。他又害病，我若不趕快前去，他就要回到瓦亥來。

我從瓦亥航往威濟島的航程，剛在巴布亞種族所居住的島嶼之間，經歷了不少的事變，將在本書敘述巴布亞群島（Papuan Islands）的一部分另立一章，擇要敘述。我且把威濟烏及帝汶所度的一年暫時擱起，先把部魯島的遊歷敘述一番，用以結束摩鹿加群島的探檢。

第八章
部魯　一八六一年五月及六月

部魯這個大島剛在西蘭以西，除了島上有一種鹿豚，與蘇拉威西的鹿豚十分相似，素為博物學家所知以外，簡直沒有什麼已知的東西，所以我早已有意要來遊歷一番。我在一八六一年離開帝汶的得力以後，立刻預備到部魯來住兩個月；荷蘭的郵船每一個月既要環繞摩鹿加群島一次，我這一層是很容易辦到的。

我們在五月四日進入卡澤力（Cajeli）港口；船上鳴砲以後，岸上堡壘的司令官放過一隻本地的小船，接收郵包，運送我和我的行李上岸，郵船依舊出發，並不下錨。我們前往「奧普最涅」（Opzeiner）——即監督——的家裡去，他是帝汶的土人——部魯地方太壞，連一個助理駐使都配不上設置；但是村莊的外觀卻比總督駐節的得力勝過十倍。村上的小堡壘秩序整齊，四周有整潔的草地和壁直的道路，但只住著一打爪哇兵和一個統率的副官，與得力的土壘住著若干中尉，一個大尉，一個少校比較起來，真是一個塞巴斯托堡（Sebastopol）了。可是這個堡壘以及摩鹿加群島所有大半的堡壘，原來都由葡萄牙人親手造成。啊！盧西塔尼亞，你為何衰落呀！

「奧普最涅」正在忙著看信的時候，我同著一個嚮導繞村去找房子。全村非常潮濕泥濘，村屋建在濕澤裡面，並無一處抬高一呎，四周也都是濕澤。屋宇大致都建築得很好，概用木框填塞「加巴加巴」（gaba-gaba，西穀椰子的葉柄）而成，但無石灰粉刷，地板又用黑泥鋪成，且和道路往往在同一平面上，所以極端的陰濕。後來我找出一座，有了抬高一呎上下的地板，即向屋主商議定奪，請其即時搬出，故在當晚我即有舒服的住所。屋主將桌椅兩項留下；其餘的家具只有一點陶器和幾只衣箱，搬到親屬的家裡去也不費事，倒可坐享幾枚銀盧比的收入。全村的隙地填滿果樹，陽光和空氣都沒有鑽入的機會。這在旱季一定很是涼快，但在其他節季卻是潮濕不合衛生了。不幸我已來早了兩個月，雨季還沒有過去，泥潦到處都是。

在村後一哩光景以及村東一帶，都有丘陵出現，卻都十分裸露，只生稀疏的粗草和散漫的加耶布的 Melaleuca cajuputi 樹，那著名的加耶布的油就是用這種樹葉做出來的。這種地方對於動物學家絕無興趣。村前幾哩有較高的山脈，看去倒有茂盛的森林，無奈絕無人煙，又無路徑，對於一個時間上和工具上都有限制的旅行家，確是不能通行的。故我必須及早離開卡澤力，另覓較好的採集地。後來遇見一人要往村東幾哩以外一個近海的村莊，據他所說，那裡倒有丘陵和森林，我就差著阿理和他前去採檢一番。同時我自己溯上一條流入村北五哩上下的海灣的河流，前往阿爾佛洛人的一個村莊，希望找出一個良好的採集地。

卡澤力的拉惹是一個和善的老人，自願陪我同去，因為那一村也是他管轄的。我們在某日早晨，坐著一隻狹長的小船動身，船上用了八個划手。約在兩小時後進入河口，溯上急流，向著內地而去。河面大約有一百碼闊，通常兩岸都有高草，間有叢林和棕櫚。四周一帶很是平坦，而多少有些卑濕，喬木和灌木散佈其上。我們在轉彎時橫穿河面，以避急流的力量，下午四時左右，在大雨中駛到埠頭。我們等候一小時，蹲伏在滲漏的蓆下，直到村上被喚的阿爾佛洛人過來，取去我的行李，我們方才上岸，沿著一條極端泥濘的路徑走去——這種泥濘，我在開走以前已經得到警告。

我把褲腳盡力捲高，再用一條手杖相扶，才敢插入第一個泥孔，隨後這種泥孔真是絡繹不斷。沿路的泥潦深到膝蓋，比較堅硬的地方簡直不多，所以我們的前進非常困難。路旁鑲著一簇一簇堅硬濃密的高草，各簇之間有水相隔，故在泥濘的路徑以外也找不出什麼好所在，我們掙扎而前，連自己的雙腳可以插在何處也不可料，因為汙泥忽而深到幾吋，忽而深到兩呎，底面很是起伏不平，我們一腳踏去總要溜到最低的所在，不容易支持身體的平衡。我們第一步也許滑在一條隱藏的棒條或樹段上，以致腳踝幾乎脫臼，而第二步也許就插入沒膝的汙泥裡面。沿路下雨不停，路上又有六呎高的草叢掩映其間，我們不但受到加倍的沾濡，且連面前的路徑也看不見。在我們到村以前，天已黑了，卻要在狹小的木橋上穿過一條水勢氾濫的小河，木橋藏在水下一呎有餘。橋下有纖小搖動的木條用作欄杆，我們在黑夜中戰戰兢兢的在急湍中摸索而前。這樣辛辛苦苦的走了一小時，方才走到村上，後面跟著一班男人運送我們的鎗械，火藥，箱篋和被褥，大家都已濕透全身。我們用一點熱茶同雞肉來將息一下，趕早上床去睡。

次日早晨，天氣晴明，我在日出以後，立即出門探檢附近一帶。本村顯然是新立的村莊，只有一條直街，街上的草舍很是簡陋，完全談不到舒適二字，並且內部也和外部一樣的荒涼而乏之趣。全村建在小片高擁的粗沙礫上，到處有普通堅硬的高草緊靠在草舍背後。附近一帶稍有幾片森林，卻都位於潮濕的窪地上。我沿著自己看見的唯一小徑而前，但是不久即遇一深泥孔，只有赤腳可走；我只好回頭而來，且等早餐以後再去探檢。我在早餐後再沿小徑走入莽叢，見有幾片西穀椰子與一種低林植物，只因小徑上到處都有泥孔，又有泥流與濕澤錯雜其間，所以行走很不舒暢，並且自己的腳步既要留心，昆蟲的捕捉即不相宜，因為捕捉昆蟲，第一須有行動的自由。我射下幾隻鳥雀，捉得幾隻蝴蝶，概與從前在卡澤力附近所獲的種類相同。

我回到村上以後，有人對我說及本村四周都是這一類的地面，擴張到許多哩，我立刻斷定這瓦雅坡（Wayapo）不宜久住。次日一早，我們循著舊徑，涉過水泥，穿過濕草，回到船上，在午時左右返卡澤力，靜候阿理回家再決將來的行動。他在次日到家以後，報告他所到的拍拉（Pelah）也是很壞：沿海稍有叢林和樹木，內地的丘陵都長著高草與加耶布的樹——我所害怕的東西。我在訪問村中有誰熟悉各地情形的時候，有人對我提出「市民的中尉」（Lieutenant of the Burghers）來，說他曾經周遊全島，並且很有識見。我就請他指教：部魯的那一部分是他知道沒有「庫蘇庫蘇」（Kusu-kusu就是這些地方的粗草的名稱）的地方？他說南岸上有一大帶林地，而沿北岸則幾乎全是濕澤與草丘。我詳細探詢以後，知道森林地帶開始在一個叫做威坡替（Waypoti）的地方，從拍拉前去只有幾哩路，但從威坡替前去的海岸暴露於正東的季候風，普牢船危險難行，所以必須走陸路。我立刻往晤「奧普最涅」，由他轉請拉惹過來。我們經過一度磋商，佈置一隻小船，在後日晚上運我到拍拉去，我自己再從拍拉步行而往，並由「奧朗卡雅」先在日間前往，傳喚阿爾佛洛人運送我的行李。

我們依期出發，在五月十九日到達威坡替，計已步行十哩左右，穿繞海濱多石的森林，間或彎入內地一二哩。沿路並無村莊，只有散漫的屋舍和栽植地，並有丘陵起伏的地帶掩映著森林，看去倒是有希望似的。有一所低矮的草舍，屋篷極其破爛，透光的孔隙有好幾處，就是我所覓得的唯一住屋。幸而當晚不曾下雨，次日，我們拆下一部分牆壁來修補屋篷——這是急切必需的事情，而在我們床桌上面的幾處尤其如此。

離此住屋半哩左右就有一條優美的河流，沖瀉於岩礫的河床之上，河流前面就是森林掩映的丘阜。我探步而前，涉過這條河流，有時雖在岩石上滑去一腳，插入深孔，以致水深至腰，但大半都只沒膝而已；每一星期我大約總要涉河兩次，去採檢森林。不幸林中並無長條的小徑，並且昆蟲或鳥雀都沒多大的出息。兼以我的區區一雙牢固的皮靴又已丟在郵船上面，其餘的幾雙這時候都已破敗不堪，所以我只得赤腳行走，時時怕著雙腳受傷，以致臥病幾星期，有如從前在婆羅洲，阿魯，及多蕾（Dorey）各地一般。玉蜀黍和香蕉的栽植地雖則很多，新墾地卻是沒有；有許多上等的昆蟲；若無新墾地，幾乎無從尋覓，所以我決意要自闢一片新墾地，經過許多麻煩，僱定兩個男人淨除一片森林，希望從此可以獲得許多精緻的甲蟲。

但是我住這裡，始終得不到許多昆蟲。我的墾地報效我幾種精緻的長鬚甲蟲與吉丁蟲科——與我一向所見的種類有別——以及若干帝汶的種類，但是絕對沒有帝汶小島上那樣的繁夥或美麗。舉例來說：我在部魯留住兩個月，僅僅採集二百一十種甲蟲，但在帝汶住了三個星期（一八五七年），卻有三百種以上。在部魯所獲最精緻的昆蟲就是一種魁偉的「天牛屬」（Cerambyx），做光亮的深栗色，有很長的觸角。牠在大小方面極其紛歧，最大的有三吋長，最小的卻只一吋，觸角從一吋半長到五吋。

有一天，童子阿理帶了一條巨蛇的故事回家。他在穿行某處草叢時，踏著一種東西，當初認作墮地的小樹，卻又覺得冷而且軟，並且左右兩旁遠遠的草叢有些搖動，又有沙沙之聲。他駭然往後一跳，預備開鎗射擊，卻又看牠不清，據他所說，牠在草中爬行，有如一株樹木拖去一般。他曾經有好幾次擊死巨蛇，據他所說，這一條相比，簡直都是眇小已極，故我相信這一條巨蛇確是一種巨怪。這地方的巨蛇倒是不少，因為鄰近有一男人把他腿上被巨蛇咬去的傷疤給我看，那一條蛇張開巨嘴可以銜去那人的腿，如果沒有喊出鄰人拿著屠刀斫蛇，他大約要被蛇吞噬了。據我探問的結果，那條蛇大約有二十呎長，至於阿理所遇的一條，大約還要長了許多。

有時候，我津津有味的去觀察——在我住了幾天以後——一所土人的草舍為何倒似十分舒適的住宅？我在威坡替所住的屋只是一所赤裸裸的小舍，有一邊用竹鋪成一個大臺。這個大臺離地三呎上下，我在一側掛起蚊帳，用一大塊蘇格蘭呢遮護起來，做成一間舒適的小臥室。我在泥地板上擺著一張粗桌，又有一把舒服的藤椅用作座位。攀在屋角的一條線可以掛著每天換洗的棉布衣服，再在一個竹架上擺著小宗的陶器和鐵器。箱篋靠在牆壁上排列著，架子掛在屋內和屋外用以保存待乾的標本，以求避免螞蟻。桌上放著書籍，小刀，剪刀，小鉗，定針，以及昆蟲和鳥雀的標籤；這一切東西都是土人心中不能解決的啞謎。

這地方一般的居民一向不曾見針，有些見聞較廣的人方且洋洋得意的教訓那些比較無知識的同伴以歐洲奇物——有頭無眼的針——的特點和功用呢！甚至我們拋棄的廢紙，他們也看作一種珍品。我時常看見他們拾起我屋裡掃出去的紙碎，好好的藏在他們的蒟醬袋中。再者我在早晨喝咖啡以及傍晚喝茶的時候，現在他們眼前的奇物又是何等多呀！茶壺，茶杯，茶匙，多少都是他們的奇物；茶，糖，餅乾，和乳油可供人類的飲食，也是他們許多人初次看見的。有一個人問我，那種白粉是不是「谷拉帕息耳」（gula passir，原註：即「砂糖」）——他用這個名稱，把這種糖從那粗塊的棕櫚糖或土製的糖蜜區別出來。餅乾被他認作一種歐洲的西穀餅。至於我的業務，他們當然是莫名其妙的。他們時時問我，這些仔細保存的鳥雀和昆蟲，白種人拿去做什麼事？假使我單單保存好看的東西，他們也許了解用意的所在；但是看我對於螞蟻，蒼蠅，和難看的小蟲，都要這樣小心的保存起來，他們就莫名其妙了；所以他們認定這些東西總有一種藥料的或神怪的用途，只是我不肯宣示罷了。這些人的確和落磯山脈（Rocky Mountains）的印第安人或非洲中部的野蠻人一般，完全不曾認識文明的生活，可是相距二十哩的卡澤力，原有一隻輪船——人類智慧的超等成績，載著歐洲文明小小的浮影，每一個月都要傍岸一次；並且六十哩以外的帝汶，又有歐洲的僑民和政府已經成立三百餘年。

我既在部魯的各村各地看了許多的土人，覺得他們顯然有兩種不同的民族，這兩種民族至今已有局部的混合。本島大多數的土人都是蘇拉威西一派的馬來人，往往和東蘇拉威西的托摩立人剛剛相同，這種托摩立人我在巴羌有所發現；至於其餘的土人，統和西蘭的阿爾佛洛人相似。這兩種民族的輸入是容易解釋的。因為接近東蘇拉威西的薩拉群島伸張到部魯以北四十哩，東蘇拉威西的土人既有輸入的便利，而馬尼帕島（Manipa）又使西蘭的土人有輸入的機緣。再者部魯的各種語言，又與薩拉及西蘭的各種語言有許多明顯的類似點：這更足證實我所持的見解。

我們一到威坡替以後，阿理就看到八色鶇屬的一種美麗的小鳥，這種小鳥，我十二分的想得牠，因為各島的種類差不多都是不同的，而部魯卻不曾發現過一種。後來阿理和一個獵手每一星期都看見牠二三次，聽見牠的特別音調尤其多次，但是始終不能獲得一隻標本，因為牠慣在密集多刺的叢林中間，他們只能瞥見牠一眼，且又近在眼前，一鎗放去不免轟成碎粉。阿理因為搜尋牠的緣故，白白刺傷了雙腳，已是十分懊惱。直到我們留住此地的最後三天，有一天晚上，他自己要往幾哩遠的森林中一所小舍去睡覺，想在次日破曉時做最後一次的嘗試，因為破曉時有許多鳥類都要出外覓食，並且很是殷勤。他在次日傍晚，果然帶得兩隻標本回家，有一隻轟去頭部，其他各部也是受傷太多，不值得去保存，還有一隻卻很完好，我立刻看出是一種新種，和「蘇拉威西鶇」（Pitta celebensis）很是相似，但在後頸上卻有一方塊的鮮紅色裝飾著。

我們獲得這種獎品以後，即在次日回到卡澤力，將採集品逐一裝包，乘坐輪船離開部魯。我們留在德那第兩天，將我從前所留存的一切行李帶到船上，和我的一切朋友辭別而行。於是我們先到美娜多，再往望加錫和爪哇，而我漫遊三年有餘的蓊鬱美麗的摩鹿加群島也就從此永別了。

我在部魯的採集品雖不廣泛，卻頗有趣；因為我所採集的六十六種鳥類，竟有十七種是新奇的，或是摩鹿加的任何島嶼所未發現的。其中有兩種魚狗（學名：Tanysiptera acis 與 Ceyx Cajeli），一種美麗的太陽鳥（學名：Nectarinea proserpina），一種小巧而有黑白兩色的鶲（學名：Monarcha loricata）——牠那脹大的咽喉被有金屬藍色的羽毛，現出美麗的鱗狀；還有以外的若干種較少興趣。我又獲得鹿豚的一副頭骨，而我住在卡澤力的時候，又有一隻鹿豚為本地獵手所殺。

第九章
摩鹿加群島的自然界

摩鹿加群島計有三個大島，就是濟羅羅、西蘭、和部魯，前兩個大約各有二百哩長；又有許多小島，內中最重要的是巴羌，摩底，奧比（Ubi），克厄，帝汶老特，和帝汶；還有更小的德那第，提多列，開奧，和班達。這一批島嶼所佔的疆域，計有緯度十度與經度八度，且其東方與新幾內亞，北方與菲律賓群島，西方與蘇拉威西，南方與帝汶，都有一組一組的小島聯絡其間。以上種種疆域上同位置上主要的特點，若在調查摩鹿加群島所產的動物並討論這些動物對四周各地的關係時，能夠記在胸中，大約不為無益。

我們且先考慮哺乳類，這一類貢獻我們若干奇特的變例。陸棲的哺乳類非常缺少：摩鹿加全組所有已知的種類只有十種。而蝙蝠——空棲的哺乳類——卻很繁夥：已知的種類竟有二十五種。但是摩鹿加群島的陸棲哺乳類的貧乏，實際上比這樣還要厲害；因為我們還有充分的理由——見於下文——可以認定若干種類是被人類輸入，若非出於故意，即是由於偶然。

本組島嶼所有唯一的猿猴類，就是古怪的狒狒猴（baboon-monkey，學名：Cynopithecus nigrescens），前已說明為蘇拉威西特殊動物的一種。這種動物僅僅出現於巴羌一島；這種情形似乎大大的軼出範圍——如果牠能利用任何天然的散佈工具入於巴羌，為何不用同種工具入於濟羅羅？——所以認牠為起源於人類手中逃出的動物，似乎更為確當，因為馬來人往往豢養這種動物，並且放在普牢船上帶東帶西。

在馬來群島所有一切食肉動物當中，只有一種靈貓（學名：*Viverra tangaluma*）出現在摩鹿加群島，棲息於巴羌和部魯，此外大約還有幾個島嶼也有棲息著。我想這種動物也許是被人類偶然輸入的，因為馬來人往往俘囚這種動物以取麝香，而這種動物卻很浮躁難馴，所以不免脫逃。這個見解還有一個旁證，就是安托尼奧・狄摩加（Antonio de Morga）所說菲律賓群島在一六〇二年所有的風俗。他說，「民答那峨的土人把麝貓囚在籠中，帶東帶西，在各處島嶼上出賣；或則取得麝香以後，再把牠放生。」現在菲律賓群島及印度馬來地域的一切大島，都有相同的種類繁殖著。

摩鹿加群島只有一種反芻動物，就是一種鹿，這種鹿從前被大家猜作特殊的種類，至今大都認作爪哇的 Rusa hippelaphus 的亞種。這種鹿往往為人類所豢養，其肉又為一切馬來人所嗜好，所以馬來人有意把鹿輸入他們所住居的遠島，也是很自然的事情，況且這些遠島的茂林又似十分適宜於養鹿。

蘇拉威西所產奇怪的鹿豚，出現於部魯，而不見於其他摩鹿加島。這鹿豚怎會傳入部魯，倒有幾分難以想像。這是真的：薩拉群島（鹿豚也有出現的地方）的鳥類和部魯有些相近。這一層似乎表示部魯和薩拉群島曾在新近更為接近，或者有些居間的陸地現已失蹤。鹿豚也許就在那時進入部魯，因為牠大約和牠的近似種——豬——是一樣會游泳的。豬在馬來群島很是普遍，甚至若干小島都有出現，並且許多地方的種類都是特殊的。所以牠們顯然具有某種天然的散佈工具。有一種通俗的觀念以為豬不能游泳，其實來伊爾爵士早已說明，這是錯誤的觀念。他在《地質學原理》（*Principles of Geology*，第十版，卷二，三五五頁）中，提出證據來說明豬在海上游泳了許多哩路，且能游泳得十分敏捷。我也親眼看見過一隻野豬游泳過新加坡和麻六甲中間的內海。這樣一來，這椿古怪的事實——就是：在印度地域所產一切大哺乳類當中獨有豬傳播於摩鹿加群島以外，遠至新幾內亞為止，雖則不曾傳入澳大利亞——就有了解釋了。

蘇門答臘，婆羅洲，和爪哇所常見的鼩鼱（學名：Sorex myosurus），在摩鹿加群島所有較大的島嶼也有出現，這也許是偶然在普牢船上運輸過來的。

摩鹿加群島所有表現印度地域的特徵的有胎盤哺乳類已盡於此；可見內中除出例外的豬以外，其餘一切大約都由人類輸入，因為除豬以外，其餘的各種統和馬來諸大島或蘇拉威西島現有的種類相同。

此外還有四種哺乳動物，都是有袋類，本是澳大利亞所特產的哺乳類全綱的一目。這四種有袋類大約是摩鹿加群島真正的土產，因為牠們或者是特殊的種類，或者在他處難有出現，卻也只是新幾內亞或北澳大利亞的土產。第一種是小飛鼦（學名：Belideus ariel），一種美麗的小動物，外觀上正與一種纖小能飛的松鼠相像，實際上卻屬於有袋類。其餘三種都是古怪的「東方鼦」屬（genus Cuscus），這一屬的產地僅以澳洲馬來區域為限。這三種都是似鼦的動物，有很長的捲絡尾，末端的半條往往裸出。牠們頭小，眼小，毛甚濃密，質如羊毛，常為純白而有參差的黑斑，有時為灰棕而有白斑，或者無之。牠們棲在樹上，專吃樹葉。他們行動遲鈍，皮

厚難死。放了一鎗，往往不能穿皮，即使穿過脊骨或腦筋，也有幾小時不死。各處的土人都吃牠們的肉，因為牠們的行動這樣遲鈍，所以土人容易攀上樹木，捉住牠們；但是牠們卻不曾因此絕跡。這也許是由於牠們的厚皮既可防禦鷙鳥的襲擊，而牠們所棲的島嶼又是人類太稀，不足以消滅牠們。本頁的附圖代表Cuscus ornatus的形態，是我發現於巴羌的新種，而在德那第也有出現。這是摩鹿加群島的特產。至於其餘的兩種則棲於西蘭，而在新幾內亞與威濟烏也有出現。

哺乳類的異常貧乏確為摩鹿加群島的特色，而補充這種貧乏的則有「羽族」（feathered tribes）的豐富。摩鹿加全組所有已知的鳥類共有二百六十五種，內中只有七十種屬於通常繁殖的涉禽類與游禽類，可見這幾類的已知種類是很不完全的。這幾類本是顯著的漫遊者，不宜引為小範圍的生物分佈狀況的例證，所以我們在此正可剔去不提，正可專門考慮其餘一百九十五種的陸棲鳥。

試就全歐而論，氣候與植物既是複雜，各處的地面多經探檢，更有溫和的亞非兩洲廣大的地域為其外府，時時可資補充，但是總計境內留棲的或按期寄棲的陸棲鳥，卻只有二百五十一種；所以我們一想到這一層，總以為摩鹿加這一批比較無名的小小島嶼所有已獲的數目，足以表示摩鹿加的鳥類是充分的平均發達。但當我們從事檢查這個數目所由構成的各科各群之時，卻查出其中有幾群竟是缺少得十二分可異，而別幾群又是繁夥得同樣的可驚。我們若拿摩鹿加群島的鳥類，和澤丹先生（Mr. Jerdon）的著作所列印度的鳥類互相比較，可以看出鸚鵡，魚狗，及鴿這三群，在摩鹿加群島差不多構成全部陸棲鳥的三分之一，而在印度卻只佔得二十分之一。反過來說，例如畫眉，鶯（warblers），及鶲鴒這幾群分佈很廣的鳥類，在印度差不多構成一切陸棲鳥的三分之一，而在摩鹿加群島卻縮小到十四分之一。

以上種種特點，其理由似乎在於摩鹿加群島的動物界幾乎完全由新幾內亞傳播而來，凡新幾內亞所缺少的或是繁殖的各群都和摩鹿加群島相同。在摩鹿加群島所有七十八屬陸棲鳥當中，足足有七十屬表現新幾內亞的特徵，但只有六屬特別隸屬於印度馬來諸島。可是在「屬」一方面，雖和新幾內亞有這樣密切的類似，而在「種」一方面卻是不然，因為所有一百九十五種陸棲鳥當中，足足有一百四十種限於摩鹿加群島，其餘只有三十二種同時出現於新幾內亞，十五種於印度馬來諸島。[1]這些事實所給我們的教訓是：這全組島嶼的鳥類在大體上雖則顯然由新幾內亞傳播而來，但是這個傳播並不是新近的一件事，因為大部分的物種都已發生變異。我們又看出新幾內亞所產許多特殊的形態並沒有進入摩鹿加群島來，至於其餘在西蘭和濟羅羅出現的形態也沒有向西傳播到部魯去。此外再就新幾內亞所產大半哺乳類都沒有出現於摩鹿加群島來著想，我們不免要下這個結論，就是：這一群島嶼並不是從新幾內亞分離出來的碎片，乃是一個孤立的多島地域，早在窵遠的古代單獨上升成陸，而在歷次變動進行之中，時時承受新幾內亞傳播而來的物種。況且摩鹿加群島又有兩屬特殊的鳥類（學名：Semioptera 與 Lycocorax），為其他各地所無，更足證明摩鹿加群島的孤立是很久遠了。

我們可將摩鹿加群島劃分為顯然的兩組：一是西蘭組，包有西蘭，部魯，帝汶，班達，及克厄；一是濟羅羅組，包有濟羅羅，摩底，巴羌，奧比，德那第，及其他小島。這兩組各有大宗特殊的種類，西蘭一組就有五十五種；此外大半的島嶼又各有幾種特殊的種類。摩底島有一種特殊的魚狗，一種蜜雀，及一種歐椋鳥；德那第有一種地棲畫眉（八色鶇屬），一種鷂；班達有一種鴿，一種伯勞，一種八色鶇屬；克厄有兩種鷂，一種繡眼兒屬（Zosterops），一種伯勞，一種「得龍哥」（Kingcrow），一種鳲鳩；還有大約應該併入摩鹿加群島的遼遠的帝汶，

---

①在部魯，奧比，巴羌以及其他比較無名的島嶼，已由佛白斯先生，季勒馬德博士，以及荷蘭與德意志的博物學者加上少數的種類，但在數目上變動甚微，絕不影響於本文所下的結論。

只有一種白鸚和一種刷舌鸚是已知的鳥類，而兩者都是特殊的種類。②

摩鹿加群島的鸚鵡科特別豐富，足足有二十二種，分為十屬。其中有一種紅冠的魁偉白鸚——在歐洲很多豢養——二種 Eclectus 屬的紅鸚鵡，五種深紅的刷舌鸚，幾乎絕對限於摩鹿加群島及新幾內亞組。再則鳩鴿科的豐富和美麗，也與鸚鵡科不相上下，已知的種類有二十一種，內有十二種美麗的綠色食果鴿，就中比較細小的幾種，都在頭部和腹面裝飾著一塊塊最燦爛的色彩。其次就是魚狗科，計有十六種，幾乎都是美麗的，有許多著色最是燦爛，在世界上不可多得。

有一群最古怪的鳥類，就是「營塚鳥屬」（Megapodii），在摩鹿加群島很是繁殖。牠們是鶉雞類的鳥類，在大小上和細小的雛一般，通常都是暗灰色或暗黑色，有特別強健的大腳和長爪。牠們近似蘇拉威西的「埋卵鳥」（Maleo）——這埋卵鳥已在前文說明過——而習慣不同，大半慣棲沿海的莽叢內，既有沙土，又有棒條，介殼，海草，樹葉等類所構成的大宗廢物堆。牠們用這種廢物做出大塚，常有六呎或八呎高，二十呎或三十呎的直徑，牠們利用強大的腳來

---

②佛白斯先生曾在一八八二年遊歷這些島嶼，獲得一宗優美的鳥類採集品，直到現在共有八十種。其中有六十二種是陸棲鳥，陸棲鳥中有二十六種是本島的特產。牠們在主要上都和摩鹿加群島同新幾內亞發生類緣，但有幾分也和帝汶同澳大利亞發生類緣（看佛白斯的《東部馬來群島遊記》〔*Naturalist's Wanderings in the Eastern Archipelago*〕三五五頁）。佛白斯先生所採集的蝶類也顯出同樣的類緣，但更傾向於帝汶同澳大利亞這一方面，大約是由於蝶類靠在植物身上更為直接的緣故。

經營這種大塚，頗是容易，因為牠們的大腳可以抓起一宗東西向後拋去。在這大塚的中心二三呎的深度上埋放著鳥卵，為塚中植物質的發酵所生的溫度所孵化。我在龍目初次看見這種大塚的時候，簡直不信它們是那些小鳥做成的，但在後來常有看見，並且有一二次看見這種小鳥正在經營大塚。牠們向後跑了幾步，用一隻腳抓起一宗疏散的東西，遠遠拋在後方。母鳥埋好鳥卵以後，似乎再不去照料它，那雛鳥從廢物塚中鑽出以後，立刻跑到森林裡去。雛鳥出殼的時候，即有厚厚的柔毛滿佈全體，兩翼雖已充分發達，尾巴卻是沒有的。

可幸我發現一種新種（學名：Megapodius Wallacei），棲息於濟羅羅，德那第，及部魯。這是那一屬最優美的鳥類，脊上翼上都有紅棕色的帶紋，又有特異的習慣。牠慣棲內地的森林，而往海濱藏卵，並不營塚，卻在沙中斜挖而下，深到三呎左右，藏卵於洞底；再將洞口虛鬆地蓋好，且據土人所說，牠在附近一帶做出許多腳跡和搔痕，以塗抹並假裝牠自己來去的痕跡。牠只在夜間產卵，而在部魯，某日黎明，卻有一隻正從洞裡鑽出，竟被捉住，洞裡有若干卵也被找出。這種營塚鳥似乎有一半近於夜鳥，因為牠們的呼號常在深夜歷歷可聞。鳥卵概作鏽紅色，通常有三吋或三又四分之一吋長，二吋或二又四分之一吋闊，若就母鳥的大小看來，這種鳥卵真是大極了。卵味甚佳，土人搜尋甚力。

還有一種奇特的大鳥，就是加朔阿利（Cassowary），只棲於西蘭一島。這是強健的鳥類，站起來有五六呎高，全體被以粗黑似毛的長羽。頭上有角質的大盔，頸部的裸皮有鮮豔的藍紅兩色。鳥翼完全沒有，只有一簇角質的黑刺，恰似鈍鋒的豪豬刺。這種加朔阿利漫遊於西蘭廣漠的山林裡面，主要的食物就是落下來的果實，與昆蟲，或甲殼類。雌鳥在樹葉堆成的床上產下三顆至五顆的大卵，卵做綠色，有美麗的顆粒狀，雌雄鳥交替孵卵，需時一個月左右。這種鳥類就是博物學者所稱戴盔的加朔阿利（學名：Casuarius galeatus），經過許久以後，才有其他同屬的種類發現於新幾內亞，新不列顛，及北澳大利亞。

我初次發現鳥類「擬態」的確例是在摩鹿加群島，且因這些實例很是古怪，故須在此概括地說明一番。我且首先解釋博物學上「擬態」的意義。我在前面一三一頁曾述及一種蝴蝶，在棲止時恰似一張枯葉，得以免除敵物的襲擊。這叫做「保護的類似」（Protective resemblance）。如果這種蝴蝶因為自己是鳥類愛吃的東西的緣故，密切地類似那鳥類所厭惡的一種蝴蝶，使得鳥類不去吃牠，牠所得保護的作用原與類似枯葉相同；但是這種類似卻是貝次先生所稱的「擬態」。貝次先生首先發現了一種昆蟲的外表為他種不同屬，或不同科，甚且不同目的昆蟲所摹仿的目的。那些類似黃蜂和大黃蜂的透翅蛾，就是我們本國所有「擬態」的好例。

一種動物密切類似他種動物的一切實例，從前有許久時候只以昆蟲為限，所以我在部魯發現鳥類中間也有這種類似的情形，真是十二分的高興。我所發現的兩種鳥類雖則分隸於兩科，又是頗為遠隔的兩科，卻竟類似到十二分，初看簡直毫無分別。一種是蜜雀，叫做 Tropidorhynchus bouruensis，還有一種是金鶯，現已取名為 Mimeta bouruensis。這金鶯類似那蜜雀的詳情如下：腹面和背面所有暗棕色和淡棕色的著色，彼此相同；蜜雀的眼睛鑲著一大圈裸出的黑瞼，金鶯則有一圈的黑羽來摹仿它；蜜雀的頭頂有鱗狀的狹羽，金鶯的闊羽則在各羽之下有一條黑線來摹仿它。蜜雀後頸上有反彎的奇羽，形成一種蒼白的縐領（這就是這一屬所以取名「僧鳥」〔Friar birds〕的由來），而金鶯的後頸則有一條蒼白的帶紋來代表它。最後一項：蜜雀的嘴在基部做隆起狀，金鶯也做隆起狀——這在那一屬金鶯當中是不常見的。所以結果是：牠們在構造上雖有重要的差別，在任何自然的分類上雖不能列在相近的位置，但從表面上觀察起來，牠們簡直是相同的。

我們在鄰近的西蘭島上找出以上兩屬的鳥類，與部魯的種類很是各別，但是說來奇怪，這些鳥類也是互相類似，並且類似的程度正與部魯的那兩種相同。西蘭的蜜雀（學名：Tropidorhynchus subcornutus）為土褐色，而微著赭黃色，加以裸出的眼瞼，淡黑的兩頰，與普通反彎的後頸綴領。這裡的金鶯（學名：Mimeta forsteni），在全體各部分的著色上，竟與蜜雀絕對相同，其餘摹擬的細節也與前例一樣的周到。

我們有兩種證據可以指出以上的實例究竟誰是原本，誰是副本。我們知道蜜雀著色的情形本是牠們所屬的那一科當中很普通的著色，而金鶯的著色似乎就和牠們的類似種當中很普通的鮮黃色有別。所以我們的結論，應該說是金鶯摹擬蜜雀。不過既然如此，就應該有某種利益從這種摹仿發生出來，況且牠們的腳和爪都很細小，牠們當然是薄弱的鳥類，所以這種摹仿也許是必需的。而蜜雀卻是十分強健活潑的鳥類，有善抓的健爪，與彎長的利喙。牠們集合成群，發出很響的叫聲，遠方都可聽見，在危險時即可用以糾合同類。牠們很是繁殖而好鬥，往往逐走樹上少數聚棲的烏鴉，或且老鷹。所以一切比較細小的鷙鳥大約都不敢侵犯牠們，因此懦弱的金鶯冒充了牠們以後，大約有一種極大的利益。就這個實例看來，「種變」的定律與「適者生存」的定律已經足以解釋這種類似的來歷，不須再在這些鳥類自身一方面假設什麼有意的行為；凡是讀過達爾文先生的《物種原始》的人，都不難了解全部的歷程。

摩鹿加群島的昆蟲異常美麗，即與馬來群島其他各部分所有繁複美麗的種類比較起來，也是翹然特出。那魁偉的鳥翼蝶（即馬來巨蝶）在此達到壯美的極點，而且鳳蝶屬，粉蝶科，斑蝶科，與蛺蝶科的許多蝶類，也是同樣的顯異。像帝汶這種區區的小島，竟有這許多魁偉的昆蟲發現出來，在世界上大約再沒有第二個實例。這個小島有很精緻的「馬來巨蝶科」（Ornithopteræ）的三種（學名：Ornithopteræ priamus 與 O. helena 及 O. remus），最壯美的鳳蝶屬的三種（學名：Papilio ulysses 與 P. deiphobus 及 P. gambrisius），最優美的粉蝶科的一種（學名：Iphias leucippe），以及斑蝶科的最碩大的一種（學名：Hestia idea），與蛺蝶科的異常壯美的二種（學名：Diadema pandarus 與 Charaxes euryalus）。而在甲蟲當中，又有奇特的 Euchirus longimanus——牠的巨腳可以伸覆八吋的地位，以及大宗壯美的「長鬚甲蟲」，角蚌科，與吉丁蟲科。

附圖上所描摩鹿加群島特產的甲蟲是：㈠長臂的金龜子科（chafer）的一隻小標本，叫做 Euchirus longimanus，已在本編第二章說及。但雌體的前肢卻不很長。㈡一種精緻的蛄螻，是一種未經說明的 Eupholus，顯出濃藍色與翡翠綠色，並有黑色的帶紋。這是西蘭與哥蘭的土產，從樹葉上捉來。㈢ Xenocerus semiluctuosus 的雌體，是一種黑白相間而光澤似綢的角蚌科，在西蘭及帝汶的墮樹與殘株上面很多。㈣一種未經說明的 Xenocerus，係一雄體，觸角很長且很古怪，體上有精緻的黑白斑紋；從巴羌的墮樹上捉來。㈤一種未經說明的 Arachnobas——一屬古怪的蛄螻，為摩鹿加群島與新幾內亞的特產，其顯異處在於腳長，在於時常蹲坐樹葉上面，在於被擾時急忙循繞葉緣躲到下面去。這種甲蟲從濟羅羅覓來。

摩鹿加群島的昆蟲也和鳥類一般，與新幾內亞——而不與馬來群島的西部諸大島——有顯著的類緣，但是所有東部與西部的種類，在形態上和構造上的差別，卻沒有鳥類那樣的顯著。這大約是由於昆蟲靠在氣候和植物身上更為直接，由於卵，蛹，和成蟲的各種階段使得昆蟲的分佈更為便利。所以全部馬來群島的昆蟲生活，隨著氣候植物的大略一致，而發生大略一致的現象；但在別一方面，昆蟲構造對於環境影響所有極大的感受性，又發生了無數瑣屑的變異，這些變異往往使得互相接近的島嶼的昆蟲顯出重要的差別。

摩鹿加群島的鸚鵡，鴿，魚狗，和太陽鳥既然這樣優越（幾乎一切都有華美的或優雅的色澤，有許多又有豔麗無比的羽毛），而且魁偉顯現的蝴蝶又是這樣繁多（幾乎到處都可見到），所以所有的森林，在博物學者看來，真是熱帶上動物生活豐滿美麗的顯例。但是哺乳類，與啄木鳥，畫眉，樫鳥，雉，山雀這幾群分佈很廣的鳥類，在摩鹿加群島幾乎完全絕跡，所以這位博物學者不免又要斷定，這摩鹿加群島與亞洲大陸之間，雖有一帶島嶼似乎把它們聯合一起，而關係確是絕少。

第六編

巴布亞群島

第一章

由望加錫往阿魯群島的途中 一八五六年十二月

望加錫於十二月初，雨季到臨。差不多近三個月來，我每日看見太陽升出棕櫚叢林之上，直達天頂，隨後落入大海，恰似火球一般，在他的行程中無片刻模糊；但到現在，暗鉛色的浮雲罩滿天空，太陽似乎永永不能露面。從前太陽升出以後，總有燥暖揚塵的大風從東方一陣陣的吹來，現在卻變成無定向的狂風和大雨，往往連續到三日三夜；從前旱季中城外四周所有整片焦枯坼裂的稻禾餘蘖都已氾濫著洪水，必須乘坐小舟或借助田岸上的曲徑，方可通行。

這時候，南蘇拉威西大約有五個月的這種天氣，所以我決意在這時期另覓他處氣候較好的採集地，等到下一次旱季再往南蘇拉威西結束我的採檢。可幸我自己剛在望加錫這個土人貿易的大市場中，無論婆羅洲的藤，弗洛勒斯和帝汶的檀香和蜂蠟，卡奔塔利亞灣（Gulf of Carpentaria）的海參，部魯的白千層精油（cajuputi-oil），新幾內亞的野豆蔻和「馬綏樹皮」（mussoi-bark），以及四周各地主要出產的米和咖啡，都在中國人和布吉人的商店中可以買來。但是和阿魯群島的貿易，比較上述各地還要重要，這群島是新幾內亞西南岸附近的一組島嶼，所有一切出產差不多都由土人的船隻運到望加錫來。那一組島嶼絕無歐人經商的蹤跡，只住著黑膚蓬髮的野蠻人，但對於最文明的民族也有若干奢侈品的貢獻。珍珠，珍珠母，與玳瑁殼則輸入歐洲，燕窩與海參則運往中國，以供肴饌。

望加錫與阿魯群島通商已久，當初林奈（Carl Linndeus）所知的兩種風鳥也從阿魯而來。由於季候風的關係，土人的船隻每年只能航行一次。這些船隻，在十二月或一月中，正當西季候風開始時，從望加錫出發，等到七月或八月中，正當東季候風旺盛時回來。前往阿魯群島的航行，即在望加錫人，也看作奇異的旅行。到過阿魯群島的人們，彷彿被大家看作特出的人物；有許多人一生抱著雄心，終究不能如願。我自己從前也只希望向這東方的「極邊」（Ultima Thule）去走一遭；現在卻只消我敢坐一隻布吉人的普牢船去飄一千哩的海，敢在無理的商人和凶險的蠻人中間去度六七個月的光陰，就可以當真去走一遭，我這時候的感覺，簡直和從前做著小學生時，第一次可以乘坐驛車，前往那兒童心目中以為稀奇古怪的倫敦去一般。

有幾位好友給我介紹一隻大普牢船的船主，這隻普牢船在幾日內就要出發了。船主是一個爪哇的歐亞雜種人，靈敏溫和，舉止大方，娶有少年美貌的荷蘭女子為妻，他這一次航行把她留在家中。我和他談及船資的時候，他始終不肯指定數目，叫我在回家時隨意償付。他說，「那時候不論你給我一圓或者一百圓，我都會滿意，絕不會向你多索。」

我留在望加錫的其餘幾日，完全忙著收拾行裝，覓僱傭人，並預備其他一切，以供前往野蠻地方七個月的需要。我們在十二月十三日黎明上船，適值大雨下降。揚帆出發以後，風雨交加。船舵迷途，風帆受損，等到夜間，依舊回到望加錫港口。由是阻滯四日，因為每日下雨不停，那些大蓆帆不能乾燥，不能修補。這幾日，我留在船上很是納悶，但是雨點間有停止的時候，就使我熟識了這隻外地船，我且先把它的幾種特點敘述一番。

這是一隻七十噸光景的船，形式上和中國船有些相似。甲板向船頭傾斜而下，所以船頭是船上最低的部分。兩把大舵並不設在船尾，卻掛在兩舷後部的橫梁上，橫梁兩頭突出舷外各有二三呎，船腹兩側的甲板也突出舷外二三呎。這兩把舵並不用鉸鏈裝置，卻用藤索懸掛，這藤索的摩阻使舵不致移動，而操舵大約也很輕便。舵柄不在甲板上面，卻從兩個方孔穿入三呎光景高的下甲板上，那裡坐著兩個舵手。船的後部有一個低低的梢樓，大約只有三呎半高，就是船長的艙房，內有箱篋，蓆子，和枕頭。在梢樓和主桅之前，有一座小篷屋蓋在甲板上，屋脊大約有四呎高；其中有一部分，隔成一間六呎半長、五呎半闊的艙房，完全為我所有，舒適的情形真是我在海上旅行得未曾有。這一間艙房，從船篷一側的小滑動門走入，其他一側則有一個很小的檻窗。地板以竹條鋪成，很有彈性，高出甲板六吋，所以全無濕氣。地板上攤著精緻的藤蓆，原是望加錫著名的工藝品；我的鎗袋，昆蟲箱，衣服，和書籍，靠在一邊板壁排列著；我的褥子攤在中央；我的酒瓶，燈，以及航程上所需的小宗奢侈品，靠近門口，我的鎗械和獵刀，都很適宜地從船篷懸掛下來。我在這間舒適的小艙度這可惱的四日，倒很愉快，如果住在那頭等輪船上華麗而不舒適的大艙中，就沒有這樣愉快了。再者船上一切東西，比較上又是何等有趣呀——沒有油漆，黑油，或新的繩索（都是使人作嘔的最壞的氣味！），也沒有脂膏，或油，或假漆；只有竹，藤，與椰子皮的纖維製成的繩索，及棕櫚篷；只有純潔的植物纖維，即有氣味也很可愛，並可使人想像森林中蒼翠閒靜的景色。

船上有兩個奇異的桅，都是一種可移動的大三角形東西。這種三角桅並無普通船隻所有的帆柱，至於普通所有的護桅索和後支索，則用堅固的木材來充當。我的房艙以上，有若干橫梁附著在這兩個三角桅上，這些橫梁上面放著一宗帆杠的用具，大半用竹製成。主桅的帆杠差不多有一百呎長，以許多塊木料和竹竿用藤縛成。這帆杠所載的風帆為長方形，且從中心掛出，所以短的一頭拉到甲板上時，長的一頭即可高懸空中，桅身雖低也不打緊。前桅的風帆形狀相同，只是小些。這兩個風帆都用蓆料製成；此外還有兩個船頭上的三角帆，一個船尾上棉布做的縱帆。

水手共有三十名左右，都是望加錫或附近沿岸及島嶼的土人。他們大半都是青年，短身闊臉，和顏悅色。做事的時候，大都只穿一條褲子，頭上纏起一條手巾，但在晚間，卻加上一件薄布的短衣。年紀大些的四名就是「朱魯穆狄」（jurumudis）——即舵手，蹲坐在上面所說的那下甲板上掌舵，每次兩名，六小時對調一次。再有一個老年的就是「朱剌干」（juragan）——即船長，但實際上我們應該叫他做大副；他佔有甲板上小篷屋的其餘一半。此外還有十來個體面的男人——中國人或布吉人，航主慣叫他們做「自家人」（his own people）。他很優待他們，和他們一處吃飯，對他們說話也很客氣；但他們大半都是一種債奴，由警官拘管他們替他做工若干年，定下名目上的工資，用以清償債務。這是荷蘭人在這些地方所設施的一種制度，成績似乎很好。商人很受這種制度的恩惠，因為他們如果不能將貨物信託於經理人和小商販——這些人往往將貨銀消費於狂嫖濫賭之中——則在這些人口稀少的地方簡直要束手無策了。這地方的下級人民幾乎都是終身負債。商人一次一次的將貨物信託他們，直到後來貸款欠得很多了，再把他們帶到法庭去，乃由他們的服役攤償他的貨款。這些債務人似乎並不以此為可羞，反而以為從此脫卸債務的責任，從此可在有名的富商底下叨些光榮。他們可以做著一點小買賣，並且雙方相處之間似乎很是和睦。這種制度似乎比我們採用的制度要高明些，因為我們把債務人關在牢獄當中，實際上就是禁阻他的覓錢償債。

我自己的傭人計有三個。我從前在婆羅洲僱來的馬來童子阿理是我手下的領袖。他在我身旁已有一年，不論何事都能做得，並且很是小心可靠。他喜歡持鎗射擊，確是一個好手，我又教他剝製得很好的鳥皮。第二個就是望加錫童子，名叫貝德綸，也很能幹，可惜太喜歡賭博。他造起誑話，說要替母親買座房屋，替自己買些衣服，約在我們出發的一星期前，向我支去四個月的工資，竟在一二天內輸個精光。他到船上來既無衣服，又無蓆醬，煙葉，或鹹魚，這一切必需品都得由我差著阿理替他買來。我猜測這兩個童子大約都有十六歲。第三個年紀更輕，是個伶俐的小棍徒，名叫巴索（Baso），在我身旁已有一二個月，烹飪一項已經學得很好。將來廚子和管家的重要職務都要由他充當，因為我不能僱得長期的男人帶到這種危險的遠地去；要僱這種傭人，幾乎像是要請一個掌廚前往巴塔哥尼亞（Patagonia）一般。

我在船上第五日（十二月十五日），霪雨方才停止，我們預備最後一次的開船，風帆一一曬乾捲好，小舟不斷的來來去去，航程上所需的糧食，水果，蔬菜，魚羹，以及棕櫚糖，一一送上船來。這日下午，有兩個婦人上船，來了大批送行的親戚朋友，在臨別時互相摩鼻（馬來人的接吻禮），並且流淚。以上種種都是明日開船的記號；挨到夜間三時，船主上船，立刻動手起錨，四時果然開船了。剛剛駛到其他普牢船都已看不見影子的時候，那位老年的「朱剌干」念起禱告，大家圍他身旁嚷著「阿拉易爾阿拉」（Allah il Allah），一面嗚鑼幾下，彼此祝賀

「薩拉馬特查蘭」（原註：Salaamat jalan，即一路平安）而散。天氣微微有風，海面很是平穩，晨光清朗，真是我們航行千哩之遙的阿魯群島的一種順利的開端。

微風連續一日，風向時有變化，傍晚風靜以後，陸地的微風又起，這時我們正駛經蘇拉威西某部分極南的「塔那卡啟」島（island of Tanakaki，原註：即「地腳」）。這地方有些危險的岩石，我靠在船舷站著，偶然向船外吐痰；有一個水手立即請我暫時不要吐在船外，寧可吐在甲板上，因為他們對這地方很是害怕。他看我不很明瞭他的意思，又再申說一番，我看他這樣認真，對他說道：「這也很好，我想此地總有「罕圖」（hantus，原註：即妖怪）吧？」他說，「是呀，它們厭惡船上拋出任何東西；有許多普牢船都因此覆沒。」我當即答應他此後留心不向船外吐痰。在日落時，船上這班回教徒齊聲念起禱告，使我想像到天主教各地悅耳而感人的「福哉馬利亞」（Ave. Maria）。

十二月二十日——日出時，我們駛到逢替尼山（Bontyne Mountain）的對面，據說這是蘇拉威西一座最高的山。當日下午，我們經過薩來厄海峽，稍有暴風，只得收下大桅，風帆，和帆杠。入夜以後，遇著好西風，每小時可航五浬（knots）光景，真是快感了。

二十一日——巨浪從西南方洶湧而來，船身震盪極其厲害，我們最不舒服。但風向穩定，前進很快。

二十二日——海浪已平。我們挨過部通——一個大島，高聳多林，人煙稠密，是我們若干水手的故鄉。有一隻從沓里駛回哥蘭的小普牢船，在此追及我們。那隻船的「那科達」（Nakoda，原註：即船長）和我們的船主是相識的。他們已經遠航兩年，船上滿載著人，內有若干黑膚的巴布亞人。下午六時，我們挨過汪季汪季（Wangiwangi），地面低窪而不平坦，上有居民，歸部頓管轄。至此我們確已進入摩鹿加海（Molucca Sea）。入夜以後，俯瞰我們的雙舵倒是一種奇觀，那有磷光的渦流從雙舵沖出，點綴著旋舞的火星，像是良好顯微鏡中所見大簇參差的雲狀星，時時變形，時時起舞（這種比擬，比較無論何物都來得近似）。

二十三日——紅日上升，美麗奪目；昨夜所經的島嶼還在我們背後，可以分明看見。那隻哥蘭的普牢船，在我們以南大約一哩。他們沒有羅盤，但在夜間並未走錯航路。我們的船主告訴我說，他們先在日落時留心海浪的方向，再在夜間循著海浪航行。在這些海洋中，他們絕不會有兩天以上（天氣晴朗時）看不見陸地。有時候，逆風或逆流固然要撵走他們，但他們不久即可遇著島嶼，為船上的老水手所認識，可以另走新航路。我們在昨夜捕得一尾五呎光景長的鯊魚，今晨將牠烹煮起來。下午又得一尾，替我烤成一點魚肉，堅實乾燥，但很甘美。傍晚時太陽落於濃雲之中，入夜以後濃雲更呈可怕的黑色。照慣例說，在大風或大雨將至時，我們的大帆一律捲起，帆杠收到甲板上，只有前桅的正方形小帆掛著不動。在天氣不好的時候，那大蓆帆最難擺佈。帆杠有七十呎長，當然又是很重；而捲帆的方法只能從底下的帆杠捲上去，如果一被暴風吹起，真是危險得很。我們的船員雖則人數很多——即使這隻七十噸的船換作七百噸，也很充足——卻都懶散得很，每次做事的人罕在一打以上。但在緊要關頭，大家卻能欣然一同站起做事，不過各人自由宣佈意見，發號施令的口氣總有六七人歷歷可聞，他們在這喧擾之下能將事情做好，似乎也就可怪了。

我們船上的五十個人有好幾種民族和語言，又有半野蠻的模樣，並且沒有幾個感覺到道德或教育的約束；所以照這一層設想起來，我們大家相處的情形真可說是好極了。我們並無鬥毆或爭論——這在同數同樣的歐洲人中間一定難免——又無怨聲或憤氣。在天氣良好的時候，他們大半不聲不響的各自尋樂——有的睡在帆影底下；有的分成三四人的一組一組，自在談天或嚼蒟醬；有的做著庖刀的新柄，有的縫著一條新褲或一件襯衫，大家閒靜溫良，正和秩序很好的英國商船上面一般。每次有二三人輪流看守船頭，並留心大帆的轉帆索和升降索；二個舵手常在下面舵艙上；船長，即「朱剌干」，主持航路，一半靠著羅盤，一半靠著風向；還有二三個在梢樓上注意風帆的修整，並依水時計報告鐘點。這種水時計很是巧妙，不論天氣好壞，都可用以計算準確的時間。這只是一只盛水半桶的水桶，再用一個刮好的椰子殼放入水中，剛有半個浮出水面。這椰子殼的底面上有一個很小的小孔，所以放入水桶浮著的時候，即有細絲一般的水注入椰子殼裡面去。這種注入的水逐漸灌滿椰子殼；那小孔的大小，和椰子殼的容量有一定的配置，務使椰子殼剛在一小時末尾猝然下沈。於是看守人即從日出時起算，報告小時的數目，一面再將空椰子殼放入浮著。這是一種很好的時計。我用自己的錶來測驗它，知道它在各小時之間簡直不致相差一分鐘，並且椰子殼即有移動，也不妨事，因為水桶的水當然是保持平衡的。這種時計對於粗魯的民族最是便利，因為易懂易看，並且最後沈下的時候，水中微微起泡生波，又可喚起注意。若在港口上有遺失時，又可即時添換。

我們的船長兼船主，倒是一個鎮靜和氣的人，和一切人相處似乎都很和睦。他在海上全不喝酒，只在上午下午與管貨人及助手們大喝咖啡，大吃糕餅。他受過一點教育，對於荷蘭文與馬來文能讀能寫。他使用一個羅盤，並備有一幅航海地圖。他往阿魯經商已有多年，這些地方的歐人及土人都很知道他的名字。

二十四日——晴明少風。從望加錫出發以來，這是第一次看不見陸地。午時風靜，而有陣雨，水手們洗滌衣服，午後船上就攤著許多色彩華麗的襯衫，褲子，和「紗龍」。我在本日發現了一件事，當初使我吃驚。舵艙兩側有兩個門孔，舵柄就從側舵穿過門孔進入舵艙。這兩個門孔高出水面只有三四呎，海水可以自由進入船內。我當初以為舵艙總和貨艙有間壁分開，那麼一個門孔有水沖入，可以從別個門孔沖出，除了舵手弄濕以外，不致再有妨害。不料舵艙和貨艙完全相通，如果夜間一有風潮，海水豈不要覆沒了我們嗎？試想一隻要飄遠海的船竟有這樣兩個大孔，每一個有一碼正方，高出水面只有三呎，一直通入貨艙，並且不能關閉，該是何等危險！但是我們的船長卻說，一切普牢船都是如此；他雖則承認這種危險，爭奈「他不能設法變更，因為大家習慣如此；他又沒有他們那樣熟悉普牢船，如果他自行設法變更，水手就要無處覓僱了！」這一層無論如何總可以證明普牢船確是良好的海船，因為這位船長在最近的十年中都用普牢船航海，並且據說，他從不曾看見有許多水沖入闖事。

二十五日——這聖誕口破曉時，吹起暴風，下著大雨，雷電交加，一時波濤洶湧，我們的奇船顛簸跳盪，很是不安。但到九時光景，天朗氣清，我們看見前面的部魯美島約在四五十哩以外，只見高山上纏著雲霧，看不見下面的陸地。午後天氣晴明，風再轉到西方；這雖是確實的正西季候風，卻也不能確定，因為任何方面的無風或微風時時在羅盤上現出來。船長在名目上雖是基督新教徒，似乎並無聖誕日是節日的觀念。我們的晚餐照常是米飯和咖哩醬，我只添一杯酒，藉申慶祝之意。

二十六日——以前所見部魯的優美山景，已經近得多了。這班水手似乎是一批笨漢，走甲板並不像英國水手們那樣靈動，卻蹣跚得和新進的水手一般。主帆的下杠已在夜間折斷，他們都在晨間修理這個帆杠。這帆杠用兩竹竿接成，把一株粗的一頭和別株的尖頭縛做一起，大約有七十呎長。這些普牢船，帆檣的佈置和歐洲船隻的截然相反。歐洲船隻的各種繩索和檣杠，雖要複雜得多，卻都安頓得不相牽涉。但在普牢船上就不同了：雖無護桅索和支桅索攙雜其中，而各種帆檣竟是互相牽連。大帆要轉換方向時，須先收下船頭的三角帆，並須降下縱帆的下杠，完全使其分離。還有一宗繩索，總是纏在一處，並且一切風帆（數目雖則不多）要張掛時，須有一部分帆面能受別些風帆的遮風。但是普牢船卻很風行，因為它的買價和修理費都很便宜，各項修理幾乎都由水手們自理，各種歐洲製造的材料也是所需不多。

二十八日——我們看見班達這一組島嶼，首先出現的就是火山——一個完整的圓錐峰，很像埃及的金字塔。傍晚有煙繚繞於山頂，恰似一片靜止的雲。這是我初次看見的活火山的景致，只因畫片看過很多，故在實地看見時，似乎並不奇特。

三十日——挨過提奧島以及附近全組的島嶼。這一組島嶼，在航海地圖上描畫得很不確切。飛魚很多；比大西洋的細小些，而動作卻活潑些，雅致些。牠們掠過海面的時候，往往翻成側面，故能完全露出美鰭，飛得百來碼遠，出沒最是文雅。在稍遠的地方看來，牠們恰似飛燕一般，絕不會有人疑心牠們不是真飛，而僅是從最初躍起的高度斜降而下。晚間有一隻水鳥——一種鰹鳥（原註學名：Sula fiber）——棲在我們的牝雞欄上，被我手下一個童子捉來。

三十一日——拂曉時即已看見克厄群島，我們在此將有幾日勾留。午時前後環繞北部的極端，打算傍岸航往拋錨所；但時而在島嶼的下風一邊，有不規則的暴風吹來，時而遠離它的下風一邊，有強大的海流把我們逐回。這時候剛有兩隻小舟出現，滿載土人，我們的船主僱定他們來曳我們進港，並由我們自己的小舟相助，無奈不能前進一步。因此，我們只得在一處很危險的地方下錨，直到傍晚，才把大索固著在水下的岩石上。我們所經的克厄海岸，極其秀麗。淺色的石灰岩從水邊陡拔而上，高到幾百呎，到處裂成尖峰，且風雨的侵蝕，現出蜂窠形的表面，上有繁複茂盛的植物。超出海上的峭壁，呈現露兜樹與奇異的木狀百合科，雜以灌木及蔓藤；峭壁以上的斜坡則有濃密的林木。其中常有小灣及小入口現出白晃晃的海岸。海水澄澈如玻璃，海底上岩石嶙峋的斜坡，陡峻地陷成無底的深海，其著色從綠柱石變成琉璃，很是複雜。海面安靜如湖，熱帶的驕陽散播金光於其上。這種景色，我覺得非常快意。我已寄跡於簇新的世界當中，那岩林與碧淵所藏蓄的奇異產物，正可想像而得。但是歐人的足跡，在這些海岸上實在不多，所以一切動植物與人類，幾乎全為我們所未知，而我在此漫遊幾日將有何種成績，更非預料可及了。

第二章

克厄群島　一八五七年一月

來迎接我們的本地小舟，計有三四隻，共有五十來個男人。這幾隻小舟都是獨木舟，頭尾高聳到六呎或八呎，到處裝飾著介殼及加朔阿利的羽毛。我從此竟在巴布亞人的本鄉看見他們的手采，不消五分鐘工夫，即已證明從前考察少數帝汶和新幾內亞的奴隸所發生的意見真是正確無訛，並且證明目前這兩批人，一經比照以後，顯然分為兩種最有區別的民族。即使我已盲了，也會斷定這些島民不是馬來人。那宏亮急躁的聲腔，不斷的動作，以及言語上，動作上，表現出來活潑的神氣，確與沈靜，冷淡，而無生氣的馬來人截然相反。這些克厄人喊唱而來，用力盪槳，激起許多浪花；他們來得更近以後，都在獨木舟上站起，口音和手勢隨著加多；等到橫傍過來的時候，他們大部分人並不請教一聲，立即爬上我們的甲板，好像在一隻被俘虜的船上一般。於是一幕擾攘得非筆墨所能形容的活劇，從此開始。這四十個黑膚，裸體，蓬頭的蠻人，似乎快樂興奮到極點；並沒有一個有一刻的靜止。他們挨次的圍住我們一個一個的水手，向他討煙討酒，對他露齒微笑的走開。他們同時談論起來。我們的船長再三受他們的領袖們的糾纏，那班領袖紛紛求他僱定他們拖船，求他預付工資。若有一點煙葉贈送他們，他們的眼睛就會閃閃發光；他們又會用著露齒與呼嘯，或在甲板上打滾，或是縱身入水，以表示內心的滿足。即使欣逢意外假日的校童，或市上的愛爾蘭人，或登岸的海軍士官候補員（midshipmen），也不足以形容他們這種獸性的快樂。

馬來人處在這種情形之下，絕不會有巴布亞人這樣的舉動。他們如果來到船上（必在得許以後），除說幾句恭維話以外，並不先說什麼話，並且過了幾時以後，方才小小心心的上來做事，每一次只有一個人發言，低聲下氣，很是精細，並且老不開口講價，總要等你說好以後，再來表示迎拒的意見，或且逕自走開，不發一言，除非你把價錢增加到他們合意的數目。我們的水手有許多一向沒有到過這種地方，看見這種惡劣的行為，似乎很是憤慨，直到後來，方才逐漸和這些黑人接近起來。我看了這種情形，不禁回想到一群規行矩步的小孩忽被一陣喧譁擾攘的童子衝進來，以致覺得這些童子的行為真是奇怪已極，頑皮已極！

馬來人與巴布亞人，這些行動上的異點，簡直比身體上的異點還要顯著些，不過身體上的異點，也是充分顯著。那漆黑的皮膚，蓬亂的鬈髮，以及——最重要的一項——顯然與馬來人模樣各別的面貌，我們都不能認為同一種族受了氣候上或其他環境上的影響的結果。馬來人的面部含有蒙古種的模樣，闊而近扁。眉部平貼，口闊而不突出，鼻雖小，式樣很好，而鼻孔脹大。面上平滑，罕生鬚痕；髮粗黑而平直。至於巴布亞人則正相反，面部可說是壓縮而突出。眉部隆起，口大而突出，鼻很大，鼻尖下垂，鼻梁厚，鼻孔大。這是容貌上顯著的特點，也就是和馬來人面部極其相反的地方，加以盤鬚同鬈髮，便和馬來人完全有別了。所以我到了這裡，覺得別有境界，裡面住著一種奇異的民族。在我以前幾年所周旋的馬來諸族，與我現在所看到的巴布亞諸族之間，我們很可以說，那身心兩方面的差別，剛和南美洲的紅種印第安人與新幾內亞的黑種人的差別一樣厲害。

一八五七年一月一日——這是很愉快的一日。我在這一日，漫遊了歐人所罕見的島上的森林。我們在破曉前離開拋錨所，一小時內來到哈爾村（Har），就是我們要住三四日的所在。這裡一帶丘陵退後縮成一個小灣，這些丘陵聳出尖峰和圓丘，介以居間的平地和溝谷。一條白沙的闊岸鑲著海灣的內部。背後有一片椰子棕櫚藏著若干茅舍，聳出茂密複雜的林木。有許多大小不等的獨木舟和小船擱在岸上，又有一二個遊民和幾個小孩及一隻狗，在我們來到一個下錨地的時候，注視我們的普牢船。

我們上岸時第一件引起注意的東西是一大座造得很好的披屋，屋下有一隻很長的小船正在建造，還有許多將次完工的船隻擺在靠岸一帶。我們的船長要買兩隻大小折中的小船，駛往阿魯群島經商，立刻向土人開始議價，過不多時，議定以若干銅砲，銅鑼，「紗龍」，手巾，手斧，白碟，蘖葉，及亞力酒，為兩隻四天以內即可完工的小船的代價。成議以後，我們走到村上，這村只有三四所茅舍，建在近海一片參差多岩的地面上，蔭庇以椰子，棕櫚，香蕉，以及其他果樹。這些茅舍很是粗陋，現出黑色，半已頹敗，架在樁上，離地稍有幾呎，四周的低垣用竹或板做成，屋篷很高。門口狹小，並無窗牖，只在三角牆底下有一個洞，可以將煙放出，射入一點光線。地板用篾條鋪成，薄滑有彈性，而且極不牢固，我每踏一步，幾乎都要插入篾縫裡去。露兜樹葉的箱篋與棕櫚木髓的薄板，都做得十分平正，再加上材料相同的臥蓆，本地製造的瓶罐和煮器，以及幾件歐洲的盆碟，就是全副的家具。屋內到處昏暗燻黑，其陰鬱達於極點。

我有阿理和貝德綸相陪，前往各處從事探檢，有一批男孩跟蹤而來，想看我們做的什麼事。一條足跡最多的小徑，從海濱通到一處陰暗的窪地，這窪地的樹木非常高大，樹下絕少叢莽。樹梢上相間的發出轟轟的聲音，當初我們以為可怪，隨後即知為大鴿的叫聲。我的兩個童子舉鎗射擊，雖有一二次不中，隨後卻射下一隻來。這一隻鴿很是壯美，長二十吋，呈淺藍的白色，翼與尾為金屬濃綠色，並有金色，藍色，及藍紫色的反射，腳為珊瑚紅色，眼為金黃色。這是一種稀罕的種類，我已取名為 **Carpophaga concinna**，只在少數小島上有所發現，但很繁殖；與班達所稱「豆蔻鴿」（**nutmeg-pigeon**）同種，那「豆蔻鴿」吞嚥豆蔻的果實，而將種子，即豆蔻，整個排泄出來。牠們嘴雖狹小，而顎與喉則能擴大，故能吞嚥很大的果實。我從前射下較小的一隻，膝囊裡面還有若干球形的棕櫚果，每一顆的直徑在一吋以上。

從此稍稍往前，小徑分而為二：一沿海濱而往，穿過紅樹林（**mangrove**）沼地與西穀濕澤；一則升到墾地。我們從此回村，重新出發，打算越過丘陵，穿入內地。無奈路徑最是難走。凡有泥土的所在，都是鋪在岩石上面的整片紅黏土，因受土人赤腳的踐踏，很是光滑，我穿著皮鞋，在這斜坡的表面上簡直站立不住。從此再稍往前則為裸出的岩石，那就更壞了，因為這些岩石峋嶙多孔，且受風雨的侵蝕，露出尖錐和尖角，以致我手下兩個一生赤腳的童子不能立足。他們的腳開始出血了，我若不願他們完全跛腳的話，只好大家掉頭回去。我自己的皮鞋又不很厚，走了幾腳不免裂成碎片；但是那班赤腳的小嚮導，卻十二分輕快的向前行走，似乎怪著我們不敢在這種舒服的地方散步，真是膽子太小。我們以後留在島上幾日，都只能插足在海岸和墾地的近旁，以及林中比較平坦的部分，這些部分，泥土堆積不多，岩石也比較的少受氣界的作用。

克厄島（原註：島名 Ké 一字剛和 K 一字母發音相同，但在地圖上卻誤拼為 Key 或 Ki）長而狹，做南北走向，幾乎全由岩石及山嶺構成。島上到處都有茂盛的森林，各處海灣及入口都有白晃晃的散沙，這散沙由珊瑚石灰岩分解而成，這種石灰岩就是全島構成的材料。在一切卑濕的小入口與小溝谷中，都有繁殖的西穀樹，供應土人的主糧，因為土人並不種稻，除了椰子香蕉及薯蕷以外，罕有別種栽植的產品。椰子樹環繞屋舍，在疏沙上受海風的影響，滿生椰子，土人製出椰子油，以重價賣給阿魯的商人，那些商人都到這裡收買這種椰子油，以及小船與陶器。木料的碗，鍋，和托盤，也有大宗製造出來，都用小刀及手斧挖鑿成功，運往摩鹿加群島各地。不過克厄土人最著名的技藝卻是造船。這些荒僻的蠻民，對於這種似乎很難的技藝，能夠這樣出名，一方面固因有許多森林，供應他們大宗優美的木材——雖則其他許多島嶼也有同樣的木材——別一方面卻還有若干不可知的原因。他們所造的小獨木舟很是精美，中部低闊，兩頭高聳而成尖嘴，多少加點雕刻而且飾以羽毛。這種獨木舟並不是用一株樹挖鑿成功，卻是用許多直板拼合成功，只因拼合得十分巧妙，所以板縫上往往連刀鋒都不能插入。大的從二十噸到三十噸，都不用釘或鐵，且除斧，手斧，螺鑽以外，並無其他工具，然而造成以後也可航海。這些船隻既是美觀，又是巧妙的海上帆船，即使從新幾內亞橫斷馬來群島諸海直往新加坡的很長海程，也可安然航駛，其間所經的諸海並不像旅行家所愛描寫的那樣風平浪靜，這是凡在此航行多次的人們都能指證的。

克厄的森林出產宏大的木材，長，直，耐久，而且具有各種不同的性質，據說，有些比印度的上等麻栗樹還要好些。造那較大的船隻所用的每一對木板須用整株的樹剖成。這種樹往往從遠海處砍下，斫成相當的長度，再剖成相等的兩片。每一片用斧削成三四吋厚的木板，當初每一頭留下一厚塊以免裂開。在木板的中央一段留著一條一條的橫凸縫，各有三四吋高，三四吋闊，一呎長；這些凸縫在造船時大有用處。削好足數的木板以後，即由三四個男人將木板逐一拖過森林，拖到海濱上造船的地方。一條中央廣闊而兩頭高聳的基礎木板首先擺在船臺上面，用著支柱適當地撐持起來。這木板的邊緣，先用手斧削成光滑合用，再將彎曲適度而兩頭漸次尖削的木板拼合上去，在這木板上標出一條邊線以便削成恰好可以拼合的邊緣。於是沿著兩木板相對的邊緣，穿出許多相對的螺鑽孔，各有手指的大小，用硬木榫釘入，使兩木板緊湊的拼合一起。完全用著手工，要把木板的邊緣做出互相拼合的曲線，又要把螺鑽孔穿在互相湊合的位置和方向，似乎是一種難做的工程，可是這種工程卻做得十二分精巧，即使歐洲的上等造船匠也不能做出更加緊湊的板縫。這樣一條一條的木板依次拼合上去，就成功一隻小船。這隻小船的船殼全用硬木榫結合木板的邊緣而成，堅固而有彈性，但除這些木榫的黏著以外，並無何種結合船板的東西。船殼做好以後，小些的船隻配上座位，大些的配上橫梁。這些座位和橫梁都在淺斲口上嵌牢，再用藤索縛到底下的凸縫上。隨後選用堅韌的木料來做肋骨，斲出淺淺的凹縫，配合到船板的凸縫上去，再用藤穿過凸縫基部的洞來縛牢。船板的兩頭各自縮合一處，抵在船頭或船尾的直柱上，再用木榫及藤來釘牢縛牢就成功了一隻小船；從此再配上舵，桅，與篷，就可乘風破浪去航海了。我把這種結構的原理加以一番考慮以後，深信這些船隻的確比那普通用釘釘成的船隻更為堅固而安全。

我們住在這裡幾日，大家都很忙碌。船長每日在場督造他的兩隻小普牢船。土人的小船不斷的運來魚，椰子，鸚鵡和刷舌鸚，土鍋，蒟醬葉，木碗，及托盤等類，我們的五十個水手似乎都各自任意的購買進來，以致船上一切有用無用的空位都被佔去；因為普牢船上，各人都承認自己可以自由做買賣，可以攜帶財力上所能購買的東西。

錢幣在此竟無人知曉，而且毫無用處，——小刀，布疋，和亞力酒，是交易的唯一媒介物，煙葉就當作小幣。各種交易都須臨時議價，所以要說了許多的話。在議價時務須提出很低的價錢，因為這些土人總要等你加上一點價錢，才會滿意。你若加上價錢，他們就很高興，否則你若首先就提出加倍的價錢，不肯再加，他們反而很不高興。

我也做了一點買賣——勸誘土人替我採集昆蟲；他們看見我果然拿出芬芳的煙葉收買他們不值錢的黑綠兩色的甲蟲，即有幾十個男婦小孩送上盛滿爬蟲的竹管，可惜這些爬蟲已被他們禁錮一日，往往自相殘殺，齧成碎塊！有一種新奇的大甲蟲，呈出紅玉與綠柱石的著色，我獲得一大宗。這完全是新種，且除這個小島以外，其他各地並無發現。牠是吉丁蟲科的一種，現已取名為 Cyphogastra calepyga。

我每日早餐以後，獨自往遊森林，從事捕捉壯美的蝴蝶，蝴蝶頗為豐富，並且大半為我見所未見；因為我現在所插足的是摩鹿加群島與新幾內亞的邊境，其產物在當時歐洲各陳列所內還是最珍貴最稀罕的東西。我的雙眼開始看見燦爛猩紅的刷舌鸚振翼而飛，看見最壯麗的蝴蝶——採集家所稱「Priamus」（「馬來巨蝶」的一種）或其密切的類似種——只因飛得太高，未曾有所捕獲。有一隻這種蝴蝶曾被土人盛在竹管內送來，因有大宗的甲蟲盛在一處，遂被撕成碎塊。這地方對於採集家的主要妨礙，在於缺少良好的路徑，在於地面太崎嶇，以致每走一步都要留心罅隙或岩磴，所以很難捕捉活潑能飛的動物。還有一個妨礙，就是缺少河流，因為岩石的孔隙太多，地面的水都要滲漏下去；至少我們足跡所及的附近一帶都是如此，唯一的水只有靠近海岸滴流出來的小泉。

在克厄森林中，木狀百合科與露兜樹科很是繁殖，即在比較裸露的多岩的各處也是如此。花卉稀少，蘭類也不多見，但有精緻的白色「蝶蘭屬」（butterfly-orchis，學名：**Phalænopsis grandiflora**），或其密切的類似種。各種植物，新鮮蓬勃，很是悅人，在這乾涸多岩的地面，正是氣候時常濕潤的表示。挺拔無節的樹幹往往都有扶持物，無花果科（fig family）的大樹從離地五十呎或一百呎處伸出錯綜糾纏的氣根：都是顯異的現象。多刺的灌木和蔓藤並無出現，若無尖利多孔的岩石，這些荒野確是便於行走的。在潮濕的各處，有一種闊葉的草本植物出現於樹下，聚集著綠色的小蜥蜴，生出天青色的尾巴，在葉叢中間鑽進鑽出，很是活潑，我往往只能瞥見牠們的尾巴，一時誤認為小蛇，不免使我吃驚。在這些原生林內，差不多只能聽見兩種鳥類的聲音，一種是紅色刷舌鸚，發出尖利的叫聲，和大半鸚鵡科一般，還有一種是綠色大豆蔻鴿，或發出宏大沈著的轟轟聲，和大鑼的連敲二下相似，或有時發出蝦蟆的格格聲，都是十分特別的。據土人說，島上只有兩種獸類——一種野豬，還有一種東方鼩（Cuscus），我都不曾獲得標本。

昆蟲比較豐富，並且很是有趣。對於蝶類我捉得三十五種，大半為我見所未見，又有許多為歐洲各家採集品中所未曾有。其中有一種精緻的黃黑兩色的鳳蝶（學名：Papilio euchenor），從前各家罕有標本得來，此外還有好幾種碩大的美蝶，幾種美麗的小「藍蝶」（blues），以及幾種日間飛出的燦爛的蛾類。甲蟲類較為稀少，但我獲得幾種很精緻很稀罕的種類。我在一片舊墾地內一株小灌木的葉上，覓得好幾種 Eupholus 屬的藍黑兩色的精美甲蟲，在美觀方面幾乎可以匹敵南美洲的「鑽石甲蟲」（diamond beetle）。海濱上有些開花的椰子棕櫚，常有一種精緻的綠色食花甲蟲（floral beetle，原註學名：Lomaptera papua），在花枝搖動的時候一齊飛開，好像小陣的蜜蜂。我請一個水手爬上樹去，用手捉來一宗甲蟲；我看見這些甲蟲倒有價值，請他重新上樹，用我的昆蟲網把花枝兜在網內，因此再得一宗甲蟲。不過我最好的捕獲品，還是那土人替我捕來的吉丁蟲科的顯異昆蟲，這種昆蟲，土人都說是從山上腐敗的樹木中捕來。

森林中所常見的顯異的甲蟲類（鞘翅類），只有兩種斑蝥。一種是 **Therates labiata**，比我們的綠色斑蝥要大得多，呈紫黑色，而有金屬綠色的渲染，橫闊的上唇則為鮮黃色。這種斑蝥概從葉叢——常為闊葉的草本植物的葉叢——上覓得，棲在陰濕的位置，常從一葉飛往就近的他葉，現出敏捷的態度，似乎時在留意牠自己的食餌。牠不斷的吐出一種玫塊油精似的香氣，大約用以攝引小昆蟲，以供自己的食餌，我們嗅到這種香氣，立刻可以斷定牠已在近處。還有一種是 **Tricondyla aptera**，形態最為古怪，大概是馬來群島的特產。牠的形狀恰似大蟻，有一吋多長，呈紫黑色。牠沒有翅膀，也和螞蟻相似，我們往往看見牠爬上樹去，牠看見我們走近樹前，即循螺旋的方向環繞樹幹而上，以免被捕，所以我們必須突然上前，用手捉牠。牠吐出地棲甲蟲普通所有的臭氣。我在克厄四日所獲的採集品，計有鳥類十三種、昆蟲一百九十四種，以及陸上介殼三種。

這些島嶼住有兩種人：一種是土著，具有巴布亞人的顯著特徵，信奉邪教，只穿棉布或樹皮的腰衣；一種是混合的民族，名目上是回教徒，身穿棉布的衣服。據說這些回教徒被初期的歐洲僑民從班達驅逐而來。他們大約是棕色人種，更近馬來人，但是此地所有他們混合種的後裔，卻已顯出紛歧的膚色，頭髮，和面貌，兼有成分不等的馬來人和巴布亞人的特徵。就他們的語言看來，我們可以看出初期的葡萄牙人在這些地方經商所發生的影響，因為這樣荒僻野蠻的島民至今都還攙用葡萄牙字。例如手巾叫做「楞科」（lenco），小刀叫做「法卡」（faca），都已取消馬來人固有的名稱。葡萄牙人和西班牙人，在當時真是特出的征服者和拓殖者。他們能使被征服的各地發生一種迅速的變化，實為現代任何民族所不及。他們能以自己的語言，宗教和儀節傳播於粗魯野蠻的民族之間，他們這種傳播的能力確和從前羅馬人相似。

這些人和馬來人在品性上顯然相反：這可以用許多瑣屑的特徵來指證。一日，我正在森林中漫遊，有一老人站在旁邊，看我捕一昆蟲。他站在那裡不聲不響，直至我把昆蟲釘好，放入昆蟲箱時，他禁不住要開口了，卻仍深深鞠躬，發出一陣歡笑。不論是誰，都知道這是真正黑種人的特徵。若在馬來人，不免就要睜著眼睛，內用疑惑的口吻問我幹什麼事了，因為他的天性極少笑聲，更無歡笑，若在外地人面前或身旁，尤其不笑，而在外地人看來，他的侮慢的流眄或呢喃的品評，卻比揚聲的歡笑更為乏趣。此地的婦女，並沒有馬來諸族的婦女那樣害怕外地人，或者那樣避在深閨裡；小孩們也比較的快活些，並且又有「黑人的露齒」（nigger grin），至於男人的喧呶，與其臨事的興奮，尤其和馬來人的緘默不同了。

克厄人的語言，由約略相等的單音字，雙音字，和三音字的三部分構成，含有許多氣音（aspirated sounds）及少數喉音（guttural sounds）。各村的方言微有出入，但能互相通曉，除出那些顯然因長期的通商而輸入的字以外，似乎和馬來語絕無親緣。

一月六日——小船造成功了，我們即在下午四時向阿魯出發，駛出克厄的海岸以後，看見克厄崎嶇多山的美景；一帶一帶的丘陵高到三四千呎，向南展佈到極遠的遠方，到處蓋有巍峨茂密連綿不斷的森林。風力微弱，航往阿魯的六十哩海程費去三十小時，阿魯群島非低即平，但森林的茂盛倒是相同，我們在次日晚間九時，下錨於多波（Dobbo）的港口。

我第一次乘坐普牢船的航程既有這樣滿意的結果，故在此後和它相別幾個月以前，須將這種舊世界的奇船的優點說明一番。一切危險的觀念如果擱起不——其實比較別種船隻大約也並不格外危險些——我可以斷言，自己從不曾（無論以前或以後）有過這樣爽快的二十天航程，或者說得比較正確一點，從不曾有過這樣小量的煩悶。這一層，我在主要方面，要歸功於自己享有甲板上整個的小艙，歸功於自己有僕人伺候，並且歸功於船上絕無油漆，瀝青，脂肪，與新繩索等類的氣味，這些氣味為我所不能忍受。還有一部分要歸功於服裝，膳餐等類的絕無拘束，歸功於船長的殷勤和善。我本已承認和船長一處用餐，但無論何時，只消我開口一說，就會送到我自己的床位上來。水手個個溫文和善，雖無何種約束，而一切事務都能進行順利，一切物件都是清潔整齊，所以我對這次航行一切都很滿意，並且不免要說，這半野蠻的普牢船所有各種奢侈品，勝過那些最宏大的輪船所有的奢侈品，雖則那種輪船原是我們文明的上等出品。

第三章
阿魯群島——多波小住　一八五七年一月到三月

一八五七年一月八日，我在多波上岸，多波是布吉人與中國人經商的居留地，他們每年作客於阿魯群島一次。多波位於宛馬（Wamma）小島的一個海角上，陸地向北突出海中，僅夠三排房屋的位置。在此建村，初看雖似十二分奇怪，並且十二分荒涼，但實際上卻有許多優點。這地方有一個明顯的進口，可從西方沿岸的珊瑚礁中間進來，而在本村的兩側又有良好的拋錨所，可以遮護正東及正西的季候風。三面海洋的微風既可充分的吹入，故在衛生上很是相宜，而柔軟的沙岸對於普牢船的拖曳上岸又很便利。這樣一來，既可避免海蟲，而且歸航也很方便。在迤南的極點，這種沙岸埋沒於島岸之中，背後聳著一片茂盛的高林。房屋大小不一，而式樣相同，只是一種大茅舍，靠近門口的一小部分用作住宅，其餘各部分互相隔離，往往用一層或二層地板分開，以便貯藏商品及土產。

我們到此過早，大半房屋空虛無人，地面荒涼達於極點；在埠頭上迎接我們的全體村民，僅有半打光景的布吉人和中國人。我們的船長窩茲柏根先生（Herr Warzbergen）本已答應替我尋覓房屋，至此卻有意外的困難發生。有一座房屋雖則打算出租，尚無屋頂，其主人本為投機而建造，不願在一個月內趕造成功。另有一座，屋主已死，我既已先來，本可即時住入，但須修理一番，我雖肯付出四倍光景的價錢，卻竟無從覓僱工人。於是船長叫我暫且住入他自己住屋近旁的一座好屋，這座好屋的屋主在幾星期內不會歸來；我本已急急想住在岸上，所以立刻將房屋掃除一番，即在傍晚將一切物件搬入屋內，佈置妥當。於是我就成為多波的一個居民。我帶有一把藤椅和幾塊輕板，即將輕板配成一張桌子和幾個架子。我用一條闊竹凳當作沙發和床架，再把箱篋擺在便利的位置，薦子攤在地板上，又在棕葉的圍牆上鑿出一窗，使光線射到桌上；這種住宅雖是悽愴陰暗的茅舍，但我心中的滿意卻和覓得一座良好的住宅一般，希望在此住了愉快的一個月。

次晨早餐以後，我出門採檢阿魯的原生林，急急想把心思專注於這些原生林的寶藏，以實現這次蓄意多時的旅行所有可能的成績。我用一把值一個半便士的德國小刀，僱得一個本地的頑童來做嚮導，我的望加錫童子貝德綸則帶來一把柴刀，斬除路徑上的障礙物。

我們先沿海濱步行半哩光景（因為村後地面過於卑濕），再轉入森林，循一小徑前進，這小徑通往島上對岸的宛馬村，約有三哩的距離。路徑狹隘而少人跡，往往泥濘滿地，墮樹塞途，我們前進一哩光景以後，完全走入錯路，只得隨著嚮導一同回頭。但是同時我已從事採集，並且這一日的採集品，即可預定這次旅行在昆蟲學方面大有成績。我所得的蝶類計有三十種左右，自從離開亞馬遜河豐饒的河岸以來，絕對未曾有一日得到這許多種類，況且內中又有許多最稀罕最美麗的昆蟲，一向只在新幾內亞有幾隻標本發現。就中有壯美的「妖怪蝶」（spectre-butterfly，學名：Hestia durvillei），灰翅的「孔雀蝶」（peacock butterfly，學名：Drusilla catops），以及最光亮最奇怪的透翅蛾（學名：Cocytia d'Urvillei），都是特別有趣；還有好幾種小「藍蝶」（blues）也是鮮豔無比。但對其他各群昆蟲，我卻沒有這樣的成績，這在採檢的漫遊中也是無怪其然，因為漫遊的時候，只有顯異新奇的東西才能引起注意。又有幾種優美的甲蟲，一種顯異的「木蝨」（bug），以及少數精緻的陸上介殼，為我所得，我在下午回家時，對這良好地點的初次嘗試十分滿意。

以後兩日下雨起風，我們未曾出門採集；第三日陽光燦爛，我捕得一隻壯麗無比的「鳥翼蝶」（學名：Ornithoptera poseidon），真是喜出望外。我看見牠飛近面前的時候，不覺喜極發抖，撲入網內以後，尚不自信真已奏功，直至取出一看，看見牠翅上的絲絨黑色及鮮明綠色，軀幹上的金色，胸部的深紅色，並且兩翅的橫闊竟有七吋，簡直使我看得心蕩神迷。我在本國陳列所內雖已見過相似的昆蟲，但在親身捉得一隻的時候，卻有特別的興趣——感受牠在手指中間的掙扎，欣賞牠全身所具活潑新鮮的美麗，在這沈靜陰暗的密林中，恰似一種閃爍的寶石。這一日夜間，我宿在多波簡直高興得了不得。

一月二十六日——我已在此住了兩星期，漸漸熟悉這地方的情形及其特點。普牢船源源而來，商人幾乎每日加多。每二三日總有一座空屋打開門戶，從事必要的修葺。大批的男人從各方攜取木柱，竹竿，蔓藤，與棕櫚葉而來，急忙修造牆壁，屋篷，與門戶。新到的商人有些是望加錫人或布吉人，但從哥蘭小島（在西蘭島的東端）來的更多——哥蘭人是遠東的小商人。其次，阿魯的土人，從阿魯群島東部一帶叫做「布拉康塔那」（blakang tana）——即「後方」（back of the country）——的各處，攜帶最近六個月內所收藏的產品而來，賣給這裡的商人，大約他們對於有些商人是負有債務的。一切新到的人們差不多都要來看訪我，都要親眼來看看一個天外飛來的不做買賣的人！他們看見我的鳥類，甲蟲類，及介殼——卻不是值錢的介殼，即「珍珠母」——的標本，都要瞎猜這些標本的用途。他們逐日持上一些破爛的介類，大半都是海濱上可以隨手掇拾的東西，看見我不肯收受下來，似乎很是懊喪。但我看見內中若有蝸牛殼（snail shells），則將蝸牛殼收受下來，更向他們求多；他們對於這種選擇的原理簡直莫名其妙，以致灰心失望，不肯再做這種勾當，他們也許認定我所加意保存的介殼是些祕密的藥料。

這些商人都是馬來種，或是馬來種佔著主要成分的混合種，只有少數中國人是一個例外。但阿魯的土人卻是巴布亞種，有黑棕色的皮膚，羊毛質或鬈曲的頭髮，高大的鼻子，纖細的四肢。他們大半都只穿一件腰衣，有少數人整天持著一點商品，流街售賣。

我住在一個商人家裡，各種貨物都送上我與其餘各人面前而來——有一束一束燻煙的海參，（bêche de mer，從汙泥中捲起，放在煙囪上煙過），乾燥的魚翅，與珍珠母，及風鳥，這風鳥保存得十二分骯髒破爛，我簡直未曾看到值得購買的標本。他們看見我對這些貨物置之不理，似乎很是懷疑，恐怕自己不曾明瞭我的用意，再把貨物獻我面前，說明自己所索的報酬，——或為小刀，或為煙葉，或為西穀，或為手巾。於是我不得不找就近的翻譯員，向他們解釋自己對於海參或珍珠母都不愛買，甚至玳瑁殼的投機事業也不願做，只有各種可吃的東西要買——不論是魚，是鼈，或是各種蔬菜。我們稍可按期購買的食品，卻只有魚類與上等鳥蛤；為求買得這些日常的食品起見，我們必須時時備著四種物品——煙葉，小刀，西穀，及荷蘭銅幣——因為賣主所要求的特別物品如果不在手頭，出賣的魚類即將持往鄰屋而去，那麼我們在那一日難免缺少正餐了。這地方所用的籃及桶很是古怪。烏蛤盛在渦形的大介殼（原註：大約是Cymbium ducale）內持來，鮮水盛在裝有藤柄的蔓螺屬的大介殼內，逐日經過我的門口。他們把這些華美介殼的內部渦卷忍心地敲剝下來，再呼這些介殼供應卑賤的用途，在博物學者看來真是傷心的事情。

我在採集方面進行很慢，因為天氣意外的不好，連日狂風大雨並無間斷，以致最初所度的十六日只有四日可以從事採集。但這四日的成績，已足表示將來如有晴天即可做出一些好成績。我從土人手中，獲得若干很精緻的昆蟲與少數優美的陸上介殼；且在所得少數鳥類當中，又有半數以上是有名的新幾內亞種類，在歐洲所有的採集品中當然是稀罕的東西，而其餘幾種大約更是新奇的東西。但在某一方面，我的希望卻難實現。我從前希望在此製成風鳥的優美標本，但到現在，才知一切風鳥在這一季都要脫卸羽毛，須在九月十月方有完美的緞黃色長絨毛。一切普牢船在七月中都要回去，我自己既難在此再留一年，當然不能在此住到九月十月。但我得到一個消息，說是紅色的小風鳥——「王風鳥」——全年保有全身的羽毛，所以我也許可以希望到手。

我既已熟悉本島的森林景物以後，知道這種森林具有幾種特色，與婆羅洲、麻六甲的森林大不相同，而我半已忘記的美洲熱帶森林的印象從此竟又活現於腦際。例如棕櫚一項，比我在東方所看見過的一般情形都要豐富得多，並且往往更與他種植物混雜一處，在形態上也更複雜，又有幾種光滑的莖和羽狀的葉的高大樹木，足以喚起亞馬遜的Uauassú（原註學名：Attalea speciosa）的印象，這些樹木，我在馬來諸島一向罕有遇到。

在動物方面，蜘蛛與蜥蜴的繁複也足以喚起南美洲的印象，而纖小善跳的蜘蛛尤其豐富，攢聚在花上葉上，色彩紛歧，往往異常美麗。吐絲織網的種類，也比我一向所見的更為繁夥，蛛網攔路拂面，最是可厭；而網絲黏韌，纏在面上更是難解難分。再者這些蜘蛛都是有黃斑的巨怪，體長二吋，肢長與之相稱，當我尾追豔蝶，或仰視奇鳥的時候，牠們跑過我的鼻上，也是可厭的事情。我立刻覺得不但這些蛛網必須拂除，並且蜘蛛也須撲滅；因為我在當初將路徑拂除乾淨以後，一到次日早晨，蛛網又已綳在原處了。

蜥蜴的繁複及其出現的處所，也是同樣的特別。那藍尾的美種，在克厄雖是那樣豐富，但在此處卻無所見。阿魯的蜥蜴，種類更為複雜，而色彩則更為幽暗——幽暗的綠色，灰色，棕色，甚至黑色，很是常見。每一株灌木或草本植物都有牠們的蹤跡；每一株敗幹或枯椏都是牠們的住所，我想這些活潑的捕蟲小動物要滿足牠們饕餮的食慾，不免要戕賊許多美麗的昆蟲，這些昆蟲大概都是昆蟲學者足以悅目賞心的東西。這裡的叢林還有一種古怪的現象，就是地面上與枝葉上，到處都有極多的海洋介殼（sea-shells），裡面都棲息著寄居蟹（hermit-crabs），這些寄居蟹都從海濱爬到森林裡面來。我曾經看見一隻蜘蛛攆走一個頗大的介類，啖牠裡面的肉。我在每日晨間必須沿著海濱前往森林，看見這些蜘蛛攢聚在海濱上，真是論千論萬。一切死了的介類，不論大小，都是牠們享用的食餌。牠們結成一、二十隻的小團體，圍繞些須的棒條或海草，但一聽見腳步的聲音立刻四散奔逃。在夜間起風以後，那中國人所愛吃的海參有時候要被湧到海濱上來，海濱上在這時候厚厚的散佈著幾種最美麗的介類，以及珊瑚同海絨的零屑或大堆，我一共拾得二十多種。海絨往往和珊瑚極端相似，若非伸手捉摸，不能區別出來。

海草也有許多湧到岸上；但是說來奇怪，這些海草遠不如我們不列顛沿岸各處所見的海草那樣美麗，那樣複雜。

這裡的土人並沒有克厄土人那樣喧譁擾攘，即使類似純粹的巴布亞種的土人也是如此。這大約是因為我所看見的都是他們少數人處在外地人中間的緣故。要明瞭野蠻人的真相，必須觀察他們家居的情形。但是這裡的土人有時候卻也露出巴布亞人種的品性。男孩們自在散步時，往往歡然唱歌，或大聲說話，這完全是黑種人的特徵；並且男子們雖則盡力掩飾，有時候於真正馬來式樣中也還露出他們的情緒來。一日，他們有一批人在我屋裡，我想嘗嘗海參的滋味，買了一對海參，竟付出大宗逾額的煙葉，於是賣主知道我是一個外行的主顧。但他不禁高興起來，當他嗅著芬芳的煙葉，拿出一手把煙葉給他同伴們觀看的時候，露露牙齒，扭扭身體，用一種最能表情的啞劇做出無聲的嬉笑。我從前向馬來人買東西的時候，往往也要多付他的價錢。但我絕無一次可以從他的面貌看出他的高興——只有一種沈悶愚蠢的躊躇露出駭異的神氣，不論受酬太多或是太少，都是如此。以上種種性情上的特點，倘若連同肉體上的特點觀察起來，的確大有興趣。性情上的特點並不和肉體上的特點一般，不能引用外界的原因求出便利的解釋。一切論列人種的著作家不免過於信任旅行家的報告，其實旅行家並無多大機會可以考察民族性的特點，或且並無機會可以判斷各民族實際上平均的體態。這些旅行家走到兩種民族雜處已久的地方，非常容易受騙，往往把居間的形態和混合的習慣看作一種民族蛻變為別種民族的天然的證據，並不看作兩種民族的人工的混合；假使他們在習慣上，早已把這些民族——例如目前所說的馬來人與巴布亞人一般——認為一種民族的蛻變，也許以為地理上的毗連應該發生種族上同樣的毗連），他們自然更容易犯著這種錯誤。殊不知馬來人和巴布亞人顯然相隔很遠，不論肉體上，精神上，德性上，都有顯著的特徵可以區別出來。

二月五日——我趁著晴明的一日往遊窩坎島（Wokan），與多波相距一哩左右，為「坦那部薩」（tanna busar）——即阿魯本島——的一部分。阿魯本島是一大島，自北至南約有百哩，但有許多部分很低，以致若干小河橫斷而過，可以通航頗大的船隻。在我們所到的西岸上僅有少數星散的島嶼，我們的宛馬就是主要的一個；但在東岸上卻有許多島嶼，在本島以外展佈得幾哩長，構成商人所稱的「布拉康塔那」——即「後方」，為珍珠，海參，與玳瑁的主要產地。阿魯群島有許多種鳥獸完全限於阿魯本島；凡風鳥，黑色的白鸚，大營塚鳥，及加朔阿利都沒有出現於宛馬，或其他小島。但我這次來到本島的旅行，本不指望森林方面或森林的產物方面有何種顯著的差別，所以看見窩坎的現象不免又驚又喜。這窩坎海濱上蔭庇著大樹下垂的枝椏，枝椏上裝載著蘭科，羊齒，以及其他著生植物。森林裡面變化更多，有些乾燥的部分只生矮樹，而在其餘各部分則有幾種最美麗的棕櫚，聳出直滑的纖莖，高到百呎，覆以優美的垂葉。但我所見最新奇的植物卻是木狀羊齒，這種羊齒，我在熱帶上度了七年以後，方才在此初次看見完美的形態。我從前所見的都是纖小的種類，不到十二呎高，絕對想不到這森林中散佈著許多美麗的木本羊齒，生出精緻的連葉枝，高到三十呎以上。在熱帶植物界中，的確沒有別種植物可以和這種羊齒比美了。

我的童子們射下五種鳥類，都是以前住在宛馬一個月內絕無所獲的。其中有兩種是很美麗的鶲科，已在新幾內亞發現；一種是 Monarcha chrysomela，呈光亮的黑色與鮮豔的橙色，有些著作家認為鶲科最美麗的鳥類；別一種呈出純白色與絲絨黑色，環眼一圈多肉的闊帶呈蒼藍色；這叫做「眼鏡鶲」（"Spectacled flycatcher"，學名：Monarcha telescopthalma），與以上一種都被法國的博物學者在哥居夷號（Coquille）探險船之航行中首先發現於新幾內亞。

二月十八日——我在離開望加錫以前，曾經函請帝汶的總督飭令阿魯的土頭目相助。至此有一隻船從帝汶過來，帶給我一封很客氣的回信，說是他下令各處供應我所需要的各種幫助；無奈在我僥倖僱得一隻小船和船夫、預備航往阿魯本島、從事探檢內地的時候，忽然因為海盜入寇的風聲生出一種障礙。有一隻到境的普牢船曾受海盜的攻擊，且有一人受傷。據說，他們原有五隻船，不過其餘的船大約隨後可到；商人都很驚惶，恐怕他們差往「布拉康塔那」去經商的小船受劫。阿魯的土人當然都很驚惶，因為那些盜匪不免進攻他們的村莊，放火殺人，並且擄去婦孺充當奴隸。村中絕無一人敢往村外，我也只得依舊留滯於多波。帝汶的總督出於純粹的好意，曾令頭目們負責保護我的安全，所以他們就有一個絕妙的藉口，可以拒絕我的航行。

若干普牢船出海搜尋海盜，邏卒即時派定，警火燃在海濱以防海盜的乘夜襲擊，不過大家以為海盜實在不敢到多波來嘗試。次日這些普牢船回來，果有海盜入寇的確實消息。還有一隻窩茲柏根先生的小普牢船，也載著一幅慘象回家。這隻普牢船剛在六日前從「布拉康塔那」出發，竟在中途受海盜的攻擊。當海盜進入普牢船搶劫的時候，全體水手乘一小舟出逃，躲在叢林裡面。船上的貨物，除出巨包的螺鈿殼過於龐大以外，都被他們搶劫一空。一切水手的衣服箱篋，以及船上的風帆繩索，都被拿走。他們駕駛四隻戰船，前進時鳴放一排小銃，駛出小舟來劫掠。他們劫掠而去以後，水手們在叢林中看見他們有三個人和一隻小舟留在後面；有一個勇敢的水手眼看被劫的情形，奮不顧身，挾一柴刀泳水而往，突然進攻，殺了他們一人，傷了其餘二人，他自己也有幾處微傷，乃賈餘勇泳水而回。此外還有兩隻普牢船被劫，有一隻全體水手被殺。據說，那些海盜是蘇祿人（Sooloo pirates），但有布吉人雜在中間。他們已在前進中焚掠西蘭以東一個小島。他們上一次進攻阿魯是在十一年以前，因為歷時既久，所以大部分的居民防範漸疏。在上次進攻以後的一二年，一切小商船雖都備有武器，而海盜進攻之事絕無發生，直至今日，這些商船早已不備武器了。在一星期以後，有一隻海盜的小船在「布拉康塔那」被捕。海盜七名被殺，三名被囚。海盜的大船雖則常有出現，但都不致被捕，因為船上很有精壯的水手，常能兜風划槳出海，再在夜間折回。他們在無數小島和海峽中間橫行無忌，直至季候風改換方向，乃揚帆向西而去。

三月九日——最近四五日來，大風相繼不斷，更有不時的暴風，彷彿要把多波吹到海裡去。不論那個小時，幾乎都有大雨相伴，所以天氣很不舒服。這時候我雖不能出門採集，卻要準備一隻買來的小船，從事內地的航行，很是忙碌。對於船夫一層大為困難，但我深信宛馬的「奧朗卡雅」——即頭目——會來護送我。

我在多波既已留滯多時，想把多波的景象及其居民的風俗先說一番。這地方的戶口至今已很充實，街道也比我們初到時熱鬧得多。每一座房屋都是一個商店，土人在此持出土產，交換一切相需最殷的物件。他們所需的主要物件就是小刀、庖刀、劍、鎗、煙葉、檳榔膏、盆碟、手巾、「紗龍」、白洋布，及亞力酒；但有若干商店更有茶葉、咖啡、蔗糖、酒、餅乾之類可以賣給商人；其餘的商店滿貯絲帶、絲邊、瓷器飾物、鏡子、剃刀、傘子、煙管，及錢袋，可以賣給富裕的土人。每逢晴天，商店門前都展開蓆子，攤曬受濕的蔗糖、食鹽、餅乾、茶葉、衣服，以及海參等類。早晨與黃昏，則有整飭的中國人穿著藍褲白衫，拖著紅絲線紮尖的長辮，在門前散步談天。還有一個參拜過麥加的布吉回教徒，每日黃昏總要穿起綠色的綢衣，纏起鮮豔的頭巾，在街上散步，背後跟著兩個小童，代他拿著葯醬匣。

各處空地都有新屋漸次建築起來，舊屋旁邊都添建離奇的小灶間，而在若干偏僻的角落裡，更有宏大的木欄養起小豬；因為中國人沒有豬肉，不能住過六個月。各處又有攤頭賣著香蕉，每日晨間更有兩個小童，沿街出賣糖飯，椰子，烤魚，或烤香蕉；他們不論賣什麼東西，都叫著「朱古力—忒——忒！」（Chocolat-t——t!）這一定是西班牙的或葡萄牙的叫法，傳下幾百年，已經失去它的原意。布吉水手升掛主帆時，都要叫著「味拉阿味拉，——味拉，味拉，味拉！」（Véla à véla, ——véla, véla, véla!）齊聲唱個不休。「味拉」原是葡萄牙人對風帆的稱呼，我聽到這種叫聲以後，以為它的起源就是在此；但到後來，才知他們起錨時也用這種叫聲，並且常把「味拉」改作「赫拉」（hela），本是他們努力工作的普通表示，大概並無意義可說。

我敢說多波現在已有五百人左近，種族上很是複雜，他們聚集在這個東方的遠角，正如他們所說，都是為著「覓利」而來。他們大半都是絕少信義的人們——中國人，布吉人，西蘭人，及歐亞雜種的爪哇人，還有帝汶，巴柏（Babber），與其他島嶼過來的少數半野蠻的巴布亞人，但是一切買賣卻能安然進行。這一批混雜，無知，好鬥、愛偷的人們，住在此地，並無政府，也無警察，法庭，和律師；但是他們並不互相殺害，並不日夜互相掠奪，並不幹出我們平時以為無政府之下容易發生的壞事。這一層真是奇特到一萬分！我們看了以後，對於歐洲積壓如山的政府，不禁發生奇怪的觀念，以為我們的政府干涉人民也許太過。試想國會逐年制定百來種法令，來禁止我們英格蘭人民的互相殺害，或互相侵陵，再想英格蘭論千的律師終身從事這些法令的說明，那麼我們的推論不免要說：多波的法律如嫌太少，英格蘭的法律難免太多了。

我們從此可以看出通商對於文明的關係。商業就是保障安寧的魔術，可以結合一切複雜的分子，成為整個和睦的社會。這一切分子都是商人，都知道和平與秩序是商業勝利的要著，因此產生一種公共的意見，足以遏止一切不法的行為。我在以前幾年中沿著新加坡的坎蓬格蘭（Campong Glam）散步時，往往以為布吉水手看去真是凶野，處在他們中間真是危險。但到現在，才知他們都是溫良的人們；我每日在叢林中行走，身邊不帶什麼武器，時時要遇著他們；我睡在棕葉屋舍中，不論何人都可自由闖入，但失竊或殺傷的恐怖卻也不多，正與倫敦警察保護之下相同。這是真的：這地方感受到荷蘭政府的影響。這些島嶼在名目上都受治於摩鹿加群島——這是土頭目們都承認的；並且歷年大概都有委員從帝汶派來，巡視這些島嶼，審理控訴，處理爭論，押解重犯。但在本年，這個委員卻不見得會來，因為至今未曾接到事先通知的命令；所以多波的居民將要自行處理各項事務。一日，有一男人在窩茲柏根先生的草牆上穿出一洞，鑽入屋內，正想偷鐵，竟被捉住。傍晚，本地的主要商人——布吉人和中國人——會集一處，審問的結果科以當場打二十鞭。這二十鞭用一小藤在街中執行，並不重打，可見執行者有點憐恤犯人。這種處罰雖不吃痛，卻很丟臉；因為各種機智的欺詐雖是有褒無貶，而開明的劫掠或偷竊則受一致的唾罵。

第四章
阿魯群島——內地旅行　一八五七年三月到五月

我的小船畢竟準備好了，經過許多唇舌，許多曲折以後，除我自己的傭人以外，也已僱得兩個船夫了，我們乃在三月十三日晨間從多波出發，向著阿魯本島而去。當日午時進了小河的河口，在那紅樹林濕澤中間蜿蜒而往，時有一瞥的燥地。再過二小時，看見一座粗陋無比的茅舍，我們的舵手——宛馬的「奧朗卡雅」——說這茅舍就是我們駐足的處所，就是從前他對我說過的確可獲阿魯所有各種鳥獸的地方。這座茅舍住著十幾個男婦小孩，燒著兩處爐火，似乎絕少餘隙可以使我容身。但我對於住屋一層暫且擱起不提，直到後來，既已看見附近的森林，立刻同著兩個傭人，帶著網，鎗，沿著屋後的小徑而往。我走了一小時，看見這地方實在值得一試，回來以後，「奧朗卡雅」害著一陣熱病，不能行事，我即自向屋主商用茅舍一側大約五呎闊的一條，付他一把「帕朗」（parang）——即庖刀——作為一星期的賃金。議定以後，我立刻搬上箱篋被褥，掛起一個安置鳥皮和昆蟲的架子，以便次晨即可動工。我的童子們睡在船中，看守其餘的財物；烹飪處設在近旁一株樹下，用幾條蓆子遮護；於是費盡周折以後，將在新地點開始採集以前，所有心中的滿意和快樂，現在又回復過來了。

Wood

我第一個目的在於尋訪那些慣於射擊風鳥的人們。他們住在不遠的叢林內，我即派遣一人前往傳喚。他們來了以後，我請「奧朗卡雅」做著翻譯員，和他們談天，他們說是大約可以射得一些。他們解釋自己射鳥的方法係用弓箭，箭上裝有圓錐形的木鏃，以故擊死鳥類，不致成傷或出血。鳥類所棲止的樹木很是高聳；他們須在樹枝中間蓋造一個小葉篷或小茅舍，先在拂曉以前攀緣而上，全日躲在篷下，一有鳥類棲止樹梢，他們即可放箭射牠。他們都在當日晚間回家，但我絕未看見他們射得鳥類，因為要得羽毛優美的鳥類，現在還嫌太早——這一層，我到後來方才知道。

我們住在這裡的頭二三天很是陰濕，我只得了少數的鳥類和昆蟲，但到後來正要灰心的時候，我的童子貝德綸卻有一天持回一隻標本，足以補償幾個月來的延擱和渴望。這是一隻小鳥，比畫眉稍小。牠大部分的羽毛呈濃硃砂色，有玻璃絲一般的光澤。頭部的羽毛很短而似絲絨，呈濃橙色。腹面自胸以下為純白色，柔軟而有絲光，胸部有金屬深綠色的橫帶介在純白色與頸部紅色之間。兩眼之上各有金屬綠色的圓斑；嘴為黃色，腳為鈷藍色，與其餘各部截然相反。單就色彩的配置和羽毛的組織來說，這隻小鳥已經是夠美麗了；可是牠的美麗還不止此。牠胸部的兩側各有小簇灰色的羽毛，平時隱在翼下，長約兩吋，末端鑲有濃綠色的闊帶。這些羽毛可隨小鳥的意思高聳起來，在舉翼時更可展成兩個扇形。但這一層還不是牠唯一的飾物。牠尾上兩支正中的尾羽形如細絲，長約五吋，分歧而出，成為美麗的雙曲線。這細絲末端半吋光景，單在向外一側生出羽瓣，現出精美的金屬綠色，捲成螺旋形，恰似一對美妙光亮的鈕扣，懸在體下五吋，彼此相隔也有五吋。這兩種飾物——胸扇及尾絲——都是獨一無二的東西，都是世

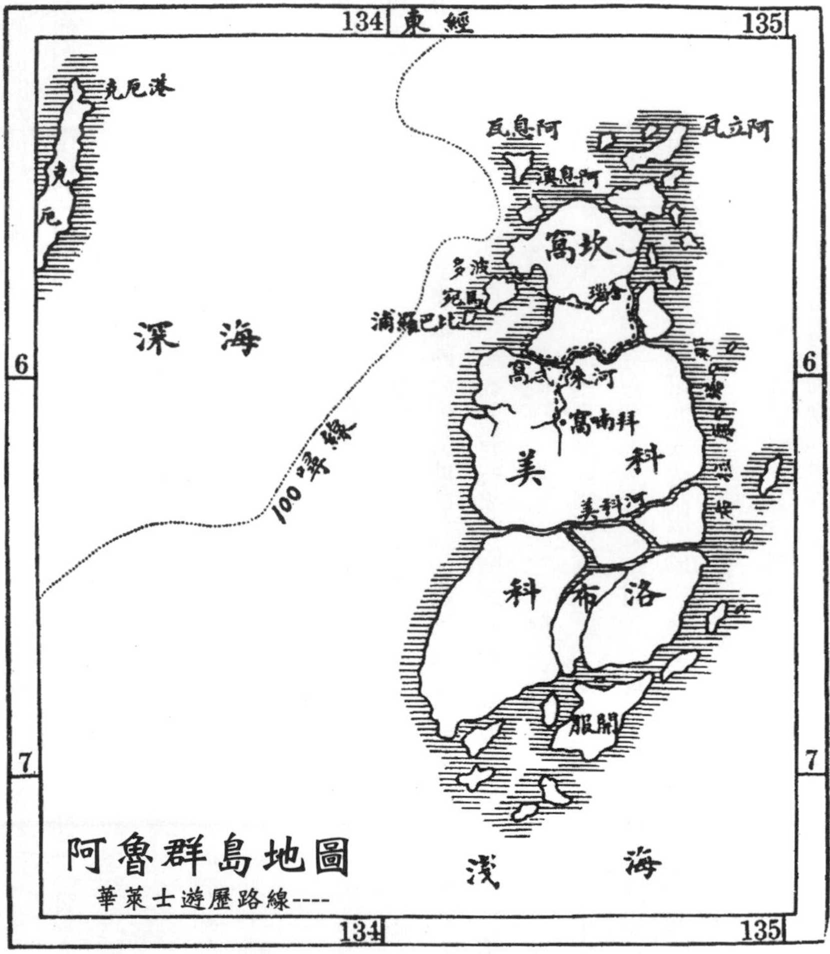
134 東經 135
克尼港
克尼
深海
100尋線
瓦息阿
瓦立阿
高坎
多波
美科
美科河
科布洛
服開
淺海
6
7
134 135
阿魯群島地圖
華萊士遊歷路線----

界上一切已知的八千種鳥類所絕無僅有的東西；再加上羽毛的美麗，竟成為自然界最可愛的產物之一。我對於這隻小鳥的讚美和欣喜，在阿魯土人看來很覺可笑，他們看待這種「部龍拉惹」（Burong raja），正與我們看待金翅雀和歐鴝一般。

我在遠東旅行所抱的一個目的從此達到。因為我已獲得一隻王風鳥（原註學名：Paradisea regia）的標本，這種王風鳥，從前林奈曾用土人保存的殘破鳥皮說明過一番。我明知自己現在所把玩的這隻小鳥，歐洲人絕少看見，並且絕少知道。凡博物學家，對於從前只由記述，圖畫，和保存得很惡劣的外表而有所知的東西，一看見渴望已久的實在事物，那時候心理上所激起的情緒，須有詩才方可充分描寫出來。這是一個遠僻的島嶼，位於一片絕少遊蹤的海洋，絕無商船及軍艦來往其中；繁茂的熱帶野林蔓延於各方；粗魯蒙昧的蠻民環列於身旁：這一切現象對於我所生的情緒都有很大的影響。我想到過去悠久的時期，這種小鳥一代一代的遞嬗而下，一年一年在這些陰暗的森林中生生死死，並沒有一雙聰明的眼睛來注意牠們的可愛，雖有美物，亦置之於無用之地。這些觀念就足以喚起一種悲哀的情緒。就一方面說，這些美妙的動物竟生長在這種荒僻冷淡的地域，至今埋沒在無希望的野蠻民族手中；而就別一方面說，假使有開化的人類插足在這種遠僻的地域，並且在這種原生林的幽暗處放出人類的光明，則我們又可斷定他們不免擾亂有機的與無機的自然界的平衡狀態，使得這些美妙的動物由失蹤而滅跡，覺得深可悲嘆。上面這一番考慮分明告訴我們，一切生物並不是為人類而造作。這一切生物，有許多和人類並無關係。牠們生死的循環本與人類無關，而人類智慧的發展則將逐步擾亂或割裂那一個循環；並且牠們的喜怒愛憎，牠們的生存競爭，牠們的健在及早夭，似乎都只和牠們自己的安全及綿延直接相關，似乎只有其他無數密切相關的生物所求相等的安全及綿延來限制牠們。

我獲得這一隻王風鳥以後，和手下人走入森林中來，不但獲得第二隻同種的王風鳥，並且看出了這一種和較大的別一種的一些習性。這一種王風鳥慣棲於疏林的矮樹，很是活潑，並且呼呼善飛，在樹枝中間或跳或飛的來往不斷。牠吃一種醋栗般大小的堅果，鼓翼時恰似南美洲的某種鳴禽類小鳥（manakins），同時展出胸部的美扇。阿魯土人叫牠做「哥比哥比」（Goby-goby）。

一日，我站在一陣大風鳥聚棲的樹下，只因牠們高棲於葉叢之中，並且不斷的亂飛亂跳，所以我不能看得清楚。後來我射下一隻，卻是幼稚的標本，呈出濃厚的朱古力棕色，頸部既無金屬的綠色，體旁也無黃色的絨毛。我所看見的一切風鳥都和這一隻相似，並且土人都說，羽毛豐滿的風鳥須在兩個月光景以後方有出現。不過我仍舊想弄到若干。這些風鳥的叫聲最是奇特。晨間日出以前，我們往往聽見「窩克——窩克——窩克」（Wawk-wawk-wawk, wŏk-wŏk-wŏk）一種很重的叫聲震響於森林之中，時時變換聲音的方向。這是大風鳥早起覓食的叫聲。過了一會，各種鳥類都來仿效牠；「刷舌鸚」，「小長尾鸚」，白鸚，某種魚狗（king-hunters），以及各種小鳥都叫起來。我躺在床上諦聽這些有趣的叫聲時，想到自己是住在阿魯群島幾個月的第一個歐洲人，想到自己以外正有許多歐洲人很想涉足這種仙境來看看這許多奇怪美麗的動物。再過一會，阿理和貝德綸都已起床預備鎗械，巴索也已生火煮起我的咖啡，我乃憶起昨夜得了一隻黑色的白鸚必須及早剝製，立即跳到床下，極有趣的開始我這一日的工作。

這一隻白鸚是我初次看見的東西，也是一件大獎品。體小而弱，腳長而無力，翼大，頭很

魁偉，頭上有一大冠，嘴似尖鉤，碩大而有力。羽毛全黑，但有白鸚所特有的粉狀白色的分泌物罩在上面。兩頰裸出，呈血紅色。叫聲頗似悽惋的笛子，與白色的白鸚所發粗糙的叫聲不同。舌為纖長多肉的圓柱，呈深紅色，末端為角質的黑色板，生有橫紋，頗能纏絡。全舌都有很大的伸張力。這種白鸚的習性，我也趁此敘述一番。牠慣棲森林的較低部分，往往孤棲，即聚在一起，也不過兩隻或三隻罷了。牠飛行很慢，而且無聲息可聞，受有微傷即可致死。牠吃各種果實和種子，但「加那利」堅果（kanary-nut）的果肉，似乎格外的愛吃，這種堅果生在巍峨的林木（學名：Canarium commune）上，凡有這種白鸚出現的島嶼，都叢生這種林木；

而牠啄取這些堅果的情形，更可表出身體結構和種種習慣的相互關係。加那利堅果的外殼非常堅硬，須有重槌方可把它打碎；並且形狀近於三角，表面又很光滑。但是這種白鸚剖開這些堅果的情形，卻很古怪。牠把堅果直豎的銜在嘴裡，用舌抵牢，再用尖利的下嘴割出一條橫截的刻痕。刻痕割好以後，牠用腳抓住堅果，咬下一點樹葉，放在上嘴的凹槽內，再把堅果銜起，因有樹葉抵住不致滑去，乃將下嘴的邊緣箝住刻痕用力一捺，撕出一片外殼來。於是用爪抓住堅果，插入尖長的喙啄出果肉，用舌捉住。所以牠特別的嘴所有形態上和結構上的各種細節，似乎都有特別的作用，並且我們很可以認定，牠所以能和那些更活潑更繁殖的白色類似種競爭的緣故，在於牠所吃的東西恰是別些鳥類所不能吃的東西。這種白鸚，博物學者稱為 Microglossum aterrimum。

我在此住了兩個星期，倒有很好的機會可以觀察土人家居的生活和日常的情形。他們日常的生活很是單調，很是一致，據我看起來，實在覺得困苦不堪，新奇猶在其次。先就食一方面說，阿魯土人連日常的糧食，例如麵包，米飯，薯類（mandiocca），玉蜀黍，或西穀之類，都是沒有的。他們只有各種蔬菜，香蕉，塊根，薯蕷，及生西穀；他們又嚼大宗的甘蔗，蒟醬果，兒茶，及煙葉。住居海濱的土人有豐富的魚類；但在內地，例如我們現在駐足的地方，他們僅僅偶然往海上去，用小船載回鳥蛤及其他介類。他們不時獵得野豬或袋鼠，卻也算不得他們日常的食品；他們主要的食品就是煮得半生不熟的蔬菜，甚且這種蔬菜也是多少不定，並且常有欠缺。皮膚病的流行，以及腿上關節上的潰瘍，都可說是這些食品的結果。在蠻民中間很是常見的皮膚病，實在和他們生活上的貧苦而無規則有了密切的關係。馬來人日常都有飯吃，所以通常並無這種皮膚病；婆羅洲的山居達雅人種稻而吃得很好，所以皮膚都是潔淨的；至於比較懶惰齷齪的民族，每年總有一期專吃水果和蔬菜，就很容易害起皮膚病了。可見人類不能泰然效法野獸，專吃現成的果蔬，絕無將來的計畫：這在皮膚方面既是如此，即在以外各方面也是如此。人類要想保持自己的健康和優美，必須從事預備澱粉性的產物，以便儲蓄起來，供應時常養生的食品。既有這種產物以後，再加上果，蔬，魚，肉，自然都有益處。

阿魯土人主要的奢侈品，除了蒟醬和煙葉以外，就是亞力酒（爪哇的甜酒），由商人大宗的輸入，賣價極其便宜。一天所捕的魚或所割的藤，至少可以換得半加侖的一瓶（half-gallon bottle）；一季以內所採集的海參或燕窩，更可換得每箱有十五瓶的許多箱，於是一家人日夜團坐飲酒，直至飲完為止。他們親口告訴我說，他們酣飲的時候，往往拆毀住宅，破壞一切手頭的東西，吵鬧得不可開交。

住宅和家具正與食品相當。一所粗陋的茅舍，搭造在粗糙纖小的樁柱上，並無牆垣，地板距離屋簷僅有一呎——這就是他們普通採用的建築形式。茅舍內部用著蓬壁隔成小間的臥室，一共住著三四家人。少數蓆了，籃子，煮器，及盆碟（向望加錫商人買來），就是他們全副的家具；矛及弓就是他們的武器；婦人的衣服，只有一件「紗龍」或一條蓆子，男人只有一件腰衣。他們在家中也許閒坐幾小時，或且幾日，他們的食品，蔬菜或西穀，都由婦女們送入。有時候他們出去打獵或捕魚，或修葺住宅或獨木舟，但是他們似乎最喜清閒，不愛做事。他們生活的單調絕少變化，除了嬉閒和清談以外，絕少舒暢的所在。並且他們當然是善於談天的！每天晚上，總有一種小喧鬧包圍著我：只因我自己完全不懂，所以獨自看書或做事。他們不時要驚嘶，大嚷，或狂笑，雜以男婦小孩的談天，直至我已鑽入蚊帳酣睡長久了，他們的喧鬧方才停止。

我在此處對於阿魯境內種族的混雜得到一些線索，這種混雜的情形，即在人種學者也要弄得模糊不清。有許多土人雖和別些土人一樣暗黑，但在面貌方面，巴布亞人的成分很少，歐洲人的模樣反而較多，頭髮也格外的光亮而皺縮。這幾點，我在當初很覺費解，因為他們和馬來人，並不比和巴布亞人更加相似些，並且他們膚髮的暗黑，大約又可證明他們並無荷蘭人的混合。但我諦聽他們的談話，卻聽出若干熟識的字來。「阿卡波」（Accabo）就是我熟識的一個字；我想這一定不是偶然的類似，立即用馬來語向那發言人問他「阿卡波」的意思，他說就是「做完」（done or finished）的意思，可見這是一個真正的葡萄牙字，連意思都保留下來。我又聽見「查佛易」（jafui）這個字再三說及，這是不必去問已經曉得它的意思顯然是「他去了」（he's gone），正與葡萄牙語相同。「波科」（porco）似乎也是一種普通的名稱，不過它的原意已經喪失。這樣一來，我的疑難就沒有了。我立刻知道從前有些葡萄牙商人插足這些島嶼，與土人雜居一處，影響了他們的語言，遺留了他們種族的特徵。假使我們把這一層再加上馬來人，荷蘭人，及中國人偶然與土著的巴布亞人的混合，就可以無須駭怪阿魯土人各種奇怪的形態了。在我所住的屋內，有一望加錫人娶一阿魯女人為妻，養著一家混合種的小孩。我在多波，也曾看見一個爪哇人同一個帝汶人各有阿魯的妻子和家人；這種樣子的混合至少已經進行到三百年——大約還要遠在三百年以上，對於這些島嶼一部分人口的肉體上的特徵，當然已經發生顯著的影響，而在多波及其附近各處尤其如此。

三月二十八日——「奧朗卡雅」困於熱病，已經告別回家，約定我們屋內一個男人代他陪我。這時候我很想遷移地點，奈有海盜的風聲傳入，大家都說出門遠行很不安全。我本已決意要沿窩忒來海峽（Watelai channel）前往「布拉康塔那」；無奈我的嚮導硬說海盜可怕，其實海盜的危險，我明知是沒有的，因為若干船隻早已出發搜捕，並且一隻荷蘭的砲艦，在我離開多波以後，也早已到達。幸而這時候，我聽說荷蘭的「委員團」（Commissie）確已到了，所以我就利用恐嚇手段，說那嚮導如不立刻陪我同去，我要投報官廳，那麼，「奧朗卡雅」預先付他的布就得歸還「奧朗卡雅」了。這種恐嚇手段很是見效；各種事務即時辦妥，我們即在次晨出發。無奈逆風大作，盡力划到日中，進入一條小河，河邊略有幾座茅舍，我們即在此處烹煮午餐。這個地點看去沒有多大出息，只因我們不能到達我們的目的地窩忒來河，即窩忒來海峽（因有逆風），所以我想在此等候一二日也無不可。因此我用一把庖刀租得一所小茅舍，把被褥和箱篋搬上岸去。入夜以後，忽有驚人的「巴查克！巴查克！」（Bajak! bajak!）（原註：即海盜）的叫聲。男人都持著弓和鎗，衝下海濱；我們也都持鎗準備，但在幾分鐘後，大家談笑而回，原是一隻小船載著他們的幾個伙伴，捕魚歸來。一切安靜以後，有一個男人能說一點馬來語，到我面前請我不要睡得太酣。我問他為什麼？他很認真的答道：「因為海盜也許真要到來」，這句話使我發笑，我對他說，我正要大睡而特睡呢。

我們在此度了二日，有趣的昆蟲或鳥類並無出產，所以又想前進。我們稍稍遠離陸地以後，立即遇著順風，六小時的帆航，到達窩忒來海峽的入口，這海峽分隔阿魯的極北部與其中部。入口處約闊半哩；未幾即已變狹，前進一二哩後縮為河流，約與倫敦的泰晤士河相當，在低窪而有起伏並且常有丘陵的地帶蜿蜒而前。地面的景象恰似大陸的內地。海峽的闊度很是一致，但有許多突角及彎曲，一邊河岸往往成為懸崖，或且峭壁，而別一邊，卻似沖積的平原；我們看見海峽裡面純粹的鹹水，以及潮水的微微漲落而無何種流水，方才知道它不是河流，乃是海峽。好風吹送我們而前，我們間或划槳相助，直至下午三時左右，乃在一處上岸，此處有一小川在珊瑚岩中成了二三個水槽，從此再降為小瀑布，瀉入鹹水河中。我們在此洗澡煮飯，遊憩到日落為止，日落以後繼續前進二小時，在臨河的樹下繫船過夜。

次晨五時，我們依舊出發，一小時後追及「委員團」所坐的四隻大普牢船，他們已從多波過來，巡視這些島嶼，於昨夜越過我們而前進。我往晤荷蘭各委員，有一委員只會說一點英語，隨後方知我們不如用馬來語對談來得好。他們告訴我說，他們曾在中途追逐海盜，到過北方一島，且曾看見三隻盜船，但都不能擒獲，因為每一隻盜船約有五十名划手，能夠兜風而逃。我和他們喝了茶，向他們告別而回，轉上一個狹峽，據我們的領港人說，從此可以直達阿魯東岸的窩忒來村。前進幾哩以後，海峽幾為珊瑚所填塞，我們的小船在珊瑚上軋轢而前，和真正的活岩石摩擦成聲。有時候一切水手都在船外涉水，藉以減輕船隻的重量，拖過最淺的各處；但到後來，我們戰勝一切阻礙，駛到一個廣闊的海灣或河灣，到處都有岩石和小洲，與迤東的大海及「布拉康塔那」的許多小島相通。至此我始知窩忒來村尚在幾哩以外，我們必須駛出大海，繞過岩角以後，方可到達。暴風似乎已經發端，我覺得小船出海有些可怕，並且據我所知，窩忒來村又不宜於駐足（因無風鳥出現），故我決意回頭，駛往平日所聞窩忒來河某一支流的一個村莊，那個村莊剛在阿魯本島的中心附近。據說，那裡的村民性情和善，慣以狩獵為生，因在內地太遠，故無海洋的食品。我對於這一層正在將決未決的時候，暴風已經猛撲而來，不久即在淺水上湧起滾滾的波濤，傾翻我們的一個油瓶和一盞油燈，倒碎我的若干陶器，我們大家都慌亂起來。我們盡力划槳，在黃昏時駛回主河，尋覓煮飯的處所。這時候潮水很高，各處沙灘被它淹沒，我們暗中摸索多時，費盡力氣，方才發現一處岩石的斜面，約有二呎見方，即在石上生火煮飯。次日繼續退回，直至後日，駛進窩忒來河南方的一條支流，溯上航路的終點，看見窩喃拜（Wanumbai）小村，計有兩座大屋，四周都是栽植地，位在阿魯的原生林中間。

我看了這地方的景象，倒想暫駐幾時，遂即派出領港人前往交涉容身的處所。不料屋主和頭目再三設詞推諉。一則他怕我不喜歡住他的屋，再則他的兒子正在出門，回家以後也許不喜歡他容納了我。我親身和他談了許久，解釋我自己所做的事務，所買他們的東西，又把自己所藏的細珠，小刀，布疋，和煙葉取給他看，如果他肯給我一間住屋，我說這些東西都可分送他的家人和朋友。至此他似乎有點躊躇起來，說要先向妻子商量一下，同時我往外走了幾步，看看附近的地面。我回到船上以後，再遣領港人前往，問他最後的回話。半小時後，領港人帶回一個要求：須以全屋建築費的半數光景，作為該屋一小部分幾星期的賃金。現在唯一的難題既為賃金的價目，我遂取出十碼光景的布，以及一些細珠，煙葉，一把手斧，作為我從前所指定的那一部分房屋的最高賃金。再費一點唇舌以後，屋主收去賃金，我立刻搬入住下。

這座房屋優美宏大，架造在普通七呎光景高的樁柱上，牆垣大約再高上三四呎，蓋有高脊的屋頂。地板用厚篾鋪成，屋頂有一大窗板可以開闔。在設置窗板的部分，地板特別抬高一呎光景，約闊十呎，長二十呎，與屋內其餘部分相通，為我容身的所在。其中有一邊用蓬壁隔成一個灶間，鋪著黏土的地板，放著若干架子安置陶器。我在相反的一邊掛設蚊帳，把箱篋及其他什物環列牆下，並設備桌子及座位，再加上一點掃除的工夫，居然像是十分舒服的住所。我的小船拖到岸上，蓋以棕葉，帆槳取入屋內，屋外搭起一個攤曬標本的平臺，屋內也設置一個平臺，我的童子們從事擦鎗等類的預備工作。

次日，我自己出門探檢鄰近的小徑。我們泝流而上的小河以此為通航的終點，過此以上即為狹小的岩溪，在熱季內乾涸無水。但在目前卻有一條溪流；並有一條半在水內半在水邊的小徑，富於昆蟲，我所見的有壯麗的藍蝶（一種鳳蝶，學名是：Papilio ulysses）與其他精緻的蝶類款款而飛，有時高棲於臨水的葉叢上，有時低棲於濕潤的岩石上或泥潦的邊緣上。從此稍稍往前，分出若干小徑，穿過各處再生林，通到甘蔗地，園場，與散漫的住屋，再向遠處看去，就是幽暗的原生林的起點。鳥類的叫聲很是繁雜，而我回家以後，方知童子們早已射得二三種為我見所未見的鳥類；且在傍晚，又有土人持來一隻稀罕美麗的地棲畫眉（學名：Pitta novæguineæ），這種畫眉從前僅在新幾內亞有所發現。

我和土人周旋多次以後，使我發生很大的興趣。他們確是阿魯群島真正蠻民的樣本，絕少外族的混合。我所容身的房屋住有四五家，此外往往又有半打到一打的客人。他們從早晨吵鬧到晚，談笑叫喊，絕無間斷，雖則不愜人意，卻是研究民族性的有趣資料。我的童子阿理對我說道：「這班阿魯人真是健談呀。」因為他在本鄉或在遊歷過的各地，從不曾聽慣這樣喧譁的聲音。有一天晚上，這些男人經過初步的畏避以後，開始和我攀談起來，問及我的國名之類，我回答時，順便問及他們關於他們自身來歷方面的傳說。但是他們對我這個簡單的問題——阿魯人最初從何處來？——完全不能理解。我再三加以解釋，他們依舊莫名其妙；他們顯然從不想到這一類的事情，並且不能懸揣這樣渺茫的、無用的事情。我看看這一點既已絕望，遂即改問他們是否知道阿魯的通商始於何時，就是布吉人，中國人，和望加錫人最初駕駛普牢船來買海參，玳瑁，燕窩，和風鳥，是在何時；這個問題，他們是理解的，但是他們的答語，只說他們或他們的父親所記憶到的許久時期，都是這樣通商，不過這一次有一個白種人到來，倒是破題兒第一遭；他們又說：「你看每天都有許多人從四周各村來看你呢。」這句話是很諂媚的，並且解釋出他們客人眾多的緣故——當初我以為是偶然的事情。幾年以前，我在倫敦也曾同著眾人聚看祖魯人（zoolus）和阿茲特克人（Aztecs）。如今我自己反而變作被看的人，因為這些人把我看作人類新奇的變種，所以我的一身即有展覽的資格。

阿魯的一切男子兒童都善射箭，不挾弓箭絕不出門一步。他們專射各種鳥類，間或射下野豬和袋鼠，故有大宗的肉可以和著蔬菜同吃。這種食品較好的結果，在身體上較為健康，皮膚上也往往較為潔淨。他們持來許多小鳥，向我交換細珠或煙葉，但是這些小鳥都受他們的虐待，經我屢次勸戒，還是無效。他們捕得一隻活鳥的時候，往往用繩縛牠的腳，縛到一天二天，以致羽毛拖得很髒，幾乎全不合用。我從他們手中所得一隻活標本，就是古怪美麗而尾如網球拍的魚狗。他們看見我大為讚美，所以後來又送上幾隻，都是天明以前從河岸的岩洞裡捉來的。我的獵手們也射下少數的標本，大半都有黏附泥土的紅嘴。這一層表示牠們的習慣絕不捉魚，乃以昆蟲等類為生；牠們棲在林中低樹枝上，疾飛而下，啄取昆蟲來吃。這種魚狗所隸屬的 **Tanysiptera** 這一屬，都有特別的長尾。從前林奈因他自己所知的一種非常優雅，叫牠做「女神魚狗」（the goddess kingfisher，學名：Alcedo dea），牠的羽毛為光亮的藍色和白色而紅嘴則似珊瑚。直到現在，這些有趣的魚狗已經有好幾種發現出來，一律產於有限的地面，包有摩鹿加群島，新幾內亞，與澳大利亞的極北部。這許多魚狗互相類似，有幾種須經精細的比較，方能識別。但有最稀罕的一種產於新幾內亞，則與其餘各種很有區別，腹面不是白色，乃是鮮紅色。我現在所得的這一種還是新種，現已取名為Tanysiptera hydrocharis，但在一般的形態和色彩上，恰似帝汶所得較大的一種。

新奇有趣的鳥類源源而來，或為我的童子們所得，或為土人所得，而在一星期末尾，阿理更在一日下午獲得一隻大風鳥的好標本。裝飾的羽毛雖未充分發育，而濃豔的橙色與鬆散的絨毛，則已美麗無比，同時又有一隻黑色的白鸚，與精緻的食果鴿，及若干小鳥送入，因此我們大家忙著剝製，直至日落為止。不料我們正在完工以後，預備歇宿的時候，又有一隻怪獸運來，已被土人射死。這隻怪獸的大小和白毛恰似小肥羊，而腿短，腳似手而有大爪，並有捲絡的長尾。這是一種東方鼩（學名：Cuscus maculatus），巴布亞地域所產一種古怪的有袋動物，我很想得牠的皮。但是土獵手們都說要吃牠的肉。我向他們提出重價，又許他們取去一切的肉，他們還很躊躇。我猜中他們的理由，遂向他們提出即刻剝取獸皮的意見，他們方才應允。我即將獸皮胡亂剝下，後肢幾乎全被割棄，但在同類中仍是最大最好的標本；我做了一小時的苦工以後，把獸肉連骨付還他們，他們立刻把牠割開，炙成晚餐。

這地方鳥類很多，我決意再留一個月，趁著一隻小船駛往多波的機會，即時派出阿理往取火藥和糧食。他們在四月十日出發，我們的屋內擠著百來個男婦兒童，各自運來甘蔗，香蕉，蒟醬葉，薯蕷之類；每一座屋派出一個童子去做買賣。人聲的嘈雜難以筆墨形容。這百來個人至少總有五十個同時發言，卻又不是馬來人那種低聲下氣的腔口，乃是叫囂的高呼狂笑，就中婦女和小孩的聲音比男人還要特出些。只有忙著用眼來注視我的時候，他們的唇舌方才稍稍鎮靜些。這地方珊瑚岩上面所鋪的黑色壞土很是肥沃，所產的甘蔗比我一向所見的都要肥美些。送上小船的甘蔗往往長到十呎或十二呎，粗大與之相稱，全是短節，節間肥大多汁。這種甘蔗在多波賣價很高，每株從一便士到三便士，暢銷於普牢船水手與巴巴（Baba）漁人之間。而本地的土人也時時要吃甘蔗。他們半以甘蔗養生，有時以之餵豬。各屋近旁都有大堆的甘蔗渣；專盛甘蔗渣的大柳條籃成為家具的重要部分。你在日中不論何時走入屋內，都會看見三四個人一手持著一碼長的甘蔗，別一手持一小刀，胯下放著一只籃，且斫且削，且嚼且吐，孳孳不捨，恰似餓牛的吃草或毛蟲的吃葉。

小船出發五日以後，即由多波駛回，阿理和我所叫他帶的一切東西都很平安的到了。有一大隊人早已集合一處，預備取貨回家，內有大宗的椰子，實為此間一大奢侈品。此間村民絕不種植椰子，似乎有些可怪；但其理由甚為簡單，因為他們不願將好好的椰子埋在地下，以待十二年以後的收穫。況且椰子埋在地卜以後，若非日夜加以看守，則不免為他人所掘取。阿理帶來的有一箱亞力酒，一班土人當然圍我身旁，向我討酒。我給他們一筒（約有二瓶），一會兒都喝完了，他們都說還有許多人不曾嘗過。我若供應他們的一切要求，這一箱酒不免即時喝完。我告訴他們說，我已給了他們一次，但第二次卻要賣錢，以後每一筒都要換一隻風鳥。他們聽了以後，立刻派人向鄰近各家募集荷蘭銅幣，得一盧比之值，向我交換第二筒酒，和第一筒喝得一樣快，喝過以後很是多言，但不十分喧譁，也不向我強求，出我預料之外。有二三人圍我身旁，再三求我說出自己的國名。我說了以後，他們因為學不上來的緣故，硬說我欺騙他們，說我揑造。有一個可笑的老人幾乎發怒起來。他憤然說道：「翁隆！（Ung-lung!）那裡有這種名稱？——什麼盎郎盎革郎？（Ang-lang-Anger-lang）——那絕不是你的國名；你是戲弄我們的。」於是他想取出一個實例來折服他人，說：「我國是窩喃拜，——誰都會說窩喃拜。我是一個奧朗窩喃拜（orang-Wanumbai）；但是恩格隆！（N-glung!）誰曾聽說過你這種名稱？請你說出你國的真名吧，那麼你去了以後，我們好來談談你的故事。」我對著這種高明的抗辯絲毫不能駁回，只說自己並不欺騙他們，他們大家始終以為我總有一種緣故，不肯實說。於是他們換了一個方向來攻擊我，問我這一切鳥獸，昆蟲，和介殼，這樣保存起來究有何用？從前他們時常向我問及此事，我都說明這些標本將來製成以後，像是活的一般，可供國人的閱覽。但是這個解釋不滿他們的意；他們以為我們國內定有許多更可閱覽的東西，以為我辛辛苦苦保存這些鳥獸並不只供國人的閱覽。這些鳥獸連他們都不要閱覽，何況我們這些連洋布，刀，鏡，以及各種奇物異品都會製造的人們呢？他們顯然已經把這件事想過一回，並且已經得到一個似乎很滿意的結論；因為那一位老人又用神祕的口吻，對我低聲說道：「你航海回去的時候，這些鳥獸會變作什麼呢？」我說：「一概都裝在箱裡罷了；你想牠們會變作什麼嗎？」他說：「牠們不會再活起來嗎？」我雖然想把他的結論調笑開去，說是牠們真會復活，我們航海時就有許多東西吃了；但是他堅持他的意見，再三毅然的說道：「牠們一定會復活的，——是呀，牠們都會復活的。」

他們討論了一會以後，他再開口說道：「是呀，我知道這件事的底蘊了！在你未來以前，我們天天有雨，——真是雨天；自你來了以後，天就晴了熱了。喔，是呀！我都知道了；你不能欺騙我。」從此我被他們看作魔術家，弄得有口聲辯不得。但是這位魔術家卻被他們的第二個問題完全難倒了。因為那老人說：「那布吉人和中國人都去賣東西的那隻大船是什麼？那一隻船老在大海當中，名叫仲恩（Jong）；你且把它說出原委來。」我想向他們探問它的底細，卻是無效；他們只知道它叫做「仲恩」，老在海中，是一隻很大的船，末了又說：「大約那是你的本國吧？」他們看見我對於「仲恩」不能或者不肯說出什麼來，越發惱我不肯說出本國的真名；隨後他們說了大串的恭維話，說我比布吉人和中國人要好得多（那些人有時要來和他們做買賣），因為我給他們許多東西，並且不想騙他們的東西。於是他們殷勤的問我還要停留多少時候？二個月還是三個月？他們在這二三個月中會替我射下許多鳥獸，不過我所帶的貨物不久即將告罄；但是那老人又說：「你還是不要去吧；你只消叫人再從多波運些東西來，很可以住過一年二年。」從此他又回到老題目上去，說：「你老實說出你本國的名稱吧。那布吉人，望加錫人，爪哇人，和中國人，我們都是知道的；只是你是我們不知道從那一國來的。翁隆！那一定不是；我知道那不是你的國名。」我看見這種長談永無已時，就說身子疲倦，想去睡覺；因此他們囉唕一番以後（一個想討一點乾魚當晚餐，別一個想討一點食鹽吃西穀），各自散去，我即趁著月光，走出門外，繞屋散步一次，一面尋思阿魯淳樸的居民與奇異的產物，隨後鑽入蚊帳泰然睡覺。

最近七八日來，天氣又熱又燥，小河內只剩一絲的河水聯絡各處的淺潦。阿魯群島如果有望加錫的旱季，大約是不能居住的，因為各部分並無超過百呎的高度，並且全部都是多孔的珊瑚岩，地面的水很容易逃走。各處所有唯一的旱季，僅有九月或十月相近的一二個月，在旱季時水很缺乏，以致有時鳥類與其他動物因旱致死者，動輒以百計。那時候土人遷居於河源相近的林中幽處，此處仍有小量的水。但在遷居以後，仍有許多人須向幾哩以外取水，盛在大竹筒內，使用得十分節省。他們告訴我說，他們在水孔近旁伺候，或在水孔周圍設阱，藉以捕捉各種鳥獸。我在那時採集，大約最為相宜；但是水分缺乏不免可怕，況且一年以內不能走開，更是我辦不到的。

我從多波動身以來，大受昆蟲的侵擾，有如報復我的長期搜捕一般。我們最初停泊的處所，夜間沙蠅極多，刺入人身各處，所生的刺痛比蚊子更加經久。我的雙腳和腳踝特別受災，全部發出小紅腫斑，使我受苦不堪。自到窩喃拜以後，看見沙蠅和蚊子都沒有出現，很是高興，但在每日所往的栽植地上，有許多日間咬人的蚊子，似乎特別喜歡侵害我的雙腳。這樣被咬一個月以後，蚊子的手段越發厲害，在我腳上咬出許多焮腫的潰瘍，十分作痛，以致不能舉步。因此我被禁錮在屋內，一時不能出門。腳上受傷或生瘡，在炎熱的氣候中特別難治，所以我也格外害怕。這種禁錮很是可惱，因為晴明的熱天最宜於昆蟲的採集，我很可以趁此製成良好的採集品；並且比較纖小的種類與比較稀罕有趣的種類，須有逐日不斷的搜索方能捕獲。我爬下河邊洗澡的時候，往往看見藍翅的鳳蝶（學名：Papilio ulysses），或別種同樣稀罕美麗的昆蟲。但我害著腳瘡，只得耐心在戶內剝製鳥皮或做別種工作。我對於熱帶森林這些害蟲的侵擾，還可以忍受；但在這種未經探檢的良好採集地，竟被這些害蟲禁錮戶內，卻是我難忍受了。

但我仍有可以自慰之處：我的童子們逐日射得許多鳥類，尤其是風鳥屬的鳥類，這些鳥類後來竟有羽毛豐滿的得來。我得了這些風鳥以後，心中大為寬慰，因為我在未得以前，實在捨不得阿魯這個地方。而我所視為價值幾與風鳥標本相等的東西，還有風鳥習性的知識，這種知識，我逐日從童子們的報告及土人的談話當中得來。這些風鳥現在開始在林中有些樹上，現出土人所稱的「薩卡勒力」（Sacaleli）——即跳舞團（dancing-parties）——來，這些樹並不是我當初所想像的果樹，樹梢的枝椏展佈很廣，樹葉碩大而散漫，所以風鳥很有周旋的餘地。有一株樹上，聚集著十幾隻或二十隻羽毛豐滿的雄鳥，舉翼伸頸，展佈美妙的羽毛，時時振動著。牠們每隔片刻，即奮然由一樹枝飛到別一樹枝，所以滿樹都是紛紛飄舞的羽毛。這種風鳥約與烏鴉大小相同，呈出濃厚的咖啡棕色。頭上與後頸為純粹的草黃色，頭下與前頸則為濃厚的金屬綠色。金橙色的大簇絨毛從翼下的體旁生出，在休息時，半為兩翼所掩。但在興奮時，兩翼向上直豎，頭部向下直伸，絨毛展成兩個金色的大扇形，基部呈出深紅色的條約，漸向末端轉為灰棕色。其時全鳥都被綾錦般的絨毛遮覆起來，那藐小的軀幹，黃色的頭，和綠色的喉，只做著飄舞的金色絨毛的基礎和襯墊。就這種狀態看來，風鳥的確可說是一種最美麗、最奇異的動物。我在此間繼續獲得少數小巧的王風鳥，若干鮮豔的鴿，優美的小長尾鸚，以及多數古怪的小鳥，都和澳大利亞新幾內亞的鳥類最為相近。

我在此間所欣賞的人體美，正和以前所見最野蠻的民族相同，這種人體美簡直是局處家鄉的文明民族所想像不到的。那希臘絕妙的雕像，那裡比得上這些活動男人的實物？這裸體的蠻人所有一舉一動的落落大方，莫不具有美態；而少年彎弓的姿勢，尤為美不可言。但是婦女的體態，除了青春時期以外，卻絕對沒有男人這樣優美。她們的面貌很少女性的模樣，即有暫時呈現的美態，不久亦為窮苦與早婚所摧殘。她們的裝飾很是簡單，並且粗陋可厭。她們用那棕葉辮編成的薦子緊纏身上，從臀部披到膝蓋。這種薦子似乎永不換洗，通常都是很髒。這就是她們普通的衣服，只在幾種特別的情形下，方才穿起馬來人的「紗龍」。她們的鬈髮在頭後結成球形。她們喜歡用那四齒的大木梳梳理頭髮。婦人唯一的裝飾品就是耳環和頸飾，穿戴的方法各自不同。頸飾的兩頭往往連到耳環，繞到頭後的髮球上。這種頸飾確是雅觀，長串的細珠懸於頭部兩側很是悅目，而與耳環相連，更覺耳環也有一種功用。我們在此提出這種格式，要求那些穿有耳孔、戴有耳環的女子們考慮一下。這些巴布亞的美人還有一種通行的頸飾的格式，就是掛起兩副頸飾，各從頸側懸掛到對面的臂下，互相交叉。那雪白的頸飾的細珠或袋鼠牙，和那漆黑的皮膚互相反映，所以格外好看。耳環用銅條或銀條製成，把兩頭扭成互相交叉。男人的裝飾比婦人更多，正和一般蠻民相同。他們戴有頸飾，耳環，指環，並且喜歡用一條草辮緊纏肩下的臂膊，又以髮球或羽毛附著其上。他們的頸飾，或單用小獸的牙齒串成，或又間以黑或白的細珠，而手鐲也有時如此。不過他們對於手鐲的原料，喜用銅線或加朔阿利的翼刺。此外更有銅線或介殼的腳鐲，及膝下編辮的襪帶。這都是他們日常的裝飾。

有些科布洛（Kobror）土人，有一天從南邊過來看我。他們原被大家認作阿魯最惡劣最不開化的民族。他們的外觀倒是格外野蠻些，因為他們的裝飾更加粗陋——其中最顯異的就是蹄鐵形的大梳，這大梳橫跨額上，兩頭靠在兩鬢。梳背嵌在一塊木頭裡面，木頭前方包以錫片，上面附以雄雞的尾羽。但就其餘各方面看來，他們和本地的土人簡直沒有什麼區別。他們獻上島一對，介殼昆蟲各若干，足見白種人的消息已經傳入他們境內。大約這時候阿魯全島沒有一個人不聽到我的消息了。

除出以上所說的器皿以外，土人所有的動產已經不多。他的鎗，弓，箭，以及庖刀，手斧，都有良好的供給——他們的石器時代已經過去，因為布吉人以及其他馬來民族早已來此通商。他有一只小皮袋和一個華飾的竹管，吊在帶上或懸在肩上，藏著蒟醬果，煙葉，和「宜母子」，通常又有一把德國的木柄小刀插在樹皮的腰衣和裸出的皮肉之間。此外各人都有一條「卡德占」(cadjan)——即臥薦，乃以三層露兜樹闊葉縫合而成，很是整潔。這臥薦約有四呎正方，摺好以後縫作一邊開口的一個袋。他把自己的頭或腳插入縫合的袋角，或在急雨中套在頭上當作上衣和雨傘。又可摺成便於攜帶、兼有彈性的座褥，在旅行中充當衣服，住所，被褥，和家具一切。

阿魯住宅內部的裝飾只有狩獵的戰利品；野豬的顎骨，加朔阿利的頭顱和脊骨，以及風鳥加朔阿利，和家禽的羽毛做成的飾物。矛，盾，刀柄，以及其他用具，一概雕有離奇的花紋，臥薦及葉箱則著上或織出紅，黑，黃各色的花樣。葉箱概以棕櫚葉的木髓用木榫釘合而成，內鋪露兜樹葉，外鋪露兜樹葉或草辮，真是巧妙無比。一切接縫和隅角鑲有平妥的藤篾。箱蓋上鋪有檳榔子的棕色皮質的佛醆，可以耐水。這種葉箱大小不等，小的只有幾吋長，大的卻有幾呎長，馬來人喜歡用作衣箱，的確是阿魯大宗的出口貨。阿魯土人常用小葉箱容藏煙葉或蒟醬果，至於大葉箱則因無衣可藏，概為出口而製造。

土人家中通常豢養的動物，有華麗的鸚鵡，紅，綠，藍各色俱備，並有少數家禽，以及若干半飢不飽的狼形狗。兔與鼠是沒有的，有的是古怪的有袋類小動物，大小與鼠相當，夜間跳來跳去，咬齧各種可食的東西。又有四五種螞蟻，侵擾各種未曾用水隔絕的物件，還有一種螞蟻竟會泳水過來；大蜘蛛伏在籃中箱中，或躲在蚊帳的褶襞內；蜈蚣和馬陸到處都是——我在枕下及頭上都有捉得。而在箱中或板下，又有小蠍藏身，一被我們看見，立即聳起毒尾，預備攻擊或自衛。以上各種伴侶雖似十分可怕，但蚊子的咬人卻比牠們一切都要厲害些。因為蚊子時時進攻，而其餘一切則或不致傷人。我在熱帶上住了十二年，還不曾受過牠們的咬刺。

上面所說那些飢瘦的狗是我最大的仇敵，時時使我防守不暇。我的童子們正在剝製的鳥類，一不小心，即被牠們攫取。各種可食的物品須在屋內高高掛起，否則又被牠們搶擄而去。有一天，阿理剛已剝好一隻王風鳥，忽然落下鳥皮，即被一隻飢狗銜走，後從狗牙中救出，早已撕成碎塊。還有兩隻風鳥的鳥皮已經乾燥，可以裝包，偶然失檢，放在桌上，包在紙內，過了一夜；次日早晨，鳥皮都已失蹤，只有幾支零落的羽毛指示牠們的命運。我的架子本為群狗所不能伸取；只因一只當作踏步的箱子留在架子面前，以致次晨失去一隻羽毛豐滿的風鳥；而在屋下仍有一狗咬著碎塊，那金黃色的絨毛都混在汙泥當中。我每夜上床以後，聽見牠們搜尋各種可齧的東西，在我桌下，箱邊，籃邊，來往梭巡，使我整夜提心吊膽，深恐某種貴重的物品放在牠們能夠取到的位置。牠們不免喝我浮燈的油，吃了燈心，如果童子們未曾洗淨陶器所有的腥氣，牠們不免又把陶器翻倒弄碎。不過這裡的餓狗雖則壞到極點，卻比婆羅洲達雅人的家狗還要好些，因為那裡的狗咬去我耐水靴的上部，獵囊的一大塊，以及蚊帳的一大塊！

四月二十八日——昨天晚上，我們開了一個談話會，顯然是他們預先安排定當的。有一批土人到我面前，說要談天。兩個最會說馬來話的做著領袖，其餘都用土話提出種種暗示及意見。他們對我說了長篇散漫的故事；只因他們對於馬來語所知無多，我對於本地術語全無所曉，兼以他們的敘述又欠聯絡，所以他們的故事我不十分明白。不過這個故事倒是一種傳說，我看見他們也有一點傳說，覺得十分高興。他們說是許久以前，有些外國人到阿魯來，並且到這裡窩喃拜來，窩喃拜人的頭目厭惡他們，要求他們走開，他們卻不肯走，因此雙方發生戰鬥，後來許多阿魯人被殺，還有若干阿魯人和頭目一起被俘而去。但是他們有些人卻說頭目並未被俘，說他坐了一隻小船，逃出海外，再不回家。不過他們大家深信那頭目和他的從者還在人世，可惜住址不明，無從尋訪。他們覺得我對於海外各國無所不知，所以特來問我，是否在我本國，或在海外，遇著他們的那班人。他們以為那班人一定是在那裡，因為他們一定不會再在別處。他們說是他們自己已經找遍各處——陸上，海上，山上，林中，空中，都找遍了，總找不到他們；所以他們一定在我本國，要我直說出來，因為我從大海過來，一定是知道的。我回答他們說，他們的族人坐著小船，不能到了我國，並且海上到處有許多和阿魯一般的島嶼，他們很可以去找一回：況且歷時既久，那頭目和他的從者一定死了。但是他們並不相信這種意見，說是他們有一種證據，可以斷定他們還是活著。他們告訴我說，多年以前，他們做著小孩的時候，有些出門捕魚的窩坎人在海上遇著那班失蹤的人，並且和他們說過話；頭目拿出一百噚布，叫窩坎人帶給窩喃拜人，表示他們還是活著，並且不久即將回家；無奈窩坎人都是竊賊，並不交出布疋；並且他們說及這事的時候，窩坎人都來反對，佯言他們並未受過這種布疋——因此，他們可以斷定他們的族人當時還是活著，並且住在海上某處。還有一層：不多年以前，他們又得到一個消息，說是若干布吉商人帶有那些失蹤的人的若干小孩；他們得了這個消息，曾往多波看過一次，而且現在對我說的屋主就是那時同往多波的一個人；無奈那布吉人不許他們去看那些小孩，說是他們如果進他的屋，就要殺死他們。他把小孩們關在一隻大箱裡面，帶在身邊走開。他們每次說到這些故事的末尾，都用懇切的口吻問我是否知道那頭目和他的從者的住址。我向他們問及那些外國人的情形。他們回答我說，那些外國人非常強健，每一個人能夠殺死許多阿魯人；即在受傷很重的時候，只要將涎沫唾在傷口上，馬上可以復原；並且做成大藤網，把俘虜網在裡面，沈入水中；次日取網上岸，能使死者復生，然後押解而去。

這一類故事，他們說得很多，但都雜亂無章，故我一無所曉。後來我問他們，這件事情發生在多少時間以前，他們方才說道，那班人被擄以後，布吉人才坐普牢船到阿魯來經商，來買海參和燕窩。大約在早期的葡萄牙人初次來到阿魯的時候，也許發生過這種樣子的事件，後來逐漸附會上去，遂成為現在相傳的故事。我可以斷定，我自己在這裡流傳到下一代，或且未到下一代，即將變成一個魔術家或半神仙，變成一個神出鬼沒的人物。現在他們已經相信我所保存的一切動物都會復活；那麼，他們對小孩們不免就說這些動物真會復活了。我初到這裡的時候，剛剛遇著異常的晴天，他們就相信我能夠管束節季；而我往往獨自在森林中步行，往往問及自己未曾見面的鳥獸，說出那些鳥獸的形態，色澤，和習性，他們都以為是神妙不測的事情。我對於他們所問的事項自認不知的時候，他們都用以上各種事實來反駁我。他們說，「你一定知道，你是全知全能的：你造出晴天，使手下人好去射鳥；你熟悉我們的鳥獸，竟和我們一般；並且你獨自走入森林，並不害怕。」所以我的自認不知，都被他們認作一種口頭的推諉。我寫字的用具和書籍，在他們看來，簡直都是妖術；我若再用透鏡和磁石的實驗去迷亂他們一下子，在幾年以後，一定會有無窮的神蹟附會到我的身上；將來旅行家到了窩喃拜以後，簡直不會相信一個苦楚的英國博物學者住在他們中間幾個月，竟會變成這許多神蹟所附會的來源。

近來這幾天，我看見他們非常張皇，並且看見許多外地人手持矛，盾，弓，劍而來。我到現在，才知我們附近已有戰事——鄰近的兩村，為著本地政治上的某種事件，發生一種爭論。他們告訴我說，這是十分普通的事情，並且附近各處隨時都有戰事。各個私人的爭論往往演成各村各族的爭論；不付預定的買妻的身價更是一種最常見的殺人流血的原因。他們曾取一個盾牌給我看過一回。這盾牌用藤做成，包以棉線，又輕又牢，又很柔韌。我想，這種盾牌也許可以抵擋普通的鎗彈。靠近中心有一圓孔，孔上有蓋。這圓孔可使一臂伸出射箭，同時眼睛以下可得盾牌的遮護，如果盾牌背後繫一環孔，用以穿套手臂，和那普通的盾牌一般，這種作用就沒有了。和我同住的少年，有幾個也去助戰，但我並不聽見有人受傷，或有什麼激戰。

五月八日——我住在窩喃拜已有六星期，但大半時間都因腳瘡留滯屋內。各種儲藏品幾已告罄，採集箱都已盛滿，並且腳瘡一時難好，故我決意要回多波。各種鳥類漸見稀少，據土人說，到了五月，風鳥很多，不料依舊如此。窩喃拜人似乎很捨不得我；我這大約是無怪其然的，因為他們往返於栽植地時所掇拾的介殼和昆蟲，以及小孩們用箭所射的鳥類，都可以向我交換煙葉，兒茶，細珠，和銅器。屋主屢次向我討一點米，魚，或鹽，我都慨然給他。我在告別時，將我所餘的食鹽和煙葉分贈他們，又贈屋主以一筒亞力酒，故就大體上看來，我和這些淳樸的蠻民同住，真是雙方有利，雙方可樂的。我本想再來一次；我若早知各種情形不能許我再來的話，我不免要捨不得這個地方，因為我在這個一向未經探檢的地域幸而發現這許多稀罕美麗的動物，自然是十二分高興的。下午，我們裝貨上船，天明以前揚帆出發，因有順風相助，當晚即抵多波。

第五章

阿魯群島——再住多波　一八五七年五六兩月

多波洪水氾濫，我住在委員團開庭審判的衙屋內。他們已經離開本島。衙屋位於本村的極端，可以俯瞰本村的大街，雖是一座茅舍，卻有半座鋪設粗板的地板，我配上間壁，開出檻窗以後，變成一座很好的住宅。我上次交託窩茲柏根先生收藏的一只箱子，已經變作小螞蟻的殖民地，產下無數的小卵。幸而遇著晴明的熱天，將箱子持出屋外，取出各種物件，攤曬一二小時，即將螞蟻驅除乾淨，幸而又是一種無害的螞蟻，所以物件未曾受損。

多波已經呈出生氣蓬勃的景象。街上已經添上五六座新屋；普牢船都在西邊拖上海濱，補好船縫，塗上灰泥，預備將來的歸航。大半的小船已經都從「布拉康塔那」——靠近新幾內亞一邊的稱呼，就是「後方」的意思——回來。屋後堆起大堆的柴；帆匠和木匠忙著做工；珍珠母一捆一捆的縛起來，燻煙的海參曬在陽光下，以備裝運。其餘的水手都在斬削木材，西蘭和哥蘭過來的小船都在起卸西穀餅的船貨，用以供應商人的歸航。雞，鴨，山羊，咀嚼人類食物餘屑，看去都很肥壯，中國人的豬更是肥大，不久便可以殺了。刷舌鸚，白鸚等類十多種的鸚鵡吊在門前的竹棒上，還有綠色或白色的食果鴿在亭午及黃昏歌唱著。幼稚的加朔阿利現出黑棕兩色的條紋，繞屋漫遊，或在陽光中和小貓一處嬉戲，有時和美麗的小袋鼠一處跳躍，雖從阿魯林中捕來，卻已馴養得和小鹿一般。

夜間的景象比我上次留居的時候也更熱鬧。「鼕鼕」，口琴（Jews'-harps），以至四弦提琴，都有所聞，而悲哀的馬來歌曲更在深夜悠揚入耳。街上幾乎逐日有人鬥雞。觀眾圍成一圈，距鐵縛好以後，那可憐的動物開始互相廝殺，全場的興奮達於極點。那些下注賭賽的人看到勝負將分未分的關頭，高喊狂跳。但在頃刻以後，雞鬥完了；勝者歡呼鼓舞，鬥雞的主人各取其雞，得勝的雞備受主人的撫摩和讚美，失敗的雞非死即傷，主人沿途摘取其羽毛，預備投入鍋中烹煮。

蹴球的遊戲通常都在日落時舉行，我以為著實更為有趣。球形頗小，以藤製成，空心，輕巧，而有彈性。蹴者承球在腳，使球躍起，偶或以臂或腿承球。後乃突然用腳一蹴，使球飛入高空。於是另一蹴者跑去迎球，球在地上反躍時，將球捉在腳上，玩球如前。蹴者的手絕對不許觸球；而肩，臂，膝，或腿，則可任意代腳擊球。這種球戲由二人或三人進行，球在空中往來飛舞，只因地面太狹，故無用武餘地。某日黃昏，因球戲發生爭論，雙方列陣成行，幾至動武——不僅是兩人對打，乃是雙方各有十餘人或二十人手持刀劍相搏；但經許多唇舌調解以後，竟得安然過去，此後也不聞有人提起。

歐洲人大半以為面上鬚髭太多不免損及美觀，故在每日晨間殷勤剃刮；不料這班蒙古種人正和我們許多人相同。他們一生大半都將面上剃得鏡光。剃面一項似乎是人類的一種本能；因為他們有許多人，面上無鬚可剃，即在頭上剃髮。還有許多人，卻為栽鬚而剃面。多波有一個主要的

鬥雞者原是爪哇人，他把距鐵縛好以後，站在一旁為其後援。這人殷勤栽鬚的結果，栽成兩片上髫，很是得意，因為每一片各有十幾莖，長到三吋以上，好好的搽油扭彎，看去像是掛著兩撮烏油油的絲線。但是下鬚卻難相敵，因為他的下頷並無鬚痕，栽培雖勤，竟無何種成績。不過真工夫究竟戰勝大困難：他的下頷雖無真鬚，而在一側卻有一粒小黑痣，生出幾莖散鬚來。這幾莖散鬚已經栽培到極點，計有四五吋長，又是一撮懸在下頷左角的烏絲。他彷彿把它看作顯異的東西（當然可以算是顯異的東西），時常用手撫摩，自鳴得意！

阿魯境內還有一件最奇怪的事情，就是一切歐洲的出品，或本地的出品，都非常便宜。我們現在所逗留的地方，離開遠東的百貨商店新加坡和巴塔維亞以外二千哩，歐洲商人絕無蹤跡，且有不知這塊地方的，各種貨物至少經過二三手（常為更多手），方能到此；然而英國的洋布和美國的棉布，能以八先令買得一疋；短銃十五先令一支；普通的剪刀和德國的小刀，一個半便士一把；其他刀劍，棉貨，和瓷器都可類推。這些僻遠的土人買這一切東西，在表面上固然和我們本國工人所買的價錢大約相同，但在實際上卻要便宜得多，因為每一土人幾小時勞動的生產，可以買得他所看作奢侈品的一大宗，這些奢侈品，在歐洲人卻都看作生活上的必需品。這些蠻民雖得這種便宜，而生活上並不因此增加些許的快樂或優裕。這種便宜，對於他們反而發生一種最有害的影響，他們的勞動，須有勞動的必要來督促；所以鐵貴如銀，洋布貴如綾羅的結果，對於他們反為有利。現在各種貨物既然這樣便宜，所以他們就有更多遊惰的時間，更多煙葉的供給，並且更可沈湎於亞力酒；況且他們又是不屑半醉的——一大杯亞力酒還嫌刺激太輕，須有半加侖火酒才能醉得滿意。

推究上面這樁事情所得的結果實在令人不快。這些未開化民族的群眾——我們大規模的生產強其購買我們工廠出品的群眾，至少將有半數在肉體方面不受絲毫損害，而在道德方面當然還有進步，如果我們一切供給他們的物品抬高到現價的二倍或三倍。同時這種抬高物價的額外收入，或其收入的一部分，若能嘉惠於我們製造出品的工人，則這許多工人又將由貧乏而進於舒泰，由飢餓而進於健康，並可脫離犯罪的一個主要誘因。我們英國人要想免除了頌揚自己大規模的並且有加無已的工商業的念頭，免除了讚美一切促進工商業的事項（不過是減輕出品的成本，或是發現銷售出品的新市場）的念頭，是很難的。但是「有誰得益？」（"Cui bono?"）這個問題——現在專心研究高深科學的人們常為他人所問的問題——一經提出以後，那回答的困難就要超出平時所想像的以上。據我看來，即使坐享其成的那少數人所得的利益，也可以看出是多半限於肉體方面；而由不斷的勞動，低廉的工資，擁擠的住所，和單調的職業，所產生的全數工人道德上和知識上的戕賊，若和那少數人的利益衡量起來，實在大大的足以引起那些滿口頌揚工商業的人們懷疑，這種工商業的向前發展是否相宜了。但是大家又說：「這是我們無可如何的事情；資本不能不使用；工人不能不繼續做工；假使我們稍有遲疑，則其他緊緊相逼的各國立刻要搶上前去，而我們舉國的顛覆即將隨之而起。」這一說有些是真，有些是假。平心而論，這個問題固然是我們必須解決的難題；但我不禁以為大家都被這個難題壓倒了，所以都斷定一種似乎必要而且不易的情勢總是有善無惡，斷定這種情勢的利益總是超過禍害。這種心理就是那擁護奴隸制度的美國人的心理，因為他們實在找不出一條便利舒服的出路。但就我們目前的問題而論，如果把它各方面加以一番公正的考慮以後，能夠看出禍害的優勢實由我們工商業的龐大而起，我們就可以希望英國人還有充分的政治智慧和真實慈善，來誘掖他們把那溢量的財富納入其他各種用途。上面這一番議論所由引起的事實，的確是十分顯異的一樁：就是地球上有一處最僻遠的蠻民，比那製造衣料的本國人可以買得更便宜的衣料；而製造衣料的工人的子女，卻在冬風裡面發抖，不能買得熱帶蠻民買去當作裝飾品或奢侈品的物件；我們看了以後，不得不懷疑這種結果所由造成的制度，不得不懷疑這種制度的向前發展是否相宜。並且我們必須記住，我們的商業並不是純粹自然生長的結果。我們的商業一向都由立法者來維護，一面又用海陸軍來助長不自然的發育。這種政策是否得當和合理，實在早已有人懷疑。所以一到我們工商業向前發展的禍害被大家看得分明以後，救正的方法也就無須遠求了。

我在戶內蟄居六星期以後，身體方才復原，依舊逐日在森林中行走。但是這一次卻沒有上

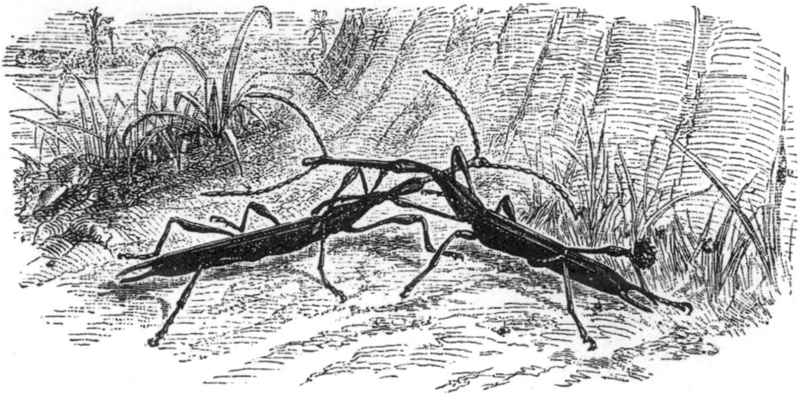

一次初到多波時那樣的成績。各處小徑附近都有積水，昆蟲很是缺少。我在幾處最好的採集地上都看見大片枯樹雜以嫩芽，包以攀緣植物，但我逐日仍有一些東西得來。我有一天，遇著一個古怪的本能失敗的實例，我們看了以後，覺得本能除了遺傳的習慣和感覺的微妙變異以外，是否還有別的成分，實在很是可疑。我且先把這個實例敘述一番。有幾個水手近來砍下一株大樹，我逐日向這株樹上尋覓昆蟲。不料這一天，竟有大陣小圓柱狀的穿木蟲（Platypus, Tesserocerus等屬）雜在別些甲蟲中間而來，開始在樹皮上穿孔。過一二天以後，我看見牠們有好幾百死在牠們自己所穿的孔內，不覺吃了一驚，仔細檢查一番，才知乳狀的樹液具有馬來樹膠（gutta-percha）的性質，露在空氣當中凝固很快，所以這些小動物都被膠結在自掘的墳墓內。牠們雖有在樹上穿孔產卵的習慣，但沒有選擇樹木孰宜孰害的智識。所以這些樹木如果有一種氣味，可以勾引某幾種穿木蟲，也許很容易使那幾種穿木蟲滅種；同時別的厭惡這種氣味、因得免除危險的穿木蟲，自然可以繼續生存，我們看了以後，不免認作一種本能，其實牠們只受一種單純感覺的指導。

那古怪的小甲蟲——三錐蚈科——在阿魯境內很是繁殖。雌者有一尖銳的口吻，能在枯樹的樹皮上穿出深孔，產卵其中。雄者較大，口吻末端寬闊，有些成為一對大顎。我有一次看見兩隻雄者相鬥，各以一前肢互跨頸上，口吻屈為挑戰的態度，形狀極為可笑。還有一次，兩隻雄者為著一隻雌者相鬥，雌者站在近旁忙著穿孔。這兩隻雄者各以口吻相抵，拳爪交加，顯係憤悍之極，不過牠們各有護甲，決計不致受傷。但是小的一隻不久就逃，自認屈服。就大半的鞘翅類而論，雌者都比雄者大些，所以這種甲蟲，也像鍬螂科甲蟲一般，其相鬥的雄者，竟比雌者不但有更好的武裝，而且也大得多，真是在性擇問題的關係上有趣的現象。

剛在我們出發回去的時候，有一種相近刺桐屬的美樹開花，在森林四周到處散佈著深紅色的大花叢。這種紅花若從高處看下，當然很是美麗；我在下面卻只看見頭上現出大堆的豔色，結成花叢和花綵，並有大陣藍色和橙色的刷舌鸚飛鳴其上。

這一季內多波死了許多人，大約總有二十個。他們都葬在我屋後小簇的常磐檉柳屬（Casuarinas）以內。有一個回教的祭司雜居在商人中間，掌管他們的葬儀，那葬儀是很簡單的。屍體用白布裹好，放在棺架上抬往墓地。一切觀眾蹲坐地上，祭司朗吟《可蘭經》的若干詩句。墓地的四周有一圈竹柵，再用一個雕花的小柱頭做著標誌。村中有一個小清真寺，信奉回教的人們都在金曜日前往祈禱。就回教的寺院而論，這一個清真寺大約是全世界上離開麥加最遠的寺院，並且標出回教極東的範圍。中國人在此地正和其餘各地一般，都用新加坡運來的花崗岩做著墓石，深深刻著碑文，漆成紅字，藍子，和金字，顯出他們的財富和文明。就敬重親朋的墳墓而論，世界上的確沒有一種民族能夠比得上這種無處不在的並且善於牟利的奇異民族。

我們回到多波以後，我的望加錫童子貝德綸，因我責他懶惰的緣故，取去工錢走開。於是他專以賭博為業，最初賭運頗好，因得買入許多裝飾品，藏有許多錢財。後來時運不濟，輸去一切錢物，最後借入一宗錢財，又輸了去，竟變成債主的奴隸，以工折錢，直至債務清償為止。他是一個機警活潑的童子，可惜惰性頗深，嗜賭過甚，也許一生都要做著奴隸。

現在已經到了六月末尾，正東的季候風已經穩定的吹來，此後一二個星期以內，多波的商人都要走開了。出發的預備到處可見，每逢晴天（現已罕見），街上的擁擠紛忙剛和蜂窠一般。一堆堆的海參已經曬好裝包；用藤捆縛的玳瑁整天運到海濱來裝船；水桶一一盛滿，布料和蓆帆修整完好，以便乘風航行。每日幾乎都有一陣陣的土人從本群島最遠的各地過來，運著香蕉和甘蔗的船貨，來交換煙葉，西穀麵包，和其他奢侈品。中國人宰下肥豬，大張離筵，並且好意的送我一些豬肉，一盆燕窩的燉菜，這燉菜的滋味比蔥管麵好不了多少。我在兩星期前，差出童子阿理獨往窩喃拜，購買風鳥，剝製鳥皮，至今歸來；他替我買得十六隻華麗的標本，如果不受熱病的纏擾，也許可得加倍的數目。他在窩喃拜和我的老屋東同住，身邊帶有一宗銀圓，以買土人所捕的風鳥，他們雖可安然搶劫他的銀圓，卻連絲毫的嘗試都沒有發生，平心而論，很可以算是他們天性馴良的一個證據。他害病時，他們待他很好，並且他所餘下的銀圓也都帶回給我。

窩喃拜人正和阿魯群島多半的居民一般，也是真正的蠻民，並且各種宗教的表示，我也沒有看見。但是沿岸卻有三四村住著帝汶過來的教師，村民在名目上都是基督教徒，並且受有某程度的教育和文化。我和他們相處的時間不多，對於他們的風俗未曾獲得許多實際的知識，但是他們顯然因為和回教商人交接多時的緣故，已經受有很大的影響。他們全族的風俗雖將死人陳列臺上，待其腐化，他們卻往往將屍體埋葬地下。每一男人可娶的妻子雖則並無限制，卻也罕有超過一妻或二妻以上。他們的妻子概向妻子的父母買來，以大宗貨物作為買妻的身價，內中總有銅鑼，陶器，和布疋。他們告訴我說，他們有幾族人要把老耄無用的男婦殺死，但我所見許多龍鍾的老人似乎都受良好的待遇。凡與布吉及西蘭商人交接很多的土人，顯已逐漸失去許多的土俗，況且這些商人往往又要留居土人的村莊，並且娶去土婦為妻，所以土人所受的影響自然更大。

多波的商務頗為可驚。本年計有十五隻大普牢船從望加錫過來，又有百來隻小船從西蘭，哥蘭，及克厄過來。望加錫過來的船貨，每一隻約值一千鎊，其餘各小船的船貨約共值三千鎊，所以全部的出口貨，每年計有一萬八千鎊之鉅。列在首位的出口貨就是珍珠介殼（pearl-shell）和海參，其次則為玳瑁，燕窩，珍珠，裝飾用的木料，木材，及風鳥。以上各種出品概用各種貨物交易。酒力和普通西印度甜酒相仿的亞力酒，每年可銷三千箱，每箱計有半加侖一瓶的十五瓶。蘇拉威西的土布素講耐用，銷數極大，其餘英國的白洋布，美國的原色棉花，普通的陶器，粗糙的刀劍，短銃火藥，銅鑼，小銅砲，及象牙也可暢銷。以上最後的三項就是阿魯人的一種財產，用以支付買妻的身價，或積蓄為「真正的財產」。阿魯人咀嚼煙葉，需要極大，並且刺激性必須很強，否則他們就要掉頭不顧了。他們通常既然不大做工，所以每年搜集的大宗出品即可顯出阿魯群島的住民一定很多，而在沿岸各地尤其如此，因為全部出品的十分之九都是海洋的產物。

我們在七月二日離開阿魯，後面跟上一共十五隻的望加錫普牢船，他們已和我們約定結伴而行。我們挨過班達北部以後，向西航行，一連三日看不見陸地，直到部頓以西，方才看見一些低窪的島嶼。沿途吹著穩定的東南風，我們每小時可行五浬，若在快船大約可行十二浬。天空不斷的滿佈黑雲，間或降下微雨，直到部魯以西，天空忽然開朗，從此以後就是旱季的晴天了。所以馬來群島東西兩個地域的節季，大約即在此處分界。界線以西，六月到十二月通常都是晴天，並且往往很旱，其餘六個月則為濕季。但在界線以東，天氣非常不定，各個島嶼以及島嶼的各方沿岸都有各自的特點。不過東西兩部的差別，在雨量的分配上似乎沒有雲霧的分配上這樣厲害。舉例來說，我們從阿魯出發時，天氣雖則陰暗，小河都是乾涸；而在一月，二月，及三月，陽光最熱，天氣最佳的時候，小河卻都時時有水。阿魯全年最旱的期間出現於九月及十月，正與爪哇蘇拉威西相同。所以天氣雖則很不相同，而雨季則與西部諸島相合。摩鹿加海呈出一種深藍色，與大西洋的淡藍色完全有別。天氣陰暗時，海水絕對像是黑色，再加泡沫的渲染，很有凶悍的神氣。我們這一次航程自始至終都有強盛的順風，在七月十一日傍晚，安然到達望加錫，自從阿魯出發，計有一千多哩，需時九日有半。

我往阿魯群島旅行，成績很好。雖有好幾個月因病家居，雖有許多時間誤於交通工具的缺乏與各地節季的失宜，而我所得天然產物的標本竟在九千以上，約有一千六百種。我又從此認識一種荒僻奇異的人種；熟悉遠東的商人；探檢世界上一處最顯著，最美麗，而且最不知名的動植物；並且實現這次旅行的主要目的——就是探求風鳥的標本，並觀察風鳥的習性。我受這次成功的激刺，更在摩鹿加群島及新幾內亞繼續搜求五年左近，並且直到現在回顧起來，仍不失為各次旅行中最滿意的一次。

第六章
阿魯群島——地文地理及自然狀況

這一章綜述阿魯群島的地文地理及其與四周各地的關係；所有各地商人的報告，以及各博物學家的記載，概與自己的觀察熔為一爐。

阿魯群島可以說是由一中心大島環以許多小島而成，土人及商人稱大島為「坦那部薩」（Tana-busar，原註：意即大陸），以別於多波或其他任何分離的島嶼。這大島為參差的長方形，南北約有八十哩，東西有四十或五十哩，中間橫斷以三條狹海峽，將全島分成四部。商人常稱這些海峽為河流，我在當初大為懷疑，後來親身穿過一條海峽，才知商人的名稱非常適用。極北的海峽稱為窩忒來河，入口處約有四分之一哩闊，未幾即縮成八分之一哩，從此向東五十哩左近的全長都保持著這個闊度，罕有出入，直到東方的入口乃再擴大出來。水道略有彎曲，兩岸通常乾燥而稍高聳。有許多處現出珊瑚石灰岩的低峭壁，多少都受海水的侵蝕；有時兩岸的平野伸張到稍入內地的丘陵為止。有少數小河從左右兩側流入海峽，小河的入口各有若干小岩洲。海峽的深度從十噚深到十五噚，很是整齊，所以除出水味很鹹和水勢很定以外，完全可以說是真正的河流。其餘兩條海峽，一名服開（Vorkai），一名美科（Maykor），據說，一般的性質都很相似；不過這兩條倒是近在一處，中間平坦的地帶又有許多海峽直穿而過。美科南岸很是多岩，從此直達阿魯南端，連綿不斷的展佈著頗為高聳而且十分多岩的地面，有許多小河貫串其間，到處矗立著石灰岩的峭壁，阿魯的燕窩多半都從峭壁的四周得來。一切向我報告的人，都說南方這兩條海峽比窩忒來大些。

阿魯全部低窪，但不十分平坦。其中大部分地面，乾涸多岩，頗有起伏，處處擁出陡峭的小丘，或裂成峻狹的深谷。除了大半河口上所見幾片的濕澤以外，並無絕對平坦的地面，不過最高的高地大約也不能超出二百呎。各處深谷和小川中所見的岩石都是一種珊瑚石灰岩，有幾處柔軟鬆脆，其餘各處則堅硬結晶，竟和我們高山的石灰岩相似。

大島四周有許多小島；但大半都在東邊，有如流蘇一般，往往距大島十哩或十五哩。西邊小島很少，宛馬和浦羅巴比（Pulo Babi）最為重要，又有澳季阿（Ougia）和瓦息阿（Wassia）則在西北邊。東邊海面到處很淺，且多珊瑚珍珠介殼即在此處搜尋而來。這一切島嶼都掩蓋著濃密巍峨的森林。

以上所述的地勢含有特別的趣味，並且據我看來，更可說是世界上獨一無二的現象；因為像阿魯這樣的一個島，竟有類似河流的海峽橫貫其中，我在記載上面是沒有看見過的。這些海峽的來歷當初完全使我莫解，後來把這些島嶼全部的自然現象加以長時間的考慮，方才達到一個結論，這個結論，我想趁此解釋一番。大概非火山性的島嶼所由形成的途徑有三：一為上升，二為下陷，三為與大陸或大島分離。珊瑚岩的存在，或遠在內地的高擁海岸的存在，都表示新近的上升；淺水湖的珊瑚島，以及有堡礁的珊瑚島，則表示新近的下陷；至於我們的大不列顛諸島，其產物完全與附近大陸相同，則為與大陸分離而來。阿魯群島都是珊瑚岩，並且鄰海很淺，又多珊瑚；足見上升成陸並不很古。但是我們如果假定上升為其形成的唯一原因，則又不能解釋那些古怪的「河道海峽」（river-channels）。上升時所留的裂縫不會產生這樣整齊的闊度，整齊的深度，或蜿蜒的曲線；並且上升時潮水和海流的作用或可形成參差的闊度和深度的海峽，但斷斷不是這樣類似河流的海峽。再者我們如果假定阿魯群島最後一次的變動為下陷，也不能解釋這些海峽；因為下陷以後，一定引起舊河兩岸一切窪地的氾濫，而河道也要從此消滅了；但是這些海峽的河道依舊完好，並且自始至終闊度大概相同。

如果這些海峽在從前曾為河流，則在其時必從高地流下，而其高地又必在於東方，因在西北兩方離岸不遠，海底即下降為不可測的深度；而在東方則有一片淺海（絕無一處超過五十噚）伸張到新幾內亞，約有一百五十哩的距離。只消上升三百呎以後，這全片淺海即可變成尋常的高地，而阿魯群島即可成為新幾內亞的一部分；由是河口位在烏塔那塔（Utanata）和瓦穆卡（Wamuka）的河流，即可循著現在被鹹水佔領的海峽橫貫阿魯全島。而在居間陸地沈陷的時期，我們必須假定現在構成阿魯的這片陸地幾乎保持著靜止的狀態：我們只消考慮淺海面積的廣大，以及陸地成海所需極小的沈陷，即可發覺這種假定並非毫無根據。

不過阿魯群島曾與新幾內亞相連的事實，並不專靠這一個證據。因為這兩地的產物呈出這樣顯著的類似，簡直只有同一地域的兩部分才有發現。我在阿魯群島採集了一百種陸棲鳥，竟有八十種左右已在新幾內亞本島發現。其中有一種無翼的加朔阿利，兩種笨重的營塚鳥，兩種短翼的畫眉，當然都不能飛渡一百五十哩的大海，飛到新幾內亞的海岸。其餘還有許多種只棲林中深處的鳥類，對於這種障礙也不能飛渡，例如某種魚狗（kinghunter，原註學名：Dacelo gaudichaudi），以及飛捕昆蟲的歐鶲（原註屬名：Todopsis），碩大的有冠鴿（原註學名：Goura coronata），林棲的小家鴿（原註學名：Ptilonopus perlatus, P. aurantiifrons, P. coronulatus）都是。要表示這種障礙的實際效果，可以援用西蘭島為例，西蘭和新幾內亞的距離正與阿魯和新幾內亞相同，不同中間為一深海所隔。西蘭所產七十種左右的陸棲鳥，僅有十五種出現於新幾內亞，內中並無地棲的或林棲的種類。加朔阿利並不同種；魚狗，鸚鵡，鶲，蜜雀，畫眉，及鳲鳩，幾乎常為完全各別的種類。更有進者，新幾內亞與阿魯相同的各屬，至少有二十屬並不伸入西蘭：這顯然表示阿魯與西蘭兩處動物界的來歷根本不同。再者阿魯產有一種真正的袋鼠，密索爾所產的袋鼠與之同種（密索爾在產物上正與阿魯同屬於巴布亞組），同時新幾內亞也有同種的或密切相近的袋鼠出現；但是西蘭並無這種動物出現，其實西蘭與密索爾相距只有六千哩。還有一種細小的有袋動物（原註學名：Perameles doreyanus），為阿魯與新幾內亞所共有。再在昆蟲方面，也顯出恰好相同的結果。阿魯所產的蝶類或為新幾內亞種，或為極微的變種；而西蘭的蝶類則與新幾內亞大有區別——比鳥類數甚。

這是現在大家所公認的：上面這些事實，我們很可以用作推論的根據，藉以彌補地質記載的缺憾。各地所經歷的上升和下降的運動，以及這等運動的遞嬗，從此可以獲得準確的決定；但是地質學本身，對於完全隱沒在海洋以下的陸地，卻不能有所發現。至此，地文地理及動植物分佈狀況乃生極大的作用。我們考察了兩地相隔的海洋的深度以後，對於各種正在進行的變動固然可下一些判斷。如果另有其他沈陷的證據，則一片淺海當然暗示附近兩地從前的相連；

但是這種證據如果沒有，或者更有理由可以臆測陸地的上升，則這片淺海也許就是那上升的結果，也許表示這兩地將來可以相連，卻不是從前曾經相連了。然而這兩地所產動植物的性質卻可立刻解決這個問題。這是達爾文先生已經指示我們的：我們對於一個島嶼曾否與一大洲或大陸相連的問題，幾乎一律可以援用該島嶼有無哺乳類及爬蟲類來決定。他所稱「大洋島」（oceanic islands）的島嶼，雖有茂盛的植物，大宗的鳥類，昆蟲，及陸上介類，但無上面所說兩群的動物；於是我們即可斷定這些島嶼起源於大洋之中，從不與附近的大陸相連一處。聖赫勒拿（St. Helena），馬得拉，及紐西蘭都是大洋島的實例。這些島嶼具有其他各綱的生物，因為那些生物都有散佈於大洋的工具，但是陸棲哺乳類及鳥類卻無這種工具，這是來伊爾爵士的《地質學原理》與達爾文先生的《物種原始》都有充分的解釋。但在別一方面，還有一種島嶼，雖在實際上也許從不與附近的大洲或島嶼相連，但在產物上也許又有一切各綱動物的代表，因為許多陸棲哺乳類及爬蟲類確有穿渡狹小海面的工具。但在這種情形下，移殖的種類一定很少，並且即使表面上很能飛渡的鳥類和昆蟲也一定很有欠缺。帝汶島（我已述於第三編第四章）對澳大利亞的關係就是一個明證；因為帝汶雖有若干鳥類和昆蟲顯出澳大利亞的形態，而絕無澳大利亞的哺乳類和爬蟲類，並且澳人利亞所有許多最繁殖最顯異的鳥類和昆蟲，也是完全沒有。這種情形正和不列顛群島相反，因為歐洲大陸所有大部分的植物，昆蟲，爬蟲，和哺乳類，在不列顛都有充分的代表，並且大陸所有廣泛的各群動物，在不列顛也沒有顯著的欠缺。再就蘇門答臘，婆羅洲，爪哇，對於亞洲人陸的關係而論，也是同樣的明顯；許多大哺乳類，陸棲鳥，及爬蟲，概為各地所共有，此外又有大宗的動物呈出密切相近的形態。地質學告訴我們說，這種地點所有這些相近的形態都暗示著時間的經歷，因此，我們可以推論：大不列顛所有一切物種既與大陸幾乎絕對相同，則其與大陸分離必為新近；而蘇門答臘及爪哇則有大宗大陸的物種都由相近形態來代表，其與大陸分離自必較為久遠。

我們從此可以看出動植物分佈的研究，在判斷地球表面過去狀態的時候，對於地質學的證據確有重要的補充；並且沒有前者的研究，簡直不能理解後者的證據。阿魯群島的產物呈出一種最有力的證據，足以證明這些島嶼在不很古遠的時代還是新幾內亞的一部分；並且上文所述特別的地勢，又可證明它們在當時一定和現在站在幾乎相同的平面上，而其分離則由居間的大平原的陷落而成。

對於熱帶植物抱著普通觀念的人們，以為熱帶的林木總有鮮豔的繁花，如果聽見我所報告的阿魯群島植物界的實況，不免吃驚不小。阿魯的植物雖則十分茂盛，十分複雜，雖則許多精緻古怪的種類盡可裝飾我們的溫室，但就一般的情形而論，鮮豔的花卉絕無出現，即有出現也不能點綴一般的風景。我在阿魯諸島遊歷了五個地方，每天都在森林中東西漫遊，並且在六個月內繞航了一百多哩的海岸和河流，但是直至我將次離開阿魯為止，竟不曾看見一株燦爛的或美麗的植物，不曾看見一株比得上山楂的灌木，或者一株比得上忍冬的攀緣植物！並且我們不能說是花季未到，因為我看見許多草木都開著花，概呈綠色或蒼綠色，不能勝過我們的菩提樹（lime-trees）。在河岸及海岸上有少數旋花科點綴其間，都比不上我們園中的牽牛花，此外只在林中幽暗處有些深紅色和紫色的蘘荷科，但又太少，且太散漫，雜在大片綠色無花的植物中間，真是有等於無。然而巍峨的蘇鐵科和露兜樹，高到三十或四十呎，精緻的木狀羊齒，高聳的棕櫚，以及到處所見各種美麗古怪的植物，則又在在表示熱帶的溫暖和潮濕，與其土壤的豐饒。在花卉方面，我覺得阿魯的確是例外的貧乏，不過這又未免過於誇張一般的熱帶狀況；因為我在西方和東方的赤道地帶所得全部的經驗，確已使我深信熱帶上植物最繁茂的各地，在花卉方面實在比溫帶要稀少些，隱晦些。我在熱帶上從不曾看見顏色鮮明的花叢，有如英格蘭所呈現於金雀花滿佈的公地，石南屬叢生的山腰，野風信子的林中隙地，罌粟的田野，毛茛與蘭屬的草地一般——這樣整片的黃，紫，蒼藍，與深紅，在熱帶上罕有出現。我們英格蘭又有較小片的鮮花出現在山楂和酸蘋果樹，冬青屬和山梨，以及金雀枝，實芰荅里斯屬，櫻草，與紫色大巢菜之上，彌望都是華麗的彩色。這都是我們土壤和氣候的特徵。但在赤道的地帶，則不論森林或草原，一概被以幽暗的綠色。你旅行了許多小時，甚且許多天，也許竟遇不著什麼各別的東西。花卉到處很少，略微顯異的花朵只能偶有所見。

現在一般的觀念以為自然界在熱帶上呈現華麗的彩色，以為熱帶自然界的一般狀態在彩色方面比我們這裡要鮮明些，繁複些。這個觀念甚且已經成為藝術學說的基礎，所以我們自己在衣服方面以及住宅的裝飾方面，都已禁用鮮明的色彩，因為大家的猜想以為這樣就要違反自然界的教訓。其實這種理論，本身已很無聊，因為我們盡可同樣有理的主張著說，我們既有欣賞色彩的才能，正該利用極端華麗的色彩，以彌補自然界的缺陷。況且這種理論所依據的假定又是全屬子虛，所以即使這種理論真有理由，我們也不必恐怕自己應用田野山林所有一切華麗的色彩，以裝飾我們的住宅和身體，就要凌辱自然界。

我們對於熱帶植物的自然界所以發生這種錯誤觀念的原因，是很容易明白的。我們搜羅地球上各處所產最精緻的有花植物，薈萃於我們的溫室或賽花會之中，與自然界的現象早已完全不同。百來種不同的植物，一律開著鮮豔奇異的花，在薈萃一處的時候，當然顯出一種奇觀；其實這些植物，在自然界中，大約並沒有兩種可以同在一處看見，因為這些植物各自產於一個遼遠的地域，或各別的場所。再者歐洲以外一切比較溫暖的地域，在一般的估計中，都和熱帶混合一處，由是構成一個模糊的觀念，以為一切特別美麗的花卉一定都從地球上最熱的部分而來。殊不知事實上完全相反。山躑躅屬與杜鵑花實為溫帶所產，最宏壯的百合則為日本溫帶所產，又有大部分最華麗的有花植物產於喜馬拉雅山，好望角殖民地（the Cape），北美合眾國，智利，或中國與日本，都是溫帶。有一大宗宏偉豔麗的花卉固然產於熱帶，但在熱帶植物界中不啻滄海一粟；所以花卉對於自然界一般景象的影響，在赤道地帶比溫帶地域著實更小。

第七章
新幾內亞——多蕾　一八五八年三月到七月

我在一八五八年三月從濟羅羅回到德那第以後，預備往遊蓄意已久的新幾內亞大島，逆料該島所得採集品將比阿魯群島更佳。我在德那第向各商店尋覓麵粉，金屬羹匙，闊口玻璃瓶，蜂蠟，削筆刀，以及石製的或金屬製的杵臼等類普通物件，竟無所得，足見此處歐人所用的物品很是貧乏。我帶著四個傭人；第一個是我手下的領袖阿理；第二個是德那第童子名叫朱馬特（Jumaat，意即星期五），專司射擊；第三個名叫拉哈季（Lahagi），是強壯的中年男人，專司斬伐木材並助我採集昆蟲；第四個名叫路易薩（Loisa），本是爪哇的廚子。我預料自己到了多蕾（Dorey）以後必須自建一屋，所以隨身帶去八十條露兜樹葉製成的「卡德占」——即耐水的蓆子，預備初次上岸時用以遮蓋行李，以後造屋時也可用作屋篷。

我們在三月二十五日，坐著一隻取名赫斯忒赫勒拿（Hester Helena）的雙桅小船動身，船為我友杜汾波登先生所有，航往新幾內亞北部沿岸從事貿易。沿途靜風與微風相間，三日之內到達加內（Gané），與濟羅羅南端相近，我們在此停下取水買物。我們買得家禽，禽卵，西穀，香蕉，甘薯，黃南瓜，紅番椒，魚，及鹿脯；乃在二十九日下午繼續前進。無奈前進很不容易；

因與赤道過近，季候風全失常態，駛過濟羅羅南端以後，又有靜風及一陣陣微風與逆流，一連五日都看見濟羅羅和坡帕（Poppa）中間的那些島嶼。其後乃有暴風吹送我們直達丹皮爾海峽（Dampier's Straits）的入口，於是再遇靜風，三日以後方才穿過海峽。至此有若干土人的獨木舟，一邊從威濟烏，別一邊從巴坦塔（Batanta）過來，裝載少數普通的介殼，棕葉蓆，椰子，及南瓜。這些土人要求很奢，因為他們慣以零星物件賣給捕鯨船與中國船，那班船員每以原值的十倍買去各種物件。我單單買入一個鼈鎗的浮子（雕成鳥形），和一只精製的棕葉箱，付出一個銅環和一碼洋布。這些獨木舟很是狹窄，舷側裝有橫支架，有幾隻只有一個男人，他從岸邊獨自駛出八哩或十哩，似乎不以為奇。他們都是巴布亞人種，很像阿魯的土人。

我們駛出海峽以後，來到太平洋當中，初次遇著穩定的風向，但又不幸適值逆風，只得搶風前進，距新幾內亞的海岸忽近忽遠。我看見那些崢嶸的高山一重一重退入文明人類絕無插足的內地，不覺眉飛色舞。那裡有加朔阿利及樹棲袋鼠，那黑林中又有地球上最奇特最美麗的鳥類——各種風鳥。我的希望以為再過幾日以後，即可從事搜尋這些鳥獸，以及連帶的美麗昆蟲。無奈一連幾日都是靜風和迎面的微風，直至四月十日，乃有微微的西風，入夜以後，繼以暴風。次日早晨，我們進入多蕾港口，靠近曼息喃（Mansinam）小島下錨，島上住有兩個德國教士，奧托（Otto）及給斯勒（Geisler）兩先生。奧托先生立刻上船歡迎我們，邀請我們上岸，到他家裡早餐。於是他把我們介紹給給斯勒先生（他害著腳踵的膿腫病，已在家中蟄居六個月）及其夫人（年輕的德婦，過來只有三個月）。可惜這位夫人不能說馬來語或英語，我們雖則據實稱美她所治的早餐，她也只能猜測我們的語氣而已。

這兩位教士很是有為，對於蠻民最為有益。他們來此已有二年左右，奧托先生又已熟習巴布亞語，並已著手轉譯《聖經》的幾部分。無奈巴布亞語過於簡陋，他不得不攙用大宗的馬來字；並且《聖經》的道理能否灌輸於文明程度這樣低下的人們，不免也很可疑。目前所有名目上的信徒只有少數的婦人；又有少數的小孩入校讀書，但少進步。這種傳教，有一點，我認為事實上不免妨害傳教的道德。教士們薪俸微薄，許其經商自給，他們為著謀利起見，當然要照賤買貴賣的原則做去。此間土人正與各地蠻民相似，對於將來毫不措意，收入小宗的穀米以後，即以大部分出賣於教士們，用以交換小刀，手斧，煙葉，或其他任何所需的物件。幾個月以後，濕季到來，食物缺少，他們又將穀米買回，以玳瑁，海參，野豆蔻，或其他產品持來交換。教士們對於這種穀米，在出賣時當然比收買時要提高價格，這本是十二分正當的；並且這種買賣在大體上完全有利於土人，否則土人在食物豐富時不免盡量糟蹋，等到後來只好挨餓。但是土人不能用這種眼光觀察這種買賣。他們看待這班經商的教士一定有些懷疑，一定不會覺得教士們全無營利的性質。無論那個教士，如果想改進蠻民的生活，必須先在行動方面能使蠻民深信他來到他們中間，只求他們的公益，不謀自身的私利。所以他的行動須和別人不同，不宜經商，不宜取利，而宜救恤窮人。如果他能夠自合於某程度的土俗，從中指示各種土俗逐漸改良的方法，以求更合於衛生與雅觀，則對於土俗的改革自有成效可說。如果有少數努力熱心的人們這樣做去，即使遇著最低等的野蠻民族，大約也可以實現道德的改進，至於經商的教士們，單說耶穌所說的話，不做耶穌所做的事，則其成績不過贈送蠻民一些膚淺的教義而已。

多蕾港位於美麗的海灣中，有一邊海岸在極端處高聳而外伸，更有二三小島合成護風的拋

錨所。我們到港時，港內只有一隻荷蘭的雙桅方帆船，裝載某隻軍用輪船所用的煤，那隻輪船正沿新幾內亞海岸從事探檢的航行，藉以覓定殖民地的地點。我們在黃昏時前往煤船上參觀，並在多蕾村起岸，尋覓我自己造屋的地址。奧托先生和一些土頭目商定次日派遣人夫，斬伐樹木，藤，竹。

曼息喃與多蕾二村很有一些新奇的景象。房屋一概造在水中，通以粗糙的長橋。屋身很低，屋頂剛像底面向上的小船。架造橋，屋，與臺的樁柱，簡直都是彎曲的棒條，排列毫無規則，彷彿都要顛覆一般。地板也用棒條鋪成，雜亂疏鬆，幾乎不能行走。牆壁用著板塊，舊船，破蓆，棕葉篷，棕櫚葉拼湊成功，破陋的情形可以想像而得。有許多房屋，簷下掛著骷髏，就是他們和內地野蠻的阿爾法克人（Arfaks）戰爭的戰利品，因為阿爾法克人常來攻擊他們。有一座大船形的會議室，架在比較粗大的樁柱上，每個柱頭都有粗惡的雕刻，代表裸體的男人或女人，而在進口前面的臺上還有更加粗惡的雕刻。來伊爾爵士的《人類之古初》（*Antiquity of Man*）在封面上所畫古代湖居的村落，大半都用這個多蕾村做藍本；不過所畫建築方面極端的整齊則為藍本所無，大約實際的湖村也沒有那樣整齊。

這些陋舍的住民和克厄、阿魯兩地的島民很是相似，並且有許多很是優秀，長身壯健，面貌姣好，鼻很大，成鷹嘴形，膚色深棕，往往近黑，滿頭的鬈髮形如拖帚，似比他處更為普通，且又自認為裝飾之具，常以六齒的長竹叉插入髮內，作為梳篦；暇時常用這個竹梳殷勤梳髮。不過大多數僅有羊毛質的短髮，似乎不能發展到這種程度。這種樣子的頭髮在南美洲印第安人與黑人的混合種中間也有出現。這可以算作巴布亞人是一種混合民族的表示嗎？

我到此以後的頭三天，一天到晚忙著造屋，由手下傭人及一打巴布亞人相助。使喚這一打工人做工最是為難，因為他們絕無一人能說半句馬來語；我們必須指手畫腳的做盡啞劇，才能使喚他們做工。遇著木柱缺用的時候，雖則所缺不多，只消有兩個工人盡可斫取而來，但是他們懂曉我們的啞劇以後，即有六人或八人一定要一同前去，我們即使有別些事務用著他們幫忙，他們也不理睬。有一天早上，他們來了十人，只帶一把柴刀，雖則明知我們絕未預備一把柴刀。

我所擇的地址離開海岸約二百碼，剛在一片高地上，靠近一條從多蕾村通到田園和森林的主要路徑。近在二十碼內有一小溪，可飲可浴。地上僅有低莽必須加以淨除，而在近處即有若干優美的林木，我們砍下周圍二十碼光景的樹林，使其透光通氣。所造之屋約長二十呎，闊十五呎，全用木料，地板用竹，單門用篷，有一大窗可以遠看海面，窗下擺設一桌，桌旁擺設一床，隔成一間小房，供我個人使用。我買入土人的若干大棕葉蓆，做成絕妙的圍牆；我自己所帶的樹葉蓆鋪在屋頂，等到棕葉篷做好以後，立刻用篷蓋上。屋後有一小舍用為灶間，蓋以屋頂，設置一凳，以備手下傭人坐下剝割鳥獸。一切完工以後，我的物件糧草逐一搬來，擺佈妥當，再用小刀，柴刀，支給巴布亞工人的工資。次日，我們的雙桅小船向著迤東諸島出發，而我從此居然做著新幾內亞大島唯一的歐洲僑民。

我們對著土人不免有些顧忌，所以當初都拿實彈的鎗放在身邊睡覺，並且派人看守；但在幾日以後，看看土人倒也和善，並且覺得他們一定不敢進攻我們五個備有武器的人，所以不再介意。我們還有一二日的工程要做，一要填補孔隙，二要裝置內外攤放標本的架子，三要開闢小徑通下水邊，並要清除屋前一片乾燥的空地。

十七日，輪船未到，煤船離港——因已依照契約，在此守候一個月了。這一日，我的獵手們初次出門射擊，射得一隻壯美的有冠鴿（crown pigeon）和幾隻普通的鳥類回家。次日，他們更有成績，獲得一隻羽毛豐滿的風鳥，一對精緻的巴布亞刷舌鸚（原註學名：Lorius domicella），四隻其他的刷舌鸚和小長尾鸚，一隻白頭翁（grackle，原註學名：Gracula dumonti），一隻魚狗（kinghunter，原註學名：Dacelo gaudichaudi），一隻尾如網球拍的魚狗（學名：Tanysiptera galatea），以及二三隻其他較不美麗的鳥類。

我親往多蕾背後阜上的村莊，帶去一些布，刀，和細珠，交歡村上的頭目，請他派些土人替我捕捉或射擊鳥類。村屋散在各片荒蕪的墾地中間。我所到的兩座村屋，有一條正中的通路，兩旁枝出短通路，通入二室，每一室住著一家，就是一座村屋。兩屋架在樁上，離地至少有十五呎，都是粗陋不堪，有些小通路的棒條湊成的地板露出許多孔隙，小孩們難免從孔隙中跌下來。村民似乎比多蕾村人醜陋些。他們顯然是這部分新幾內亞的土著，住在內地，專以耕種狩獵為生。至於多蕾人則住在海濱，做著漁夫及小商人，本由他處遷居而來，故有殖民的性質。這些山居人就是所稱「阿爾法克人」，在體態上大有不同。他們通常都是黑色，但是有些卻是棕色，和馬來人相似。頭髮雖則多少總有鬈曲，但是有時短而糾結，並不鬆長如羊毛；這似乎是一種先天的差別，並不是人工的結果。他們幾乎有半數害著皮膚病。那老頭目受了我的禮物，似乎很是高興，說是（由我所帶的翻譯員傳話）我手下人過來射擊時，他可以保護他們，又說可以替我得些鳥獸。他們在談話時吸著自種的煙葉，煙管用一塊木料鑿成，有一條直豎的長柄。

我們初到多蕾時，約在濕季的末尾，到處十分潮濕。土人對於路徑毫不注意，兩旁叢草往往跨覆路上，到處積蓄極多的水泥。這對裸體的巴布亞人並無妨害。他跋涉過去以後，遇有水道即可洗濯乾淨；只有我穿起靴褲，每日早晨要插足在沒膝的水泥孔內，真是可厭已極。我帶來的樵夫，到此不久就害了病，否則遇有難走的地方，不妨叫他開闢新徑。起初十天的下午及全夜，常雨不止；但是我們趁著晴朗的幾小時殷勤出門，倒也採集不少的鳥類和昆蟲，其中大半曾為雷森（Lesson）在遊歷中所採集，其餘卻有許多新種。無奈多蕾似乎並不是出產風鳥的地點，土人絕無一人慣於保存風鳥。多蕾所賣的風鳥都從安柏巴啟（Amberbaki）過來，約在迤西一百哩，多蕾人都往那裡做買賣。

海灣上小島的沿岸都是低地，似由新近上升的珊瑚礁構成，到處露出大堆近於原形的珊瑚。

我屋後的脊岡延長到海岸的尖端，也完全是珊瑚岩，雖則深坑確有成層的基礎的痕跡，並且珊瑚岩本身也格外緻密而結晶。所以這一帶脊岡大約起源較古，至於低地與各小島則由一次比較新近的上升而出現。在海灣的對岸聳出大堆的阿爾法克高山（Arfak mountains），據法國航海家所說，約有一萬呎高，住著野蠻民族。多蕾人很怕這些野蠻民族，往往受他們的攻擊和劫掠，屋外掛有他們的幾個骷髏。多蕾的男孩們，如果看見我走入那些高山前面的各處森林，就要在我背後高喊「阿爾法啟！阿爾法啟！」（Arfaki! Arfaki!）剛和四十年左近以前在雷森背後高喊一般。

五月十五日，荷蘭的軍用輪船厄特那（Etna）到港；因為煤已運走，只得停下等候煤船運回。厄特那的艦長原知煤船何時可到，幾日可停，本可及時趕回，只因心中以為煤船總會等他，所以並不急急趕到。這隻輪船剛在我屋對面下錨，因此我可以聽見半小時一次的鐘聲，在寂靜的森林中很是悅耳。艦長，醫官，工程師，以及別些職員，常來看我；他們的手下人常到溪上洗衣，提多列酋長的公子又常帶同一二伴侶來洗澡；除此以外，我卻少見他們的面，並且客人的煩擾也不像我所預料的那樣厲害。這時候天氣開始晴朗，但是鳥類和昆蟲並不比從前豐富許多，新奇的鳥類尤其缺少。風鳥除出普通的一種以外，簡直一無所遇，對於雷森在此所獲幾種精緻的鳥類，我們雖則仍在搜尋，也都徒勞無功。昆蟲頗為豐富，但在平均上不及帝汶的那樣精緻，因此我不得不認定多蕾不是一個良好的採集地。蝴蝶很是稀少，並且大半都和從前我在阿魯所獲的種類相同。

其他各目昆蟲當中，最古怪的有一群「有角蒼蠅」（horned flies），我從墮樹及敗幹上捉得四種。這些奇異的蒼蠅已由散得茲先生編列為一新屬，取名Elaphomia——即「鹿蠅」（deer-flies），長約半吋，軀幹纖小，而腳甚長，常將軀幹高高抬起。前肢頗短，往往向前直伸，儼如觸角。頭上的角從眼下伸出，似由眼窠下部延長而成。其中最大最奇的一種取名Elaphomia cervicornis——即「鹿角蠅」（stag-horned deer-fly），其角幾與軀幹等長，有兩分枝，在分枝處相近又有兩枚小枝椿（snags），故與鹿角相似。角為黑色，其尖端為灰色，而軀幹與腳則為黃棕色，眼（活時）為藍紫色及綠色。其次的一種（原註學名：Elaphomia wallacei）為暗棕色，而有黃色的帶紋及斑紋。角長約當軀幹三分之一，闊大扁平，為伸長的三角形，做粉紅色，鑲以黑緣，中央有一灰色條紋。面部也是粉紅色，眼是紫粉紅色，且有綠色條紋，在外觀上很是雅致新奇。第三種（學名：Elaphomia alcicornis，原註：即「麋角蠅」〔elk-horned deer-fly〕）比以上兩種稍小，色彩則與第二種相似。角很顯異，突然擴大為扁片，外緣鑲有硬齒，顯與麋角

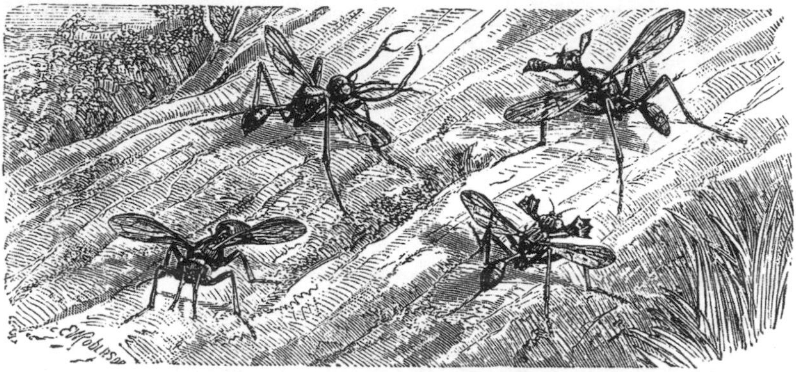

相似，故即取名為「麋角蠅」。色彩淡黃，鑲以棕色邊緣，上部三齒的尖端則為黑色。第四種（學名：Elaphomia brevicornis原註：「短角蠅」〔short-horned deer-fly〕）則與以上三種大不相同。牠在形態上更為剛強，近於黑色，腹部的基部有一黃色圈；翅上有暗色條紋，頭部扁闊，生出藐小的扁角，角心為灰色，其餘全為黑色，剛像以上兩種角的雛形。然而以上四種蒼蠅的雌體卻無出角的痕跡，並且散得茲先生又將一種雌雄體一律無角的蒼蠅（學名：Elaphomia polita）列為同屬。這一種呈出光亮的黑色，在形態上大小上都和「短角蠅」相似。

土人罕有標本持來。他們真是可憐蟲，少有射得鳥，豬，袋鼠，或懶怠的東方鼯。樹棲袋鼠原在此處發現，但是一定很少，因為我的獵手逐日出門搜索森林，竟不曾看見過一次。白鸚，刷舌鸚，及小長尾鸚，確是唯一普通的鳥類。鴿也不多，不過偶然卻有精緻的有冠鴿得來，我們對於食品正苦缺少，這種鴿肉當然是我們所歡迎的。

剛在輪船到港以前，我在墮樹中間（我獵取昆蟲的最好場所）攀爬的結果，腳踝受傷，變成難治的腳瘡（在熱帶中往往如此），使我蟄居家中若干日。腳瘡治好以後，又發腳上內部的焮腫，我聽醫官的話，時時敷上糊藥，四五日後，腳腫上部的腱上發出一個厲害的焮腫瘤。這個腫瘤必須加以醫治，加以針刺，敷以軟膏及糊藥，無奈經過若干星期仍不見好，不免使我大為灰心——因為後來天氣也開晴了，眼看巨蝶飛過門前，想到此時每日正可獲得二三十種新種的昆蟲，真是可惱已極。況且這裡又是新幾內亞！這新幾內亞，我自己也許不能再來，從前又不曾有過博物學者多時的駐足，而所產新奇美麗的物種則比地球上任何部分都要繁夥些。一天到晚，我坐在小舍裡面，沒有拐杖不能走動一步，只有每日下午獵手們所持入的鳥類，以及德那第樵夫拉哈季所捉來的少數昆蟲（他現在每日代我出門，但他當然不能捉得我所能捉的四分之一），可以慰藉我的煩惱；並且手下一切傭人多少都害著病，有的害著熱病，有的害著痢疾或瘧疾；有一次，除我以外，還有三個傭人害著重病，只有一個廚子健適，整天只夠伺候我們。提多列的酋長與班達的駐使都住在輪船上面，正在尋覓風鳥，四面差人搜羅，以致我想得些稀罕鳥類的本地鳥皮也沒機會；並且多蕾人出賣的鳥，獸，昆蟲也都送到輪船上去，因為那裡可以銷售各種東西，又能拿出種類更多的物件來交換。

我受了一個月的禁錮以後，才能稍稍出外，同時僱得一隻小船和六名船夫，運送阿理和拉哈季到安柏巴啟去，再在一個月後運送他們回來。我委託阿理購買風鳥，並射擊和剝製其他一切稀罕的或新奇的鳥類；委託拉哈季採集昆蟲——我想那裡的昆蟲也許比多蕾豐富些。我開始出門搜尋昆蟲的時候，我在鄰近一帶發現一個大變化，一個對我很合意的變化。當我害病的時期，有一隻帆船（輪船的附屬船，追隨輪船到港）的水手和爪哇兵砍下大樹，且鋸且剖，以充燃料，將來煤船即使不返，輪船也可用以代煤生火，以返帝汶。他們又在森林中闢出許多又闊又直的道路，通到各方，土人看了以後，簡直莫名其妙。因此林中道路縱橫，又有大宗砍倒的樹木，正可在此搜尋昆蟲；爭奈林中雖有這些優點，昆蟲卻沒有從前我在砂勞越，或帝汶，或巴羌各地所見的那樣豐富，足見多蕾的確不是良好的地點。不過這一層卻很可能，就是稍入內地幾哩以後，脫離新近上升的珊瑚岩和海洋空氣的影響，即有著實更為豐富的昆蟲可以收穫。

某日下午，我往輪船上答訪艦長，他取出一個副官在本島南岸及阿爾法克高山（他們曾往該處旅行）所做若干精美的寫生畫給我觀看。從這些繪畫和艦長的描述看來，阿爾法克人似乎和多蕾人相似，至於雷森所說住在內地的直髮民族（straight-haired race），他們竟完全沒有提起，不過那種民族實在不曾有人見過一面，雷森的報告也許由於誤會而來。艦長告訴我說，他對本島南岸的一部分已有詳細的調查，只消煤一運到，立刻就要駛往東經一百四十一度的洪保德灣（Humboldt Bay）——那是荷蘭在新幾內亞所要求的界線。我在附屬船上遇著一位同業的博物學者。他是德國人，名叫洛蹭柏，充當調查團的製圖員。他帶有兩個工人，射擊並剝製鳥類，已向土人買得幾張稀罕的鳥皮。其中有一對優越的「長尾風鳥」（Paradise Pie，原註學名：**Astrapia nigra**），保存頗佳。這一對風鳥從佐比島運來，也許就是佐比的土產，因為佐比當然是那更稀罕的有冠鴿（原註學名：Goura steursii）的產地，那種有冠鴿，有一隻活的在船上從佐比運來出賣。不過佐比卻是凶險的地方，水手們在岸上往往被戕；有時船隻也要被攻。在佐比對面新幾內亞本島的宛丹門（Wandammen），據說鳥類極多，但比佐比還要凶險。這兩個地方，我若冒險前往，我的性命大約不能保留一星期。在輪船上有一對活的樹棲袋鼠。這種袋鼠和地棲袋鼠主要的區別，在於尾上多毛，尾的基部並不粗大，尾也不用作支持物；再者在於前肢的健爪用以攀爬樹木，並抓取所吃的樹葉。牠們行動時以後肢短跳而前，似乎並不特別適宜於爬樹。有人猜測這種袋鼠是特別適應新幾內亞卑濕森林的動物，所以牠的形態和普通單單適應旱地的袋鼠不同。溫座爾・厄爾先生對於這種理論發揮很多，不幸事實上樹棲袋鼠大概發現於新幾內亞的北半島，這個半島全由大山小阜構成，絕少平地，而低窪的阿魯群島所產的袋鼠（原註學名：Dorcopsis asiaticus）卻是地棲的種類。我以為只有這個猜測似乎較為可能，就是：樹棲袋鼠已在新幾內亞的廣漠森林中蛻變為能吃樹葉，因為這些森林就是新幾內亞和澳大利亞不同的所在。

六月五日，煤船從帝汶駛回，添運輪船所需的一些新用品。多半已經裝上輪船的柴料現在重新卸下，再把煤船所運的煤逐一裝上輪船，於是輪船與其附屬船在十七日向著洪保德灣出發。因此，我們又再安靜一些，並且買得一點食品；因為他們停留這裡的時候，土人所有魚類或蔬菜一概賣給他們，我往往須用一隻小長尾鸚當作兩餐。阿理和拉哈季現在已從安柏巴啟回來，無奈他們幾乎毫無所得。他們曾經到過若干村莊，甚至到過兩天遠路的內地，但是看不見有風鳥的鳥皮出賣，只有極少數的普通的一種。各處所見的鳥類都和多蕾相同，且比多蕾更少。近海的各處土人絕不射擊或配置風鳥，他們所有的風鳥都從遼遠的內地、渡越二三重高山、一村一村的傳遞而來，用著貨物交換的方法一直傳遞到海。多蕾土人都向內地購買風鳥，買回以後，轉賣於布吉或德那第商人。所以旅行家想往沿岸某處可買稀罕風鳥的特別地點，向那土人購買新鮮的標本，實在是絕無希望的；並且從此可見任何一處的這些風鳥都是不多，試看安柏巴啟這個有名的區域，已獲的種類雖有五六種，而在本年卻沒有一隻比較稀罕的風鳥得來。因為一切稀罕的風鳥當然可以賣到提多列的酋長手中，但是他本年所買的卻只有普通的黃色風鳥。我想這一層是可能的，就是：如果在多蕾多住幾時，向內多走幾哩，也許可以發現若干比較稀罕的種類，因為我現在已經獲得單單一隻胸部現出鱗形的 Ptiloris magnificus 的雌鳥。我在德那第時，聽說有一種黑色的王風鳥，既有普通風鳥的美麗絨毛以及捲曲的鳥尾，而其餘一切羽毛則呈光亮的黑色；這在歐洲當然還沒有人知道。多蕾人聽了我的描述以後，雖然認識其他大半的種類，而對於這一種卻也絕無所知。

輪船出發以後，我害起厲害的熱病。我在一星期內把它治好，卻又害起全部口腔，以及舌，齦的劇痛，以致多日不能咀嚼固體的食品，只得專吃流動的食品。同時有兩個傭人也再害病，一個熱病，一個痢疾，都很厲害。我用身邊小宗的藥品盡力醫治他們，但是他們病了幾個星期，直至六月二十六日，可憐朱馬特竟病死了。他大概是部頓人，年十八歲，性情沈靜，不很活潑，做事十分認真。我的傭人都是回教徒，所以我許他們依照回教的儀式給他埋葬，再給他們一點新棉布做起一件壽衣。

七月六日，輪船開始從東方駛回。就普通的情形說，這時候的天氣應該晴明乾燥，但是依舊十二分潮濕。我們缺少食品，大家害病。熱病，傷風，和痢疾，不斷的纏擾我們，因此，我很想即時離開新幾內亞。厄特那的艦長過來看我，向我報告旅行的情形，十分有趣。他們曾在洪保德灣停留若干日，看見那個海灣比多蕾更加美麗有趣，港口也更良好。土人很是質樸，除出迷途的捕鯨船以外，罕有外地人過往，並且身心兩方面都比多蕾人好些。他們裸體度日。房屋有些架在水上，有些造在內地，一律整潔完固；田野墾闢，各以清潔開朗的路徑相通，與多

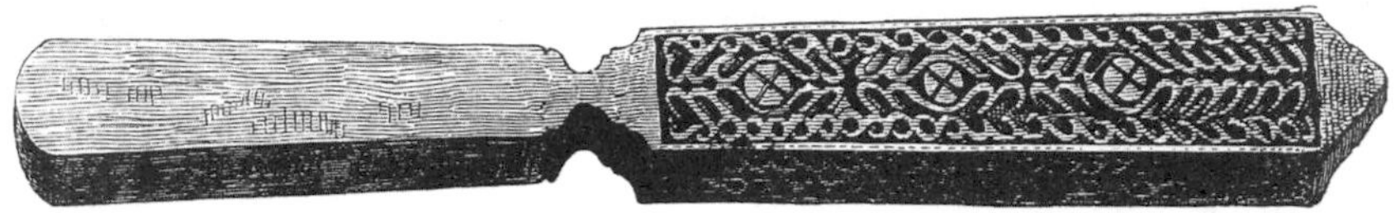

蕾大不相同。厄特那初到那裡的時候，他們駕駛許多小船預備對抗，以手彎弓，表示厄特那如果近岸，他們就要放箭。厄特那的艦長臨機應變，表示屈服，拿些贈品拋上岸去，再經過二三次波折以後，厄特那的船員即能上岸行走，並且獲得果蔬的供應。他們對著土人都用記號示意，因為他們所帶多蕾的翻譯員完全不懂這些土人的語言。他們不曾獲得新奇的鳥獸，但是風鳥的羽毛卻有土人用作裝飾品，足見風鳥在這個方向蔓延很遠，也許蔓延於新幾內亞全島。

文明程度這樣低下的人類對於藝術竟有初步的愛好，倒是一種古怪的事實。這裡多蕾的土人，可以說是大雕刻家和畫家。他們住屋的外部，凡是有板的各處，都雕出粗陋而顯異的圖形。小船的船頭恰似高聳的鳥喙，飾以大簇木頭雕成的珠粒細工，往往很精緻。船頭的尖喙往往雕出人形，頭上飾以加朔阿利的羽毛，摹仿巴布亞人拖帶形的頭髮。釣線的浮子，製陶器時用以搗勻黏土的木槌，盛煙葉的匣子，以及其他家內的用具，都雕刻著精緻的並且往往優美的花紋。如果我們未曾發覺這種嗜好和這種技術原可以和極端的野蠻並行不悖，我們簡直不會相信這些多蕾人對於其他各種事件完全缺乏整齊，舒適，或恰當的意識。然而事實上竟是如此。他們住在最汙穢最破陋的茅舍當中，絕無各種可稱家具的物件；並無一几，一凳，或一板，更無刷子；他們所穿的衣服常為汙穢的樹皮；或破布，或袋布。在他們逐日往來田園所經的路徑上，似乎並無一條橫生的樹枝或荊棘曾經有人斬除，所以你必須鑽過濃密的植物，爬過墮樹和荊棘，涉過永不乾涸的泥潦——因為陽光不能射入。他們的食品幾乎全是草根和蔬菜，魚或鳥獸都被他們看作難得的奢侈品，所以他們時常害著各種皮膚病，小孩們尤其滿身生著瘡毒。所以他們如果不是蠻民，試問世界上還有誰是蠻民呢？但是這些蠻民簡直個個愛好美術。他們利用閒暇的時間製造各種精美的作品，這些作品即使列在我們美術學校中，也會享受大家的讚美哩！

我住在新幾內亞島上較後一期所遇的天氣很是潮濕，鳥類更加缺少，我唯一的射鳥工人又有疾病，所以我只得專門採集昆蟲。我在晴朗的時間努力工作，每日獲得小宗的新種。每一株敗樹和墮幹都經過再三的搜索；並在若干砍倒的樹木所有殘留的敗葉中間尋得大宗纖小的鞘翅類。嗣後我雖不曾看見婆羅洲那樣豐富的魁偉精緻的甲蟲，但在此處卻已獲得大宗的種類。我在頭二三個星期尋出最好的地點時，每日可得三十種上下的甲蟲，又有半數上下的蝴蝶，以及其他各目的少數昆蟲。此後直到最後一星期為止，我每日平均獲得四十九種。我在五月三十一日竟得七十八種，大半都從枯樹中間和腐敗的樹皮底下覓來，真是前此所未曾有。每逢晴天，我遠登小阜，並往土人的各片栽植地，沿途捕捉各種不很普通的動物，也許即可獲得六十種左右；而在六月末尾一日，我竟獲得九十五種甲蟲，更是空前絕後的一日。那日，天氣晴明炎熱，我專在歷次發現的最好的地點撲擊乾枯的葉叢，檢查腐敗的樹皮。我從上午十時出門，直到下午三時回家，在家中費去六小時，把一切標本處理妥當。我在此地雖已逐日採集了兩個半月，得了八百多種的鞘翅類，但是這一日的工作竟添出三十二種新種。其中有四種「長鬚甲蟲」，二種蚑科，七種隱翅蟲科，七種象蟲科，二種Copridæ，四種金花蟲科，三種異節類，一種「叩頭蟲屬」（Elater），及一種「吉丁蟲屬」（Buprestis）。再者我在最後出門採集的一日竟又獲得十六種新種。所以三個月來，我在多蕾這一方哩有零的地面上雖已採集一千種以上的甲蟲，但是不敢自信這個數目可以代表這片地面實際上所產種類的半數，或者代表任何一個方向、二十方哩以內、所產種類的四分之一。

七月二十二日，雙桅船赫斯忒赫勒拿到港，再過五日，我們乃與多蕾作別而行，心中頗無留戀，因我在此所受的挫折超過以前所遊的各地。不斷的下雨，不斷的害病，難得的滋補食品，以及蚊蠅的侵擾（比我以前所受任何害蟲的侵擾都要厲害些），已經使我難堪；何況採集方面又不能有多大的成績可以補償呢？這一番新幾內亞的遊歷，雖抱滿腔希望而來，乃竟失望而去。一切產物不但不能比阿魯群島好得許多，反而幾乎都要壞得許多。我不但得不到一些比較稀罕的風鳥，甚且看不見一隻這種風鳥，得不到一隻極端精緻的任何鳥類或昆蟲。然而我卻不能否認多蕾的螞蟻十分豐富。其中有一種纖小的黑螞蟻尤為繁殖。一切灌木和喬木幾乎都攢聚著這種螞蟻，牠們的紙質大窠到處可以看見。我的住屋造好以後，牠們立刻就來佔據，在屋頂上築一大窠，又造紙質隧道沿柱而下。我把昆蟲擺在桌上從事配置的時候，牠們蜂擁而來，居然在我面前攆走昆蟲，甚且把卡片上膠牢的昆蟲撕開。牠們不斷的爬到我手上面上，鑽入髮內，任意在我身上行走，除非牠們開始咬我的時候，我總不覺得什麼痛癢，牠們每次遇著前進的任何阻礙，就要狠狠的開咬，我一再跳起來，急忙脫下衣服，驅除牠們。牠們又要惠顧我的臥床，所以我在夜間也難安睡。我可以斷定，自己住在多蕾的三個半月，絕對沒有一個小時完全脫離了牠們。牠們雖然沒有其他許多種類那樣貪食，但是數目眾多，並且無處不在，簡直使我防不勝防。

再就蒼蠅而論，最可厭的有一種大青蠅或大蒼蠅。這些蒼蠅看見我的鳥皮攤開，立刻蜂擁而來，在毛羽上遺下大堆的卵子，如果疏忽過去，次日即可變蛆。這些卵子產在羽毛當中，或在翼下，或在接觸曬板的羽下，有時幾小時所產大堆的卵子竟把鳥皮從曬板上抬高半吋；並且這些卵子黏牢羽毛的纖維，要把牠們弄開，真是麻煩已極。我在其他各地從不曾有過這樣討厭的事情。

我們於二十九日離開多蕾，以為這次歸航一定很快，因為這時候應該有穩定的南風和東風。不料沿途都是靜風和西方微風，經過十七日的航程，方才到達德那第，計程僅有五百哩，若在平均的風向，只消五日就夠了。我回到自己舒服的住宅，再有牛乳可以沖茶、沖咖啡，又有新鮮的麵包和乳油，以及肥美的家禽和魚類，可以佐餐，真是享福不少。這次新幾內亞的旅行已經弄得我們精疲力竭，所以我決意要在此將息一番再作道理。隨後我往濟羅羅和巴羌的旅行早已敘述過了，現在只消報告自己遊歷威濟烏的情形，威濟烏就是我最後往尋風鳥的巴布亞地域。

第八章
由西蘭航往威濟烏 一八六〇年六月及七月

我在第五編第七章已經說過自己到過瓦亥，再從瓦亥前往密索爾及威濟烏，只因密索爾威濟烏兩島屬於巴布亞地域，所以遊歷的報告列在新幾內亞主島的報告以後。現在我從瓦亥出發說起：這次出發，把各種必需的物件帶給我的助手阿倫先生——他在密索爾的賽林塔相候——再從賽林塔前往威濟烏。記住我這次航行係乘一隻小普牢船，就是我從前買到哥蘭配置妥當的普牢船；再者我被手下的水手們棄在西蘭岸邊以後，我已再在瓦亥僱得四名水手，此外還有一名帝汶的獵手。

西蘭和密索爾之間有六十哩的大海，並且沿海吹著猛烈的正東季候風；所以不能迎風航駛的普牢船要想穿渡過去，不免有些礙手。為求充分的風壓（leeway）起見，我們先從瓦亥向東，趁著陸地的微風傍岸航行；但在次日上午（六月十八日），尚未航出我所指望的距離。我的領港人——一個有經驗的老水手，名叫谷魯蘭坡科（Gurulampoko）——向我切實的說，海上有一種向東的海流，我們不難航往密索爾的賽林培。我們離岸以後，風勢加強，海浪頗大，我這短小的船隻顛簸不定。在日落時，我們尚未渡到中途，而密索爾則已顯然可見。我們盡夜前行，

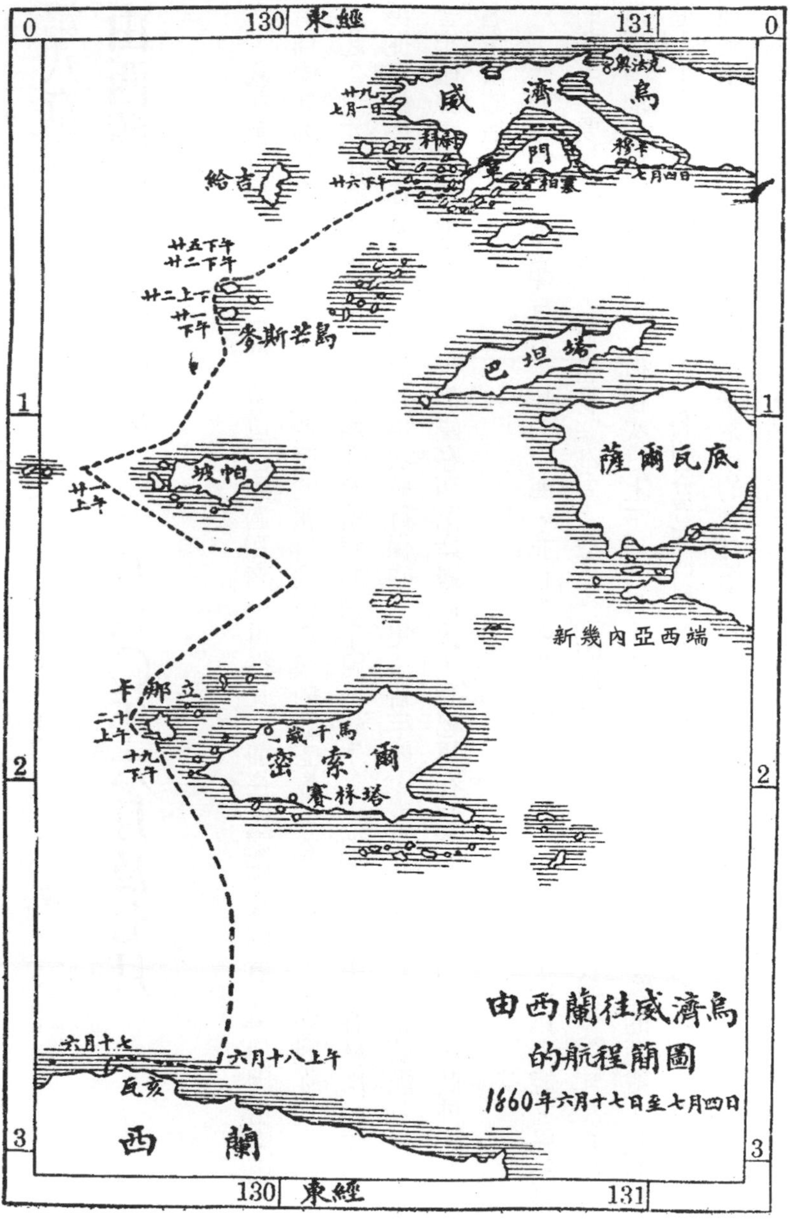
東經
130
131
0
1
2
3
威濟烏
門
給吉
參斯芒島
巴坦塔
薩爾瓦底
坡帕
新幾內亞西端
卡鄉立
密索爾
歲千馬
賽林塔
六月十七
六月十八上午
瓦亥
西蘭
由西蘭往威濟烏
的航程簡圖
1860年六月十七日至七月四日

直至拂曉一看，方知夜間向西斜上，這顯然由於領港人時時打盹，而不能常使船隻充分迎風所致。我們分明看見高山，但已顯然不能到達賽林塔，即想駛到密索爾的極西端，也頗為難。這時候風浪很大，我們的普牢船不斷的被波浪衝到下風一邊，經過疲勞的一日以後，依舊不能靠近密索爾，大約只能到達密索爾西北方相距十哩光景的波羅卡那立島（Polo Kanary）。由是我們也許可以等候順風，駛往密索爾北岸的崴干馬（Waigamma），再從崴干馬乘一小舟往會阿倫。

夜間九時左右，我們果然駛到波羅卡那立的下風處，進入平靜的海面，真是十二分滿意，因為我已害病，很不舒服，自從上一日早晨以來幾乎沒有吃過東西。我們慢慢的靠近岸邊，自謂不久即可下錨，泡起咖啡，煮成晚餐，安然入睡，不料風勢驟停，我們只得取槳划船。等到我們離岸只有二百碼光景的時候，我看見各水手雖則盡力划船，似乎也並不近靠一點，實際上反而漂到西方；並且船身不肯服從船舵，時時傾向下風一邊，我們費盡力氣，方才把牠收回。再過一會，我們聽見一種宏大的漣波之勢，方知船身陷入無可挽回的海流當中；水手們拋下船槳，自嘆絕望，船身在幾分鐘內漂出下風一邊的海面來，從此永無到達密索爾的機會！我們升起船頭的三角帆，乘風航行，直到次日晨間，離島只有幾哩，但是風向這樣穩定，我們萬難駛回島岸來。

現在我們向北航行，希望不久即有比較偏北的風向。午時相近，海面著實更為平穩，我們趁著南南東（S. S. E.）的風向，向著薩爾瓦底航行，我希望從此可往薩爾瓦底，僱起一隻小船，把糧食什物運給密索爾的阿倫先生。不料這種風向並不久長，反而變成靜風；隨後吹起輕微的西風，罩上黑暗的層雲，再賜我們到達密索爾的希望。但是頃刻以後，我們依舊失望。東南東的暴風開始再吹，並且全夜吹著不規則的疾風，加以一種短促的逆浪，船身的顛簸很是厲害，因此我們陸續收回我們的風帆，直到後來，只得單用船頭的三角帆航行，以免船身傾覆。過了悽慘驚惶的一夜以後，我們已經漂到坡帕島以西，於是風再略微偏南，我們張開全帆以求到達坡帕。無奈我們依舊不能奏功，結果只是挨往西北方去，其時再有大風從東南東吹來，於是我們想找一處等候好風的希望完全落空。這是對我關係重大的一件事情，因為查理士・阿倫在賽林塔等我不著，也許回到瓦亥，知道我早已出發，而在出發以後卻完全沒有音信，那麼他將如何是好呢？他簡直不會想到我們這樣錯過四十哩長的密索爾島的事件，他總以為我們的小船也許已經沈沒了，否則我手下的水手們也許已經把我殺死，帶著小船跑開了。但是我在事實上既已不能到他那裡，我只有直截了當的趕到威濟烏，預料我們總可以遇著一些商人，那些商人也許可以代我向他傳達平安的消息。

我從地圖上看出自成一組的三個小島位於坡帕以北二十五哩，遂即決意在可能的情形下，要停在那裡一二天。我們擺佈船頭向著東北偏北；但是東方湧來的猛浪不斷的打擊船身，使它離開航線，並且船身又這樣偏向下風一邊，所以我們要想到達那三個小島，簡直十分吃力。要想保持船頭朝著最好的方向，既不宜過於近風，又不可過於離風，以致停滯不前，以致遠向下風一邊，真是一種精細的工作。我時時親自指導舵手，果然在日落時，航到一島南端的下風處拋錨。但是拋錨所絕對不好，因有珊瑚的裾礁在低潮時乾涸無水，我們只得在裾礁以外散佈著大堆珊瑚的海底上拋錨。我們已經在一隻無甲板的小船內整整過了顛簸震盪的四日，並且失望憂鬱的四日，所以有了這一夜比較的平安，真是享福不少。那老年的領港人從不曾有一小時以上一次的離開舵位，每一次只有片刻的小睡；所以我決意要在次日早晨尋覓一個安穩便利的港口，靠在港岸休息一日。

等到早晨一看，我們倒須繞過一個岩嘴，我吩咐水手們上岸斫取藤索，用以維繫船身，以免再被漂開，因為風向正和海岸相反。不幸我竟為領港人及全體水手所支配，因為他們大家聲言划船繞過岩嘴最是容易，只消幾分鐘即可辦好。於是他們拔起船錨，掛起船頭的三角帆，開始划槳；但是果然逃不出我所怕的一層，船身竟從岸邊很快漂開，於是我們只得拋錨於較深的海中，離岸著實更遠。至此我們兩個最好的水手，一個巴布亞人，一個馬來人，泳水上岸，各攜一斧，前往叢莽內尋覓蔓藤。約在一小時後，船錨鬆放起來，並且開始拖移。我看了以後大為吃驚，但是我們拋出餘下的船錨，放出全數的錨索以後，似乎依舊十分安定。我們至此急盼上岸的水手及早回船，正在預備放鎗喚回他們的時候，看見他們在海濱上並不很遠，但是同時我們的船錨又已滑動，船身逐漸漂到深水裡來。我們立刻取槳划船，但是依舊不能抵擋逆風和逆流，並且我們向岸上盡力的叫喚，竟在我們離岸很遠以前絕不發生影響，因為岸上的水手似乎正在海濱尋覓介類。但在頃刻以後，他們睜眼看著我們，且在幾分鐘以後，似乎發覺了他們所處的地位；因為他們衝下水中，彷彿要泳水過來，但又回到岸上，彷彿憚於嘗試。當初我們已經拔起船錨，以免阻礙我們的划槳；但到現在，自知無能為力，遂將兩錨重復拋下，放出錨索的全長。從此船身頗為穩定，漂開很慢，我們希望岸上的水手趕快做起木排，或砍下軟樹，划水過來，因為我們離岸僅有三分之一哩。無奈他們似乎已經一半失去意識，皇皇然用手招呼，東奔西跑，後乃走入森林；我們正在逆料他們已經準備某種渡水方法的時候，忽然看見他們烹煮介類所生的火煙！他們顯然已經斷絕一切追隨我們的觀念，我們只得顧慮我們自己所處的地位。

現在我們離岸約有一哩，正在兩島的中途，但已逐漸向西漂流出海，要想營救岸上的水手，只有一個駛到對岸的機會。因此，我們掛起船頭的三角帆，盡力划槳；無奈風又停了，我們很快漂開，經過若干困難，方才駛到對面一島的西極端。於是留在船上的唯一水手攜帶一索，泳水上岸，用索拖船，繞過尖端，進入一處頗為安穩的拋錨所，十分護風，只因露在海浪當中，船身跳動不定。我們至此陷入悲苦的境遇，既已失去兩個最好的水手，又已用盡我們的體力。船上僅有二日的淡水，這個火山性的小岩島似乎又無淡水可以汲取。岸上那兩個水手的行動很是可疑，雖則他們有了兩把好柴刀，在一日內很可以做成一個有支架的小木排，趁著背後吹送的風向，安然渡過二哩的平海（只消他們從島上的東端出發，任憑海流的漂送），但是他們卻不一定有這種嘗試的計畫。我希望他們具有這種嘗試的識見，決意停泊到可能的長時間，供給他們以設法的機會。

我們經過煩悶的一夜，生怕船錨或藤索再有誤事。次日早晨（二十三日），看見一切都很安穩，我即與手下兩人涉水上岸，僅有舵手和伙夫留在船上，我吩咐他們在必要時開鎗召喚。最初我們沿岸而行，後在島上東端阻於陡峻的懸崖，見有一處留著燻肉的痕跡，有一鼈甲塗著油脂，又有若干柴料，某葉猶作綠色——足見不久以前曾有船隻在此停泊。於是我們走入叢莽，斬徑登阜，而達阜頂以後，因有密林，以致一無所見。我們在歸路上砍下若干竹竿，削尖以後，在西穀樹下的低地上掘地覓水；不料我們將次動工的時候，我手下瓦亥人和易（Hoi）忽然叫著自己已經尋出水來。我們走去一看，原是若干西穀樹中間的一個深孔，來在堅硬的黑黏土中，盛滿著水，其水新鮮，只因枯葉和西穀渣墮入很多，所以臭氣難堪。我們在匆忙中認為泉水或滲水，將水盡量舀出，並且舀出十幾吊桶的汙泥和垃圾，希望入夜以後可以獲得大宗的清水。於是我先上船去吃早餐，留著手下兩人做一竹排，用以運送我們上岸或下船。我快要吃完早餐的時候，錨索忽然折斷，船身撞在岩石上。幸而天氣平靜，船身並無損害。

我們撈起船錨，方知錨索全夜在珊瑚上揩擦，所以被它割斷。如果錨索斷在夜間，我們也許已經漂出大海，失去船錨，或者船身大大受傷。等到傍晚，我們走到岸上的原孔去取水，不料大為失望，我們只見孔底有一點汙水，才知這個深孔僅貯雨水，在目前的旱季內絕對不能再滿起來。我們想到缺水的苦楚最為難堪，遂取這種汙水盛滿水瓶，使其澄清。再在本日下午，我曾直往本島的南岸燒起大火，期望對面島上的那兩個水手知道我們還在這裡相候。

次日（二十四日），我決意再往岸上覓水；我們在退潮時繞過一處岩嘴，直往本島的極邊，始終看不見什麼小河的痕跡。後在回頭的路上看到一條十分狹小的乾河床，我立刻上去探檢，雖則河床這樣乾燥，以致我手下人都大聲說是不必上去尋水；但是上去不遠，果然在一小潭中覓得幾個品脫（pint）的水。我們搜尋上去，尋遍一切孔穴和溝隙，卻再尋不出點滴的水。我差出一個手下人，回船去取大瓶和茶杯，我自己再和其餘手下人沿岸搜尋，後來尋出另外一條乾河床的痕跡，我們跟蹤上去以後，發現兩個有蔭庇的深岩孔，藏著好幾個加侖（gallon）的水，盡夠裝滿我們所有的水瓶，真是可喜已極。茶杯取回以後，我們欣然汲飲清潔的冷水，並且我相信，在我們走開以前，島上的水已經點滴無遺了。

在傍晚時，有一隻頗大的普牢船出現，彷彿向著我們那兩個水手所在的小島駛去，我們希望那兩個水手也許可以被這隻普牢船看見救出，但是它沿著海峽中心過去，並不看見我們所揭的信號。不過我到現在，覺得那兩個水手的性命可以無憂。在我們這個岩島上，西穀樹很是不少，在他們那個平坦的小島上，大約總有若干西穀樹。他們有了柴刀，可以砍下一樹，製成西穀，並且大概可以掘得充分的水。介類既是豐富，他們很可以支持到有船靠岸的時候，或者支持到可以差人營救的時候。次日，我們一面斬伐樹木，一面裝滿水瓶，預備傍晚出發。我射下一隻小刷舌鸚，和德那第的一種普通種密切相似，又射下一隻有光輝的歐椋鳥，和西蘭馬他貝羅兩地的類似種有別。碩大的斑鳩（wood-pigeon）及烏鴉為我所見其他唯一的鳥類，但我不曾獲得標本。

六月二十五日晚間八時左右，我們離岸動身，大家一齊動手，恰能升起我們的主帆。我們在夜間遇著順風，向著東北航行，次日上午，已在威濟烏極端以西大約二十哩，中間排列著若干島嶼。十時左右，我們不偏不倚的對著珊瑚礁前進，真是吃驚不小，幸而又得安然迴避而過。下午二時左右，我們航到一個廣漠的珊瑚礁，正在傍礁航行的時候，風卻忽然停止，我們漂到礁岸以後，方能收下笨重的主帆，雖有一部分落在船外，只好任它自由。我們費盡辛苦，方才離開礁岸，但到後來，卻再駛入深水當中，不過四周仍有許多暗礁及島嶼。入夜以後，我們簡直不知如何是好，因為船上並無一人知道我們自己到得什麼所在，或者四周究有什麼危險——我們只有一個水手熟悉威濟烏的海岸，卻已被棄在那個小島上。因此，我們收下一切風帆，任其漂流，因為我們距離最近的陸地還有幾哩。但有微風吹起，約在半夜時分，又見我們自己磕碰一個珊瑚礁。天氣既是黑暗，我們所處的地位毫不自知，只得憑著揣測以求迴避，如果風勢稍大，我們也許已經撞成碎粉。約在半小時後，我們果然迴避而過，即在暗礁的邊緣下錨，以待天明。次日（二十七日）天明以後，看見船身並不受傷，即在大批島嶼和暗礁中間穿行而前，遇著變動不定的風向和暴風，僅有一張很不準確的地圖，以及我們所應採取的一般方向，做著指導的東西。當日下午，在一個小島旁邊尋出一處相當的拋錨所，下錨過夜，我又射得一隻新奇的大食果鴿，現在已取名為**Carpophaga tumida**。我又看見一隻稀罕的白頭魚狗（**Halcyon saurophaga**），可惜射牠不中。次日晨間，我們向前航行，因值順風，到達威濟烏大島的海岸。我們繞航一處地角時，竟又不偏不倚的對著一個珊瑚礁前進，並且船上揚著主帆，幸而風已幾乎靜止，我們費盡力氣，得以安然迴避而過。

我們至此須在大批島嶼中間尋出一個狹海峽，這個海峽，我們明知已在附近一帶，並且通到威濟烏南岸的各村。我們進入一個頗有把握的深海灣，一直駛到盡頭的所在，適值黃昏，遂即下錨過夜，淡水都已用完，以致不能烹調晚餐。次日早晨（二十九日），我們在茄藤叢生的地方上岸，稍入內地以後，覓得若干淡水，心中很是欣慰，於是沿岸航行，搜求前進的進口，或能指示進口的人們。我們一連三日都已駛在暗礁和島嶼排列的中間，僅僅見過一隻小獨木舟，那隻獨木舟曾經靠近我們的普牢船，無奈我們揭起信號以後，他們卻駛到別個方向去了。各處的海岸似乎都很荒涼；並無船、屋、人、煙可以看見；且因我們只能隨著時時轉變的風向航行（我們人數太少，不能划槳前進），到達目的地的前程似乎還是十分渺茫。我們駛到深海灣的東邊盡頭以後，看不見什麼進口的痕跡，只好掉頭向西；直到傍晚，幸而看見一個小村，有七座茅舍架造水上。可巧村上的「奧朗卡雅」——即頭目——能說一點馬來語，說是海峽的進口的確就在我們所進的海灣當中，不過除非十二分近岸不能看見。他說，海峽往往很狹，且在許多湖沼，岩石，和島嶼中間蜿蜒前進；又說，從此前往穆卡（Muka），大約需有兩天，往威濟烏再需三天。我僱得兩個水手，陪著我們同往穆卡，帶著一隻小船，以備他們回來；不過我們須候他們一天，所以我攜鎗前往就近的森林。這一天細雨濛濛，我只射得二隻小鳥，卻看見一隻黑色的白鸚，瞥見一二隻風鳥，這種風鳥的呼嘯，我們當初近岸的時候已有聽見。

次晨（七月一日）離村，遇著微風，費去全天的工夫，航到海峽的進口，看去似一小河，且為突出的地角所掩，無怪我們不曾在濃密的森林植物中間（這種植物到處掩蓋著這些島嶼直到水邊）發現這個進口。進內不遠，兩岸變為峻峭的岩石，海峽迂迴前進了二哩光景以後，我們駛入所謂似湖的所在，其實這是一個深灣，在南岸上有一狹口而已。這個海灣的沿岸散播著許多岩洲，大半成為菌形，下部可溶解的珊瑚石灰岩，已為海水所消融，留著上部突出十呎到二十呎。各個岩洲上面，滿眼都是離奇的灌木和喬木，並且通常都有巍峨雅致的棕櫚翹然特出，這種棕櫚並且散播在各處多山海岸的脊岡上，成為一種最奇特最優秀的風景。以前漂送我們穿過海峽的海流至此截止，我們只得划槳前進，我們的普牢船又短又重，前進很慢。我走上岸邊有好幾次，但是岩石過於峻峭，尖利，並且多孔；要穿過糾纏的叢林，的確無從著手（這種叢林遍地都是）。我們費去三天的工夫，駛到海灣的進口，忽有大風阻礙我們的前進。我們不免要有幾天或且幾星期的留滯，幸虧有一隻小船從穆卡過來，載著一位頭目，他已神奇不測的聽說我在路上，所以特來相助，帶有若干椰子和蔬菜給我，使我驚喜交集。他十二分熟悉這一帶海岸，差出若干水手幫助我們，用著划槳，撐篙，或揚帆的方法，繼續前進，當晚運送我們安然進入港口，真是欣幸莫名。我們已經在大批暗礁和島嶼中間整整過了八天，走了五十哩光景的距離，自從哥蘭出發以來剛好四十天。

我一到穆卡以後，立刻僱起一隻小船和三個土人，去尋那兩個失蹤的水手，差出手下一個水手和他們同去，以免誤尋。十天以後，他們回來了，卻不曾尋回那二個水手，使我大為懊喪。那幾天天氣很壞，他們雖已駛到那個小島鄰近的一島，但為天氣所阻，絲毫不能前進。他們一連等候了六天，天氣並不見好，糧草既已吃完，我所差去的水手又害重病，所以他們只好回來。我因為他們既然知道了那個小島，所以決意要叫他們再去探尋一次。我支付他們大宗的小刀，手巾，和煙葉，以及充足的糧食，勸誘他們立刻動身，再去嘗試。但是他們竟在中途留家——柏塞村（Bessir）——幾日，直至七月二十九日方才回來；不過這一次他們已經奏功，替我帶回那兩個失蹤的水手。這兩個水手雖然形容瘦削，但是身體卻很康健。他們在小島上剛剛住了一個月，靠著草根，介類，一種鳳梨的嫩花梗，以及少數鼈卵為生，並且早已尋出淡水。當初他們兩人只帶一條褲子和一條襯衫游泳到島上去，但已造了一座棕葉的小舍，很可以舒服的度日。他們看見我在對面的小島上等候他們三天，但是憚於穿渡，因為海流也許漂送他們出海，以致犧牲性命。他們覺得我一定會盡先派人去營救他們，並且似乎對於我營救他們的熱心非常感激；而我自覺這次航程雖很不幸，卻還沒有損失人命，總算不幸中的大幸。

第九章
威濟烏　一八六〇年七月到九月

穆卡村在威濟烏南岸，僅有若干破陋的茅舍，都是半臨水中，半在岸上，參參差差的散佈在一個淺海灣上，約有半哩的地面。四周稍有幾片墾地，又有大片再生的森林植物；村後半哩光景以外現出原生林，有幾條小徑穿過原生林，通到內地一二哩遠的若干房屋和空地。附近一帶頗是平坦，有幾處更是卑濕，又有一二小河從村後流到村下入海。我看見這些村舍都不合用，並且知道住近森林或即住在林中很有好處，所以打算擇地建屋。我擇定一個地址，靠近小徑，小河，剛在林中一株無花果樹旁邊，僱得六個男人相助，從事淨除地面，以便建築房屋。因為我在此地並不想和多蕾那樣久住，所以僅築一座狹長低矮的小舍，一邊高到七呎上下，別一邊四呎上下，因此所需的木料既少，建築的工程極快。牆壁用著風帆和村中一座空屋的幾個舊棕葉篷構成，屋頂用著棕葉蓆蓋成。到第三天，屋造好了，搬入一切物件，擺佈妥當，開始做事。我對於建築如此之快，地位如此之好，覺得十分歡喜。

一向的天氣都是晴朗，直到這夜忽然大雨，始知屋上的蓆篷難以禦雨。這種蓆篷先是滲漏，後則到處流水如注。我在夜中只得起來遮藏昆蟲箱，米，以及別的容易損壞的物件，並且床上已經濕透，只得另覓乾燥的一處睡覺。以後雨連續的降下，漏孔也連續的加多，我們過了十分苦楚的一夜，次日天氣晴明，我們攤曬各種物件。我們推究蓆篷滲漏的緣故，以為在於蓆篷蓋成反面，就把它一概反過正面來。各種物件在傍晚時曬乾擺好以後，我們再往床上睡覺，不料半夜以前，我們又被大雨驚醒，並且滴漏如前，整夜不能再睡。次日，我們再把屋頂拆卸下來，認定它的缺點在於傾斜度還不充分，因為蓆篷大約應該比尋常的棕葉篷格外蓋得傾斜些。因此我買入一些新的和舊的棕葉篷重新蓋上，再用雙層的蓆篷填補空隙，於是我們的屋頂才能禦雨。

從此以後，我乃著手本島自然史上的工作。我在初到時聽說穆卡絕無風鳥，不免吃了一驚，因在相距不遠的柏塞風鳥很多，土人從事捕捉和剝製。我對村人切實的說，自己確已聽見近村風鳥的叫聲，但是他們卻不承認我能辨認風鳥的聲音。我第一次走入森林以後，果然聽見並且看見風鳥，足見附近一帶確是很多；不過牠們很是怕人，我們過了幾時才有所獲。我的獵手最初射下一隻雌鳥，我自己又有一天十分接近一隻精緻的雄鳥。那隻雄鳥倒是稀罕的紅色種——即赤霧鳥（Paradisea rubra）——獨產於本島，而不見於其他各地。牠飛下很低，沿著一樹枝搜尋昆蟲，極似一隻啄木鳥，尾上長黑而似絲帶的線狀物向下懸垂為雅致無比的雙曲線。我用一支裝有第八種小彈（number eight shot）並且藥力很少的鎗管對準了牠，以免傷牠的羽毛，但在將次施放時失火，以致讓牠即時逃入最濃密的叢莽以內。又有一天，我們分次看見八隻精緻的雄鳥，四次放過鳥鎗；可是別些鳥類在相同的距離雖然幾乎總已滾下，獨有這些風鳥卻都飛走，我不免以為我們大約不能獲得這種華美的鳥類。直到後來，我屋旁無花果樹的果實成熟了，許多鳥類都來吃它。某日早晨，我正在喝著咖啡，看見一隻雄風鳥站在樹梢。我取鎗跑到樹下，

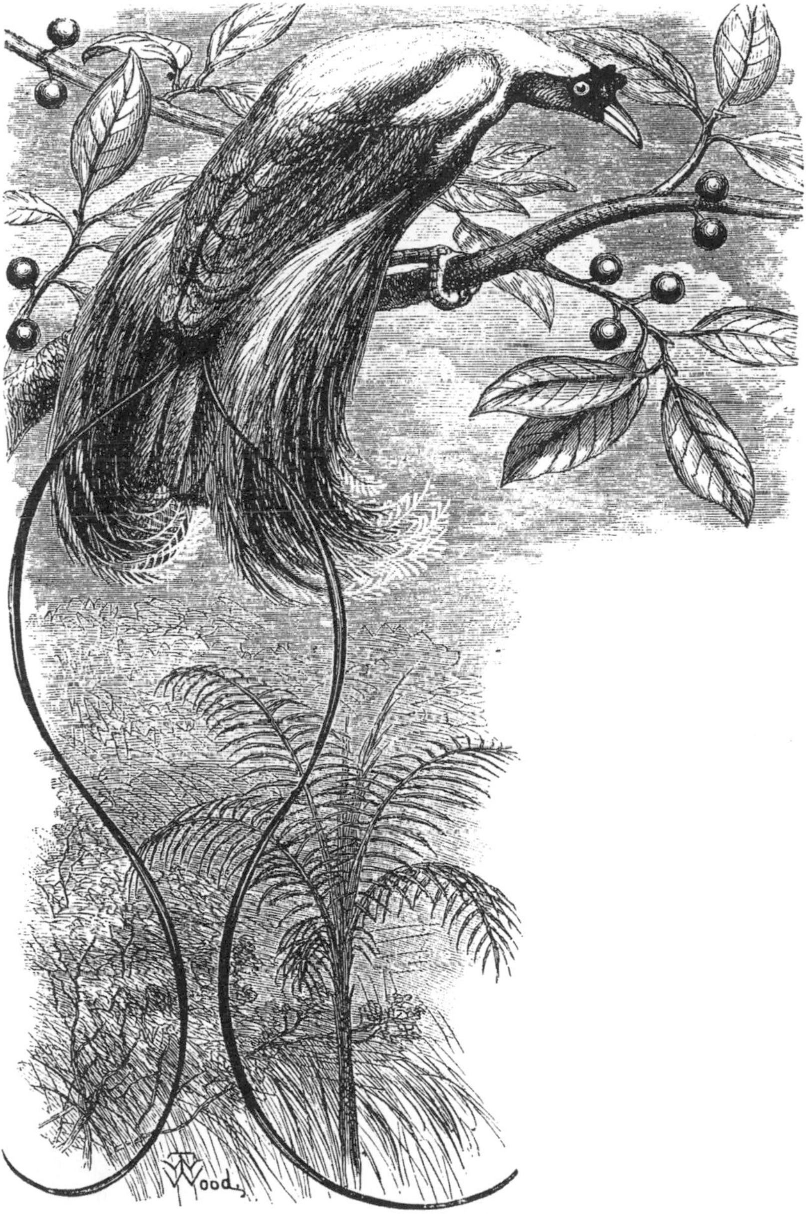
Wood

向上看見牠在各樹枝間飛來飛去的啄取果實，後來竟在我對著這種高度（因為這株樹原是一株熱帶的高樹）瞄準以前，牠已飛入森林中去。牠們每逢早晨都要惠顧這一株樹；但是牠們的停留這樣短促，牠們的動作這樣敏捷，兼以（因為低樹礙目的緣故）窺視牠們又是這樣困難，所以經過好幾天的看守，以及一二次的失誤以後，我方才獲得一隻羽毛最華美的雄鳥。

這隻風鳥和我以前所得的兩種很不相同，雖則缺少那兩種所有飄垂的金色長絨毛，但在許多方面卻更為顯異而美麗。牠的頭部，脊部，和兩肩，呈出更濃的黃色，頸部的金屬深綠色延至頭上，額上的羽毛伸長為兩個能豎立的小冠。體旁的絨毛比較上雖不很長，卻顯出濃厚的紅色，末梢變為精緻的白尖，至於正中的尾羽則為兩條堅硬而有光輝的長帶所代表，這兩條絲帶黑色纖長，做半圓柱狀，懸垂為螺旋形的曲線，很是優美。我又獲得若干別些有趣的鳥類，並且大約有半打是很新奇的；但除可愛的小家鴿——Ptilonopus pulchellus——以外，絕無稍稍美麗的鳥類；這隻小家鴿雜在別些鴿內，飛到我屋旁無花果樹上被我一同射下。牠全身的上面為美綠色，額部為濃豔的深紅色，全身下面則為灰白色，及濃黃色，而有紫紅色的帶紋。

我在初到穆卡的那天晚上，看見類似北極光（Aurora Borealis）的現象，雖則我簡直不信赤道近旁竟有這種現象。那天晚上清朗無風，北方的天空呈出瀰漫的光輝，並有絡繹不斷的暗淡垂直的閃光，剛剛類似英格蘭所見普通的極光。次日天氣也是晴明，但是以後天氣惡劣異常。這時候照理應該是乾燥的季候風，但是我們竟有一個月相近的濕天氣；太陽或者完全沒有露面，或者僅在午時前後露面一二小時。晨、昏以及夜間，下雨不停，狂風黑雲每日不斷。除出氣候溫暖以外，正與英格蘭最壞的十一月或二月天氣相似。

威濟烏的居民不是本島真正的土著。①他們似乎是一種混合的民族，一部分從濟羅羅遷來，一部分從新幾內亞遷來。從濟羅羅遷來的馬來人和阿爾佛洛人大約已經定居於此，並且有許多人已從薩爾瓦底或多蓄娶得巴布亞人為妻，同時巴布亞人和巴布亞奴隸從這兩地不斷的輸入，更已形成一種混合的民族，上自幾乎純粹的馬來種，下至完全的巴布亞種，所有一切過渡的形態幾乎無一不備。他們所說的語言，完全是一種巴布亞的語言，通行於密索爾，薩爾瓦底，新幾內亞西北部，以及給爾責克灣（Geelvink Bay）中諸島——這種事實分明指示著沿岸各居留地所由成立的情形。再則新幾內亞和摩鹿加群島中間這許多島嶼（例如威濟烏、給柏〔Guebe〕、坡帕、奧比、巴羌，以及濟羅羅的東南兩半島），並無土著的民族，僅有顯係雜種或流浪種的居民。這更足以證明馬來人種和巴布亞人種的區別，以及這兩種人種居住區域的分離。如果其中有一種人種真是別一種直接的蛻變，我們就應該在這個居間的區域發現或種同出一源的土著民族，呈出種種居間的性質。例如介在歐洲最白皙的人們和南印度的黑色克林人中間，有了種種同出一源的民族住在居間的區域，呈出中間逐漸的蛻變；而在美洲，雖在盎格魯薩克遜人和黑種人中間，西班牙人和印第安人中間，各有完備的蛻變，但是中間絕無同出一源的民族呈出一種自然的過渡。再就馬來群島而論，我們所發現的事實正是兩種民族彼此絕對各別的一個絕

①季勒馬德博士遇著一些土人，據他所得的報告，倒是真正的土著。但對四周島嶼及其一切語言若無相當完全的知識，這一點頗難斷定。

妙的實例，這兩種民族似乎僅在人類史上一個很新近的時代彼此接近起來，並在未經佔住的區域混雜起來。我覺得無論何人，只消不挾成見來此就地研究一番，一定都會承認這個問題的真正解答應該採用這個見解，而不應該採用大家所公認的那個見解。

穆卡人生活狀況的貧苦正和西穀樹叢生的各地相同。他們罕肯耐煩去種植什麼果蔬，平日幾以西穀及魚類為唯一食品，此外再賣一點海參或玳瑁，以買所需小量的衣服。但是他們幾乎都有一個或幾個巴布亞奴隸替他們勞動，他們自己幾乎絕對優閒的度日，單單出門捕一點魚，或做一點買賣，作為生活單調的興奮劑。他們受治於提多列的蘇丹，逐年須有風鳥，玳瑁，或西穀的小貢物。他們在晴期內，向著一個西蘭商人或布吉商人賒入少數貨物，航往新幾內亞，向土人錙銖論價，以買入足額的貢物，並從中取得些許的利益。

住在這種地方實在不很舒服，因為土人並無多餘的物品出賣；幸而有一西蘭的商人適在其時僑居於此，他有一個小園種植蔬菜，他手下人又偶然捕得較多的魚類，否則我不免時常要挨餓了。雞、鴨、果、蔬都是本村罕有出賣的奢侈品；甚至東方烹飪最不可少的椰子也不能得；因為村中雖有幾百株椰子樹，但是村人都吃嫩綠的椰子，用以替代他們懶於種植的蔬菜。雞蛋、椰子，或香蕉，既然一概沒有，暴風雨的天氣又更不宜於捕魚，所以我們只得靠著自己所射可食的鳥類，以及偶然的東方鼰來養活——本島所產的四足獸，除豬以外，只有這種東方鼰。

我們在風鳥不來惠顧屋旁無花果樹之後，僅僅射得兩隻雄風鳥；牠們所以不來惠顧，若非由於果實的稀少，就是由於知道這裡的危險。我們繼續在森林中聽見並且看見牠們，但是經過一個月以後還不曾射得加多的一隻；我遊歷威濟烏的主要目的既然在於搜求這些風鳥，所以我就決意要往柏塞去，因為柏塞有若十巴布亞人捕捉並且保存牠們。我僱起一隻有橫架的小船，留下一個傭人看守房屋和貨物。我們為著天氣不好，等候幾天，等到某日早晨，方才出發，經過一次不快的航程以後，乃在深夜到達柏塞。這個柏塞村在一小島的尖端，建於水中。村人主要的食品顯然是介類，因有大堆的介殼堆在村屋和島岸中間的淺水中，形成一種整齊的「貝塚」，以供將來古物學者的探檢。我們在頭目家中過了一夜，次日晨間，前往大島尋覓住所。這部分的威濟烏實際上另為一島，位在我們初往穆卡時所穿過的狹海峽以南。這個小島似乎大半都由上升的珊瑚構成，但是北方的大島則有堅硬結晶的岩石。沿岸都是石灰岩的低峭壁，下部為水所蝕，故其上部往往向外突出。其中有小灣小口疏疏相間，各有小河從內地流下；我們即在一處河口上岸，把小船拖到一片白沙灘上。沙灘背後就是大片薯蕷和香蕉的新栽植地，以及一所小舍，據頭目說，這小舍我若認為合意，我們即可借用。這是一所很矮的茅舍，剛有八呎正方，架在樁上，地板高出地面有四呎半，屋脊最高的部分高出地板僅有五呎。我在著襪時，身高已有六呎一吋，看見這種矮屋不免有些不快；無奈別些房屋離水著實更遠，並且齷齪不堪，住戶擁擠，故我立刻承受這所小屋，決意把它擺佈一番。當初我想取去地板，以免屈身出入；但是這樣一來，房子就要不夠，所以全屋掃除乾淨，行李逐件搬上以後，我把地板依舊留著。我把地板以上的一層用作臥室和貯藏室；再在底下一層（四周並無攔隔）擺著一張小桌，放著箱篋，掛著架子，擺出一條薦子，薦上放著一把柳條椅，再用一條薦子掛在迎風的一邊，於是我屈身爬入以後，剛剛可以直坐椅子，我的頭還不致碰著頂板。我在此住了六星期，頗為舒服，也傍著小桌進膳做工，每天屈身出入總有十多次；經過幾次的驟然站起以致頂撞了頂板以後，也

就熟習情形不再妨事了。我們在屋外搭起一間披屋，用作灶間，擺著一條長凳，以便童子們坐下剝製鳥皮。我在夜間爬上我的小樓房，他們都把蓆子攤在底下的地板上，大家絕無怨言。

我住下以後，當初吩咐手下人前往傳喚慣捕風鳥的土人。有若干土人果然隨喚而來，我即取出手斧，細珠，小刀，和手巾給他們看，又演種種姿勢，向他們盡力解釋我對於新殺死的標本所出的價錢。不論何物都要預先付價，本是這些地方普遍的風俗；但是這一次卻只有一人敢取兩隻風鳥所值的貨物而去。其餘各人都是遲疑不決，並且要看那人第一次交易的結果再作道理，因為我是第一個來到本島的白種人。三天以後，那人持來第一隻風鳥給我——一隻很精緻的活標本，只因裝在小袋裡面，鳥尾和鳥翼大受損傷。我竭力想向他以及和他同來的人解釋我自己喜歡完好的標本，喜歡他們把風鳥殺死，否則用繩縛腳，使牠站在棲木上。現在他們既然知道一切都很公平，知道我並不懷有惡意，所以其餘六人就把貨物取去；有的取去一隻的貨價，有的二三隻，又有一人取去六隻之多。他們說是他們自己須往遠方搜尋，又說他們一有捕獲，立刻回來。隔了幾天或一星期以後，有的也許回來，給我一隻或二三隻風鳥；但是這些風鳥雖則不再裝在袋內，卻也好不了許多。因為他們既須遠往林中捕捉風鳥，捕了一隻以後總不肯立刻持來，卻要用繩把牠的腳縛在棒上，藏在家中，等到第二隻捕來為止。那可憐的風鳥不免盡力掙扎，希望脫逃，因此也許跌在灰燼當中，也許倒掛到腳上腫爛起來，並且有時候死於飢餓和疲乏。有一隻頭部被樹膠火把塗汙；還有一隻死了已久，臟腑轉為綠色，幸而風鳥的皮毛十分堅固，比別種鳥類幾乎都可以耐洗些；所以我往往能夠把牠們洗刷得十分完好，表面上和我自己所射的那些並無分別。

有幾隻卻在捕獲的那天持來給我，使我有了機會考察牠們全副的美麗和活潑。我看見牠們往往活著持來，立即吩咐一個手下人做起一隻大竹籠，裝上水槽，希望自己可以豢養幾隻起來。我叫土人取來牠們愛吃的一種果實所生的枝椏，牠們果然十分愛吃，並且我給牠們的活蚱蜢，牠們也都會啄去翅腳，再把牠吞嚥下去。牠們飲水極多，時時在籠中由一棲木跳到別一棲木，掛在籠頂和籠邊，頭一天直到黃昏為止，簡直沒一時一刻的靜止。到第二天，牠們總要比較的不活潑些，雖則牠們依舊自由的吃東西；再到第三天早上，牠們幾乎都要死在籠底，但是表面上並無何種致死的原因。牠們有些吃著米飯，以及果實和昆蟲；但是繼續試驗了許多以後，十隻當中竟沒有一隻活到三天以上。到第二天或第三天，牠們就要呆鈍起來，或者發出痙攣，於是滾到籠底，幾小時以後就死了。我試驗過幼稺的和豐滿的風鳥，但都沒有成效，後來只好打消這個主意，專門留心保存牠們的標本。

土人捕捉這些赤霧鳥並不用那鈍箭射擊，和那阿魯群島各地以及新幾內亞有些地方一般，卻用一種十分機巧的設計。有一種攀緣的白星海芋屬生出紅色網狀的果實，那赤霧鳥很喜歡吃它的果實。他們拿這果實縛在有叉的硬棒上，另外備有牢固的細繩。於是在森林中尋出一株赤霧鳥慣要棲止的樹木，攀緣上去，把硬棒縛在樹椏上，再把細繩做好一個機巧的活結，一有赤霧鳥來吃果實，牠的雙腳就會被那活結捉住，細繩的一頭懸到地面，只消向下一拉，細繩就和樹椏分開，連同赤霧鳥拉下。有時食物到處很多，那獵人也許手執著細繩，坐在樹下，整整候了一天，或且連續的二三天，竟沒有一隻赤霧鳥來過問一次；但在他時，如果遇著好運，一天以內也許可得二三隻。柏塞村中熟習這種技藝的只有八人或十人，至於島上其餘各地，對於這種技藝簡直絕無所聞。所以我決意在此多住幾時，因為這是獲得大宗標本的唯一機會；雖則文明人類所有各種可食的物品在此都很欠缺，或且完全沒有，累得我挨餓度日，但是我畢竟奏得大功。

我們四周各栽植地中所有的蔬果不能滿足村民的需求，幾乎常在成熟以前被他們掘取或採摘。魚類罕有出賣：家禽完全沒有；我們日常的食品只有堅韌的鴿肉和白鸚肉，同著我們自己的米飯和西穀，有時連這些食品也不能得。這次旅行自從出發以來已經有八個月，我所帶的一切醬料、香料和乳油都已吃完，並且連不入味的食品也不能有充分的供給。我因此十分瘦弱，並且害著一種稱為（我後來才聽到的）前額神經痛（brow-ague）的怪病。每日早餐以後，即有遽痛發生於右鬢骨的一小處。這種遽痛猛烈如焚，恰似最厲害的牙痛，通常挨到午時方才停止。

後來這種遽痛斷根以後，接著又害熱病，以致身體十分薄弱，不能再吃我們日常的食品，幸而我自己早已藏著兩個罐頭的羹湯，至此取出救護我的性命。我時常出門搜尋蔬菜，果然尋出一種野番茄，生著小果，大約和醋栗大小相同。我又煮熟南瓜藤和羊齒的尖梢，用作蔬菜，並且偶或尋得一些碧綠的萬壽果（papaws）。土人遇著食品缺乏的時候，專靠一種多肉的海草煮軟來吃。我也試驗過這種海草，但是滋味太鹹太苦，難以忍受。

交到九月末尾，我不得不回到穆卡，以便趁著正東季候風結束以前航海回去。向我取去貨物的土人大半已經持來如數的風鳥。只有一個不幸的土人絕未捕得一隻風鳥，後來很忠實的歸還他所預先取去的手斧；還有一個預定了六隻風鳥，在我動身以前二天，方才持來第五隻風鳥，立刻再往林中去捕第六隻。直至我們裝上小船，他還沒有回來，後來我們將次開船的時候，他持著一隻風鳥飛奔而來，把牠交我，很得意的說道：「現在我不欠你什麼了。」這是蠻民中間十分難得的誠實的實例，因為他們無須害怕什麼偵緝或什麼懲罰，本來是很容易不誠實的。

柏塞四周丘陵很多，崎嶇不平，到處聳出參差多孔的珊瑚岩，露出古怪的小裂罅和深坑。路徑往往穿過這些岩石的罅隙，位在林中深處，陰暗到十二分，往往滿眼都是細葉的草本植物和藍葉的石松科。我在這些罅隙裡面獲得許多最美麗的小蝶，例如 Sospita statira 和 Taxila puichra，黯藍色的 Amblypodia hercules，以及其他各種。我在各栽植地的邊緣又得著美藍色的 Deudorix despœna，再在有蔭的樹林中獲得可愛的 Lycæna wallacei。此外又有美麗的 Thyca aruna，上面呈出最濃厚的橙色，上面呈出高度的深紅色和光亮的黑色；一隻華麗的綠色「馬來巨蝶」，新鮮完美，為我採集品中珍物之一：都在此處捕獲。

此處所得的鳥類，雖在種類方面並不很多，卻很有趣。我所得的鳥類有第二隻稀罕的新幾內亞鳶（原註學名：Henicopernis longicauda），一隻新奇的大夜鷹（Podargus superciliaris），以及一隻最古怪的地棲鴿——完全為一新屬，其顯異處在於強固的長嘴，現已取名為Henicophaps albifrons。此外又得一宗嘴上有瘤的大食果鴿（Carpophaga tumida），發現這種嘴瘤並不是識別雌雄的東西，有如我們從前所猜想的一般，乃是雌雄同具的東西。我在威齊烏僅僅採集七十三種鳥類，其中卻有十二種全是新種，還有許多很是罕見，況且我所得赤霧鳥的優美標本又有二十四隻，所以本島的遊歷雖則不能實現我的期望，我卻並不懊悔。

第十章
由威濟烏航往德那第　一八六〇年九月二十九日到十一月五日

我離開穆卡前往柏塞的時候，留下老年的領港人在那裡照料房屋，並且修理普牢船——填補船縫，整理船篷和船具。我回到穆卡時，看見船已大致修好，立刻裝包物件，預備出發。船上的主帆原來用作房屋一邊的圍牆，取下以後依舊完好，但是船尾的縱帆和船頭的三角帆蓋在屋頂上面，取下展開一看，卻看見它們早已做了鼠窠，咬穿了二十個窟窿。因此，我們只得買些蓆料，另製新帆，挨到九月二十九日，方才從威濟烏的穆卡出發。

我們航駛四日，方才駛出大海，因須穿行暗礁和淺洲羅列的狹海峽，海峽裡面又有強大的海流，所以一有逆風則不能前進一步。某日將次駛出大海以前，忽有逆潮和逆風逐回我們十哩，退到上一夜停泊的抛錨所。我們未出人海以前既有這種遲滯，如果在海面上再遇靜風，我們船上難免缺少淡水，因遂決意在可能時駛到從前那兩個水手所流落的小島停泊幾時，並且那個小島原來直接位在我們的正航線上。無奈風向卻常相反，都是南南西，不是南南東——雖照時令

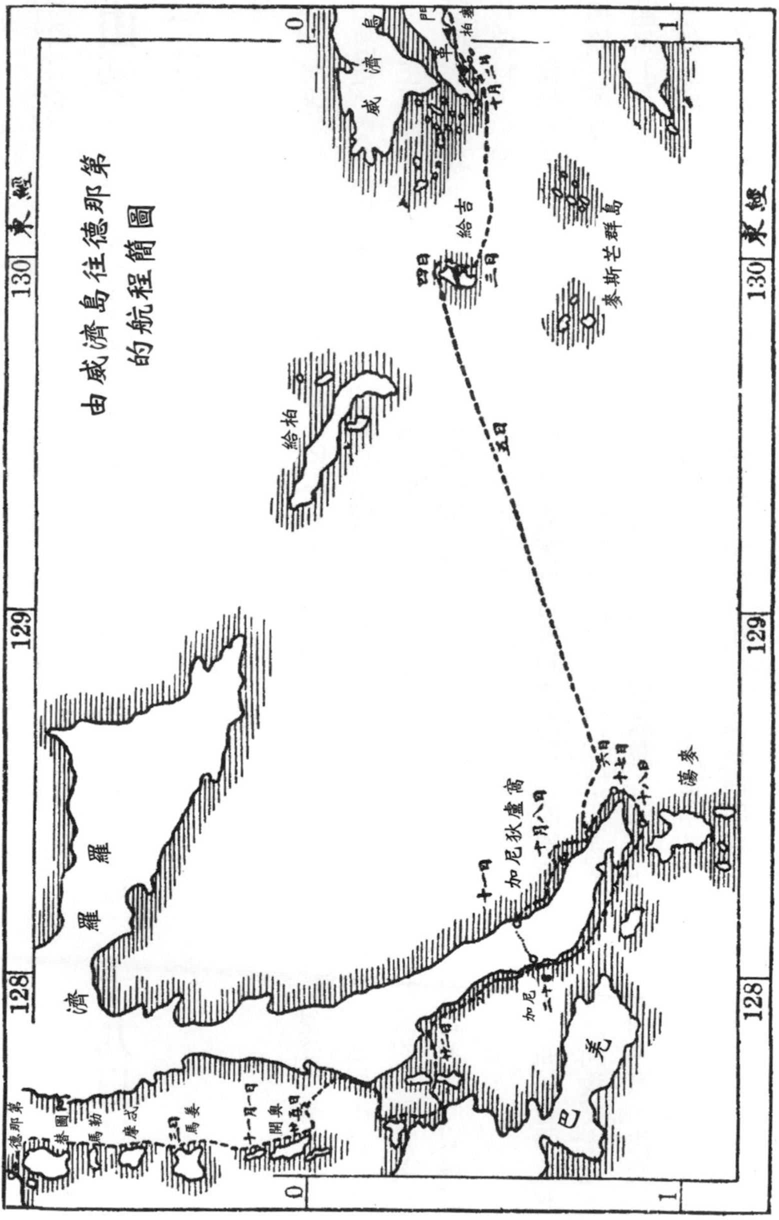
由威濟島往德那第
的航程簡圖
東經
130
129
128
給吉
泰斯芒群島
給柏
濟
羅
羅
加尼狄盧富
巴
羌
泰
蕩
五日

計算應該是南南東，我們費盡力氣，只能駛到給吉島（Gagie），在月夜中拋錨於裸出的火山阜之下。次日早晨，我們想駛入一個深灣，因為有些加雷拉漁人對我們說及這海灣的盡頭處可得淡水，但有逆風，不能前進。幸虧他們為著一條手巾的報酬，用他們的小船運送我們前往，我們帶去水瓶和竹筒，盛滿淡水而回。於是我們繞往本島北岸他們紮營的地方，想買些食品，但只買得一些燻鼈肉，黑硬如煤。稍稍前往，有一栽植地，原為給柏人所有，但由巴布亞奴隸看管，我們在次晨用著一條手巾和幾把小刀，換來若干香蕉和蔬菜。我們起錨的時候，錨在深水中鉤在岩石或沈樹上，無法起拔，我們只得割斷錨索，棄錨而行。因此我船上只留一錨。

十月四日，我們一早出發；原有南南西的風繼續吹著，我們恐怕自己不能駛出濟羅羅的南端。次日夜間吹著暴風，並有雷聲，但在夜半以後，天氣頗為清朗，我們趁著微風前進，探尋濟羅羅的海岸（想已相近），忽然聽見背後發出一種類似拍岸大浪的聲音。俄而浪聲增高，只見一線白沫滾滾而來，挨過我們的小船，因為船身容易湧在波浪以上，所以安然無恙。此後接二連三的滾來十次或十二次的浪花，滾過以後，海面平靜如前。我立刻斷定這些急浪都是地震的風波；而查考老航海家的報告，又知這些海面早有相似的現象。從前丹皮爾在密索爾和新幾內亞附近曾有所遇，描述其情形如下：「我們在此看見很奇怪的潮流，掀出很大的海浪，發出很大的浪聲，以致遠在一哩以外，我們即有所聞。其四周海面似乎一概起伏不平，以致船隻大受震盪，不能隨舵指揮。這種渦流普通繼續到十分或十二分鐘，過此以後，海面平穩如湖。我們處在渦流中心時，常用測錘測量深淺，但是既未尋出海底，又看不見渦流漂逐我們。我們在一夜中遇見這種潮流若干次，大半都是從西方湧來，而風也從西方吹來，故在潮流湧到以前，我們往往早已聽見潮聲，有時認作一陣疾風，收下我們的上帆。這些潮流自北而南極其延長，而橫闊僅有二百碼，移動極其迅速。因為我們雖則幾乎不受風力的飄動，這些潮流卻在頃刻之間挨過我們而去，留下一片平穩的海面，而在潮流湧到以前，海面上一定先有巨浪，但無浪花。」我在幾時以後，又經查明濟羅羅的海岸適在我們遇著這些怪浪的那一天有過一次地震。

天明以後，我們看見濟羅羅的陸地僅在幾哩以外，不幸陸地尖端稍在我們上風的一邊。我們竭力想繞過尖端，但在駛到海岸時，捲入奔流向北的猛流中，被它驅送得很快，我們只得再行退後，以避其鋒。有時我們稍稍駛近尖端，以為目的可達；無奈隨後風又停了，我們又慢慢的漂開。我們直到夜間依舊站在早晨的原位置，遂以十五噚左右的錨索拋下船錨，以免漂蕩。不料次日（七日）早晨，我們已經向北漂得很遠，以為靠近海岸以後，也許可以趁著倒退的海流划槳前進。我們的船隻很是不輕，船上的水手卻是笨漢，所以我們費去六小時的工夫，方才駛到近岸一個暗礁的邊緣；這種位置十分危險，因為吹送礁上的風隨時難免。幸而相距不遠即有一處多沙的小灣，內有小流阻止珊瑚的生長；我們在傍晚時駛入小灣，下錨過夜。我們在此看見若干加雷拉人射鹿射豬；但是他們不能或者不願說馬來語，所以我們不能探出許多消息。我們只探出沿岸的海流跟著潮水變化，而在一哩光景以外則海流始終拂逆我們；於是駛回尖端的目的又有幾分希望——其時我們已與尖端相隔二十哩。次日早晨，我們才知加雷拉人已在黎明以前離開此地，大約他們不免有些虛驚，並且把我認作海盜。後有一隻小船挨著過去，船上的水手對我們說，從此向著尖端稍稍前進，即有一處著實更好的港灣，港內加雷拉人很多，我們大約可以得著他們的一些助力。

我們在下午三時海流轉變方向的時候出發，因有逆風的緣故，前進很慢。黃昏時分，我們駛到港灣的入口，又有一種渦流及一陣狂風驅送我們出海。日落以後，吹起一種陸地的微風，我們稍向東南方前進。隨後風又靜了，我們抛下錨索四十噚，以期抵抗海流；不料效用很少，次日早晨看見我們自己離岸很遠，並且剛在上一日的抛錨處對面，我們盡力划槳而往。這一日我給水手們休息睡覺；次日（十月十日），我們再趁陸地的微風，在早上二時出發。我既然安排他們划槳，並且吩咐他們務須靠傍海岸以後，因為身體有些不好，立刻走到底下來。我在破曉時走上一看，看見我們又已遠離海岸，不覺大為吃驚；據他們說，風已逐漸轉為迎面，並已驅送我們出海；可憐他們竟無一人知道收下風帆，傍岸划槳，或者叫我起來打算。天既大明以後，我們才知自己已經漂回原抛錨處的對面，於是盡力划槳而往，和以前的兩次一般。我們划到海岸時，我看見海流順利，遂即繼續傍岸而下，直達以下一個港灣入口的近旁。我們正在自慶這次可以駛入港灣，不料又有東南方的暴風迎面而來，我們依舊不能進港。我不願再有倒退，遂即決意嘗試下錨，後在深水當中，並且逼近許多暗礁，居然能夠下錨；而就當時的風力看來，我們如果未曾下錨，漂送出海當然是很容易的。隨後暴風過去，海流已拂逆我們，我們希望到下午四時可以進港。

不料至此達到困阨的極點。暴風所擁的巨浪竟使錨索驟被船身拉上許多，以致忽在水下折斷。於是我們漂流出海，並且立刻揚起主帆，但是我們至此更無船錨，況且船上的水手，稍有逆流或逆風，即已不能划槳前進，所以除了完全靜風以外，要想駛近這些危險的海岸，真是癡人說夢。再者我們僅僅留有三天的糧食。所以我們如果絕無他人相助，正可無須再想繞過尖端，我從此立刻決意趁勢退往迤北十哩光景的加尼狄盧窩村（Gani-diluar），因為我們明知那裡有一良港，並可獲得糧食與划手。一向的風和海流既已一成不變的拂逆我們向南的前進，我們現在掉頭向北，以為總可順風順水了。誰知風勢立刻靜止下來，再過一會，更有西方陸地的微風吹來，我們只得再划許多小時的槳，直至夜間尚未到村。幸而我們尋出一個小灣，水深且穩，又有蔭庇，我們取出壓艙的石子裝在袋中，做成一個臨時的錨，再用藤網裹好，拋入水底，安然停泊一夜。次日晨間，水手們上岸斫取合用的樹木，做成新錨，等到午時光景，海流轉為順利，我們前進到村，尋出一處平穩的拋錨所。我們到村一問，知道頭目們住在半島西岸的另一加尼（Gani），我們必須差人過去（約有半天的路程）通報他們，並求他們相助。我又買得一點西穀，以及一些乾鹿肉和椰子，以供我們眼前的需要，入夜以後，我們看見那個石子袋很可繫船，遂即泰然睡覺。

次日（十月十二日），我手下人從事製造錨、槳。土製的馬來錨係以堅韌有叉的樹段製成，其錨鉤用藤縛牢在錨柄上，而其橫木則以長扁的岩石充當，用藤縛在錨柄的尖頭。這種木錨如果製造得好，用以繫船確是異常穩固，且因鐵價過於昂貴，在較小的普牢船上至今仍舊一致採用木錨。下午頭目們到來，當面許我所需的水手，並且隨身帶來一些蛋和米，對我很是合用。十四日全日吹著北風，這種北風如果吹在幾日以前，真是賜福我們不淺，但在目前反而徒然惹起煩悶。等到十六日一切預備好了，我們帶著兩個新錨和十名划手，在拂曉時出發。當日傍晚，已經駛出前往尖端的一半以上的航路，即在一小灣中下錨宿夜。次晨三時，我吩咐大家起錨，而錨索已受岩石的摩擦，斷在海底的切近處，從此我們在這次不幸的航程上失去第三個錨。這

馬來錨

日風平浪靜，我們在午時經過濟羅羅的南方尖端；我們為著這個尖端已經耽誤了十一日，其實在現在的季候風中，全航程也不應該佔去五六日以上。我們繞過尖端以後的航線剛和以前的航線方向相反，並且風也照常的隨著轉變方向，從北方和西北方吹來，所以我們仍須時時划槳前進，直至十八日傍晚，方才到達加尼村。村中有一僑居的布古商人，以及「塞那吉」（Senaji），即土酋，都很和善；商人助我一個錨和一副錨索，並且送我一些蔬菜，土酋為我手下人烤起西穀餅，並且贈我兩隻家禽，一瓶油，以及幾個南瓜。天氣仍舊很不安定，我添上四名水手，在二十日下午，向德那第出發。

我們整夜划槳前進，因為陸地的微風沒有使我們足以張帆抵抗海流的力量。二十一日下午，我們遇著一小時的順風，但是不久變為暴風驟雨，我手下的笨漢聽憑主帆反轉過來，以致船隻瀕於傾覆，於是主帆既經撕裂，一小時的順風對於我們毫無益處。夜間風靜，前進不多。

二十二日，微有逆風。我們用槳佐助，在午時相近經過帕申息阿海峽（Paçiençia Straits）——巴羌和濟羅羅中間海峽最狹的部分。這一帶海峽本由早期的葡萄牙航海家給它取名，頗為恰當，因為海流很強，更兼渦流極多，船隻即遇順風，往往也難通行。下午有強盛的北風（兜頭風）迫令我們下錨二次。夜間風止，划槳續進。

二十三日，仍有逆風或靜風。於是我們依照加尼水手（他們熟悉這地方的海岸）的勸告，再向濟羅羅本島穿渡過來。我們剛剛穿渡過來以後，又遇北方的暴風狂雨，只得在一珊瑚礁的邊緣拋錨宿夜。二十四日早上三時光景，我喚起船上的水手，但又無風相助，沿路划槳緩進。拂曉時從南方吹來順利的微風，卻只延長一小時。以後全日都是靜風，小逆風，及暴風，前進極少。

二十五日，我們漂出海峽中途，但絕無前進。下午帆航兼以划槳，駛到開奧南端，夜半駛到村上。我決意在此停泊幾日，以便休息和補充，一面等候較好的天氣。我買了一些洋蔥，蔬菜，和許多蛋，我手下人烤起新鮮的西穀餅。我逐日前往舊採集地搜尋昆蟲，但是成績很壞。這時候天氣潮濕，又多狂風，昆蟲生活似乎大受窒礙。我們停泊五日，村中一共死了十二人，大半都由間歇熱致死，因為醫治的方法，土人全無所知。我在這一次全航程中苦於口唇的焦痛，因為我自己全日暴露於甲板上去指揮威濟烏附近大批淺洲和暗礁中間的航行。口唇受了空氣中鹽分的影響，以致無法治療，變成劇痛，稍有接觸就要出血，並且飲食難進，勉強張開口嘴，才能納入一口食物。我時時塗上軟膏，這種軟膏氣味很是難受，並且幾乎連續受痛到一個月以上，直至回到德那第蟄居戶內一星期後，方才告痊。

我們到村的次日，有一隻小船曾向德那第出發，但因天氣不好，仍舊駛回。十月三十一日，我們移到港灣進口的拋錨所，以便一有機會即可出發。

十一月一日，我在早上一時喚醒水手們，趁著順潮啟碇。以前夜間往往無風，但是這一夜卻有強盛的西方暴風兼雨，我們的普牢船轉為打橫，我們只得下錨。暴風過去以後，我們盡夜划槳前進，雖有順流，卻遇逆風，所以前進不多。日出以後，逆風更大，又有危險的臨風海岸，我們不能離開，所以我們只得轉向西南西，駛入大海。自從我們最初出發以來，沿途都是逆風和惡天氣，絕無一日順風；這真是奇特的現象。我手下人認定我們的船隻大不吉利，都說，我應該在出發前舉行一種典禮，就是船底上穿出一孔，灌以一種聖油。大家必須記住，這是東南季候風的時期，但是我們離開威濟烏以後，卻不曾有半日的東南風。逆風，暴風和海流，在這一日的其餘各時，任意把我們漂東漂西。夜間同樣的吹著暴風，並且同樣的變化不測，以致我們始終苦於收帆，張帆，並相間的划槳。

我們在二日晨間日出時，駛在開奧和馬姜中間的十哩海峽當中。這日上午，暴風和陣雨相間不斷。午時完全無風，其後有西方的微風相助，乃在晚間駛到馬姜的一村。我在此買得一些朱欒（原註學名：Citrus decumana），「加那利」堅果，及咖啡，並許手下人安睡一夜。

三日上午，天氣晴明，我們沿著馬姜海岸，緩緩划槳而前。有一隻下錨的小普牢船的船長看見我在甲板上，猜出我是何人，揭起信號相招，給我一封查理士•阿倫寄來的信，信上說，他自己已在德那第停留二十日，盼我及早回去。這是一個好消息，因為我也同樣的為他關心，我得了這個消息，我的精神立即鼓舞起來。至此有南方的微風吹起，我們以為從此將有良好的天氣。無奈南風不久又變為原有的西風；空中罩起黑雲，不到半小時後，竟發空前的大暴風。幸而我們及時收下主帆，否則危險不可勝言了。這是一種有規則的小颶風，我們那位老年的布吉舵手開始喊出「阿拉！易爾阿拉！」（Allah! il Allah!）來保佑我們。我們只能掛起船頭的三角帆，這面三角帆幾乎被暴風撕成碎塊，但因小心處理的緣故，它在風前保持我們的地位，我們的普牢船也站得很穩。我們的小舟（在加尼所買的）拖在船後，不久被水裝滿，訣別我們而去。一小時光景以後，風勢稍殺，再過二小時，乃能升起主帆，高到半桅。向晚風止，洶湧的海面不久也歸平靜。我自己既未過慣海上的生活，受驚頗為不淺，並且連那老舵手也對我切實的說，他自己一生未遇更大的暴風。從此他越發相信這隻普牢船的不利以及聖油的有功——這種聖油，一切布吉普牢船無不用以灌底。再者我們的安全以及暴風的早停，他都完全歸功於他自己的禱告，他笑著說道：「是呀，那是我們普牢船上常有的舉動；凡遇事情不妙的時候，我們都要站起來盡力高喊我們的禱告，那麼，圖宛阿拉（Tuwan Allah）就會保佑我們。」

此後再過二日，我們方才到達德那第，沿途都是照常的靜風，暴風，和逆風；而在近城時又遇狂暴的疾風，仍須退回拋錨所來。自從五月中我在哥蘭坐著普牢船出發以來，所有種種經歷未免令人不快。我第一次所僱的水手全體逃散；以後所僱的水手竟有兩名流落於荒島一個月；擱淺於珊瑚礁上計有十次；先後失去四個錨；風帆被鼠咬破；吊在船後的小舟之沈沒；照理不需十二日的歸航竟需三十八日；糧食和淡水欠缺多次；在威濟烏出發時油已掃數用完，以致船上沒有羅盤燈；而從哥蘭經西蘭到威濟烏，再從威濟烏到德那第，所有全部的航程一共費時七十八日，都是大家認為順風的時期，乃竟絕無一日順風。我們時時處在緊張的狀態中，時時抵抗風、潮及風壓，掙扎而前。不論那個水手，對於我這隻小普牢船的初次航行，都會認作最不幸的一次。

查理士・阿倫在密索爾所獲鳥類和昆蟲的採集品頗為不少，可惜我在路上遭厄，以致未能前往會晤，否則他的採集品著實可以更多。他在密索爾等候一二個星期以後，弄得幾乎要挨餓了，只好回到西蘭的瓦亥，卻又聽說我在兩星期以前已經出發，真是吃驚不小。他在瓦亥留滯一個多月以後，方才回到密索爾的北岸。他在北岸尋出著實更好的地點，但是當時未到風鳥的旺季；並且在那裡獲得少數普通種的風鳥以後，最後一隻普牢船又已預備要向德那第出發，使他不得不回到德那第來，因為他想我大約總在德那第等候他。

我在東方漫遊的記載從此結束。隨後往遊帝汶，往遊部魯，爪哇，以及蘇門答臘，均已敘述在前。查理士·阿倫從此航往新幾內亞，我在以下一章論列風鳥時稍有敘述。他從新幾內亞轉赴薩拉群島以後，製成一宗很有趣的採集品，我們依據他的採集品，可以斷定動物學上的蘇拉威西組的疆界，其解釋見於從前論列蘇拉威西自然界的一章。其次，他往遊弗洛勒斯及索羅爾（Solor），獲得若干有價值的材料，我已採用在論列帝汶組自然界的一章。此後他又往遊婆羅洲東岸的科替（Coti），我對科替的採集品盼望很殷，因為科替我們的新領地，對於採集方面又很相宜。他本想從科替回到爪哇的蘇拉巴雅，再從蘇拉巴雅往遊全不知名的散巴島（Sumba）。不料他到科替以後，即罹凶險的熱病，在科替臥病幾星期，乃被送回新加坡，其時我已出發回國。他身體復原以後，在新加坡覓得職務，不復為我採集。

以下分別論列風鳥，巴布亞群島的自然界，及馬來群島的人種，以結束全書。

第十一章
風鳥

我有許多次旅行既然特別為著探求風鳥的標本，以及考察風鳥的習性和分佈；況且據我所知，我又是親到出產風鳥的森林、看過風鳥、並且得到許多標本的唯一的英國人，所以我要趁此綜述自己觀察和訪問所得的結果。

歐洲最初的航海者來到摩鹿加群島搜尋丁香和豆蔻的時候——那時候丁香豆蔻都是稀罕寶貴的香料，看見這樣奇怪這樣美麗的鳥類的乾鳥皮，無不極口稱揚。馬來商人給牠取名「馬努克雕阿塔」（Manuk dewata），就是「天帝之鳥」（God's birds）；葡萄牙人看牠無腳無翼，並且無從探求真相，叫牠做「帕薩洛斯得索爾」（Passaros de Sol），就是「太陽之鳥」（Birds of the Sun）；直至博學多能的荷蘭人方才叫牠做「阿維斯帕剌帶棲烏斯」（Avis paradiseus），就是「極樂鳥」或「風鳥」。約翰・凡・林斯綽騰（John van Linschoten）曾於一五九八年列出這些名稱，並且說，這些鳥類未曾有人看見活的標本，因為牠們寄跡高空，時時追逐太陽，絕不下降地面；牠們無腳無翼，凡運入印度或有時運入荷蘭的標本都是如此，但在當時歐洲罕有所見，所以十分值錢。其後經過一百多年，威廉・芬納爾先生隨同丹皮爾航行，著有航程的報告，

JGK

曾在帝汶看見標本，據說，這些鳥類飛到班達來吃豆蔻，以致醉倒地下，被螞蟻咬死。直至一七六〇年，林奈把最大的一種取名 Paradisea apoda（原註：意即「無腳極樂鳥」；譯者註：我國動物學書中單稱風鳥），歐洲尚無完美的標本出現，且亦絕無所知。即在現在又已經過一百年，但是一般的記載都說，風鳥每年要到德那第，班達，和帝汶來；其實這些島嶼對於風鳥的自然狀態全無所知。林奈又認識纖小的一種，取名 Paradisea regia（即王風鳥），直到現在已有九種或十種分別命名，不過最初都用新幾內亞蠻民所保存的鳥皮來說明，多少總有欠缺之處。這些風鳥在馬來群島一概稱為「部朗馬替」（Burong mati），就是「死鳥」，足見馬來商人絕未看見活鳥。

風鳥科本是一群中等大小的鳥類，在構造上，習性上，都和烏鴉，歐椋鳥，及澳大利亞的蜜雀相近；但是羽毛特別發達，實為其他各科鳥類所不及。有幾種從翼下體旁生出大簇鮮明的絨毛，成為裙形，扇形，或盾形；正中的尾羽往往伸長成線，扭曲而成奇態，或呈出最燦爛的金屬色澤。還有一套卻從頭部，脊部，或兩肩生出絨毛；而其羽毛所顯色彩和金屬光澤的強度，大約除出蜂鳥以外，絕無其他鳥類可以相敵，甚且蜂鳥也不能勝過牠們。這些鳥類通常分為兩科——風鳥科和 Epimachidae 科，下一科的特徵在於纖長的嘴，大家假定為和戴勝鳥（Hoopoes）相近；但是這兩科在構造上和習性上主要的各點實在密切相近，所以我即併為一科。現在我要把已知的各種逐一簡括的說明一番，並且附上一些博物學上普通的評語。

「大風鳥」（Great Bird of Paradise，原註：即林奈的 Paradisea apoda）即風鳥，是最大的一種，通常從嘴端到尾梢有十七吋或十八吋。軀幹，兩翼，及尾，為濃厚的咖啡棕色，胸部轉為紫棕色。頭頂及頸為異常精緻的草黃色，羽毛短而緊湊，恰似絲絨；自喉至眼有綠色的鱗狀羽，呈出濃厚的金屬光澤，又有深綠色的絨毛延長為帶，跨過額，腮，以至於眼，眼為鮮黃色。嘴為鉛藍色；腳頗強大，為灰紅色。兩支正中的尾羽，除出基部和末梢稍有一點羽瓣以外，概無羽瓣，恰似線狀的捲鬚，展成雅致的雙曲線，從二十四吋長到三十四吋。翼下體旁各有一簇精美的長絨毛，有時長到二呎，為最濃豔的金橙色，極有光輝，但向末梢漸次轉為淡棕色。這兩簇絨毛可以任意向上展開，展開時幾乎可以遮藏全鳥。

這兩種華美的裝飾品完全限於雄鳥，至於雌鳥，確是一種很樸素很尋常的鳥類，全身都是一致的咖啡棕色，絕無變化；尾上既無線狀的長羽，頭部又無黃色或綠色的羽毛。第一年的雄雛鳥剛和雌鳥相似，所以只能用解剖來辨別。那雛鳥最初在頭部和喉部顯出黃綠兩色，同時正中的兩支尾羽比其餘尾羽長出幾吋，但其兩側仍有羽瓣。隨後這兩支尾羽變為裸出的長羽軸，和長成的雄鳥一般；而體旁金橙色的絨毛仍未出現，其後絨毛既生，全身的裝飾方才完備。要實現這些變化，至少須有三次相繼的換毛；但我約在同時看見各種狀態的雄鳥，所以牠們大約一年換毛一次，須在四年以後才有豐滿的羽毛。從前大家以為那華美的絨毛僅在孵卵期間暫時出現，但我自己的經驗和觀察（我攜帶一種相近的種類，回國豢養二年的觀察），卻顯出全年除出換毛的短期以外，都留著全毛，正和大多數鳥類一般。

大風鳥很是活潑強健，一天到晚似乎運動不息。牠們很是繁殖，小陣的雌鳥和雛鳥時有所見；豐滿的雄鳥雖則較少，而宏大的叫聲日有所聞，足見牠們也是很多。牠們叫起「華克—華克—華克——窩克—窩克—窩克」（"Wawk-wawk-wawk—Wŏk-wŏk-wŏk"），叫得又響又尖，遠方都可聽見，確是阿魯群島最特出的動物叫聲。牠們作巢的方式尚未見知於世；但據土人所說，其巢用葉築成，置於蟻窠或高樹椏上，且信其巢僅藏一隻雛鳥。鳥卵全未見知，土人聲言絕無所見；有一荷蘭官員曾懸重賞徵求，卻無結果。牠們換毛約在一二月，到了五月，羽毛豐滿的雄鳥即在早晨聚集一處，紛紛跳舞。這種習性使得土人比較容易獲得標本。土人看見牠們既在某株樹上聚集一次以後，即在樹枝中間擇定便利的位置，搭起棕葉小篷，先在黎明以前，攜帶弓箭，躲入篷內。有一男孩站在樹下伺候，風鳥在日出時陸續到來，於是獵者待其聚集足數並且開始跳舞以後，即用鈍箭放射，風鳥受擊暈倒，滾下地面，即由男孩捉來殺死，使其羽毛不受滴血的傷痕。其餘風鳥尚未留意，依次應箭落地，最後剩下幾隻受驚逃脫。

土人保存風鳥的方法：先將兩翼兩腳截去，再將鳥皮連嘴剝下，取出頭顱骨。於是取一硬棒納入鳥皮，穿出鳥嘴。棒上裹以樹葉，再用棕櫚的佛燄包圍鳥皮，放在多煙的茅舍中待其乾燥。這樣一來，實際上很大的頭部幾乎縮成烏有，軀幹也縮小許多，最顯異的只有飄垂的絨毛。這種土鳥皮有些很是乾淨，並且往往有翼有腳；其餘則為火煙所汙，全失原形。

據我們所知，大風鳥大概是限於阿魯本島，其四周小島上概無出現。馬來商人與布吉商人所到的新幾內亞各部分，當然絕無所見，而在其他出產風鳥的各島，亦無所有。不過這絕對不是確鑿的證據，因為剝製鳥皮的土人只有幾處，其餘各處大風鳥也許很多，只是未曾知名罷了。所以這一層很是可能：這種風鳥也許棲息於新幾內亞的南部，因為阿魯本由它的南部分離而來；至於我在下文所說明的密切相近的種類，則限於新幾內亞的西北半島。

「小風鳥」（Lesser Bird of Paradies，原註：即柏嘉斯泰因〔Bechstein〕的 Paradisea papuana）即法國著述家所稱的「小碧玉」（Le petit Emeraude），雖和大風鳥十分相似，而軀體卻要纖小得多。其不同處，在於較淺的棕色在胸部並不變濃或變紫；在於黃色延至脊部及覆雨羽；在於體旁絨毛的黃色較淺，僅有橙色的渲染，其末梢則近純白；在於尾上捲鬚較短。雌鳥則與大風鳥的雌鳥顯然不同，其腹面全為白色，所以著實更為美麗。幼稺的雄鳥著色相似，長大以後變為棕色，並且逐漸展佈完美的羽毛，和大風鳥剛好相似。這種風鳥在這些地方用作婦女的首飾最是普通，在東方商業上也是一種重要的物品。

小風鳥範圍較廣，為新幾內亞、密索爾、薩爾瓦底、佐比、比亞克（Biak）、蘇克（Sook）諸島的普通種。荷蘭的博物學家繆勒曾在新幾內亞南岸，東經一百三十六度的伊塔那塔河（Oetanata river），覓得這種風鳥。我則親在多蕾獲得；而荷蘭軍艦厄特拿的艦長又說，他在東經一百四十一度的洪保德灣，看見土人用其羽毛為飾物。所以這一層很是可信：就是這種風鳥蔓延於新幾內亞全部。

真正的風鳥都是雜食的，兼食果實與昆蟲；果實之中喜食小無花果；昆蟲則喜食蚱蜢，蝗蟲，竹節蟲（phasmas），及蟑螂，毛蟲。我在一八六二年將次回國時，幸而在新加坡遇見兩隻長成的雄鳥；這兩隻雄鳥似乎十分強健，愛吃穀米，香蕉，和蟑螂，我即決意不惜重價（計一百鎊）購買而來，親自照料，帶回英格蘭。我在途中留在孟買一星期，新買一宗香蕉為風鳥的食料。但對昆蟲一項卻難供應，因在大英輪船公司的輪船（the Peninsular and Oriental steamer）上蟑螂很少，須在貯藏室中設置捕機，並於夜間在前甲板中捕一小時，然後稍有幾打捕獲——

簡直不夠一餐。後在馬爾他（Malta）停留二星期，乃由烘製麵包的場所捕得許多蟑螂，裝滿若干餅乾罐；供應歸航的食餌。我們在三月中穿航地中海，遇著冷風；郵船上可以安藏大鳥籠的唯一處所，日夜暴露於艙口所吹入的冷風，但是這兩隻風鳥似乎絕不怕冷。又有某夜從馬賽往巴黎，天氣嚴寒，而到倫敦以後，風鳥安然無恙，在動物園中分別豢養一年二年，時常展佈美羽以邀觀眾的讚賞。足見這小風鳥很是堅強，不需高溫度，而需空氣與運動。我覺得大小相當的保存所若能從事保養，或在水晶宮（Crystal Palace）的熱帶部或邱（Kew）的大棕櫚場（Great Palm House）若能放出籠外畜養，這些風鳥大約很可以在我們本國活到許多年。

「紅風鳥」（Red Bird of Paradise，原註：即微厄羅特〔Viellot〕的 Paradisea rubra；譯者註：即赤霧鳥）雖和以上兩種相近，但其區別卻比那兩種彼此間的區別要大得多。牠和「小風鳥」大小相當（十三到十四吋長），但有許多細節和牠不同。體旁的絨毛不是黃色，乃是濃厚的深紅色，並且伸出尾梢以外僅有三四吋光景；絨毛頗為堅硬，末梢彎曲向下並且向內，著以白色。兩支正中的尾羽不但伸長而無羽瓣，並且變作堅硬的黑絲帶，有四分之一吋闊，彎曲似蝟刺，儼如纖小的半圓柱狀的長角或鯨鬚。這種風鳥若在死時用背躺著，尾上兩條絲帶就要彎到頸上相接，成為雙絲圈；但在活時向下懸垂，顯出螺旋形的彎曲，確是異常雅致的雙曲線。這兩支尾羽約有二十二吋長，最是顯著奇特。喉部濃厚的金屬綠色延至頭部的前半以及眼後，並在額上構成鱗狀羽的小雙冠，添出不少的蓬勃氣象。嘴為藤黃色，睛簾則為帶黑的橄欖色。

雌鳥全身的咖啡棕色頗為一致，但有帶黑的頭部，以及黃色的頸部和肩部，指示雄鳥體上著色格外鮮明的所在。雄鳥羽毛變化的次序正和別些種類相同，頭部和頸部的鮮明色彩首先呈現，隨後露出尾上伸長的線狀物，最後乃生紅色的體旁絨毛。我獲得整套的標本，指證出尾上黑絲帶逐漸發展的情形確是十分奇特。這兩支尾羽最初本是普通的羽毛，比其餘尾羽倒要短些；隨後第二步，當然和一隻大風鳥的標本所表示的一般，這兩支尾羽略微伸長，中央一部分的羽瓣已經變狹；再到第三步，則有標本為證，羽軸有一部分裸出，末梢卻有扁平的羽瓣；第四步，裸出的羽軸略微擴大，顯出半圓柱狀，末梢的羽瓣很少；直到第五步，完美的角質黑絲帶方才出現，但在末梢仍有棕色的扁平羽瓣；還有一隻標本，黑絲帶本身也有一部分單在一側生著棕色的狹羽瓣。這些變化既經完畢以後，紅色的體旁絨毛方才漸次出現。

風鳥羽毛和色彩逐漸發展的步驟很是有趣，因為這種發展的情形剛和一種學說相合，這種學說所主張的是：牠們都是「變異」的單純作用以及「性擇」的累積能力而產生，並不單是尋常的裝飾品。[①]色彩的變異，在一切變異中最為常見而易見，並且最容易受人為淘汰的制限和累積。所以我們應該懸揣風鳥色彩上的兩性差別首先累積而固定，而在雛鳥身上也應該出現最快；不料這種懸揣正是風鳥所發生的事實。在一切羽毛形態上的變異中，最常見的莫過於頭部和尾部的羽毛。這種變異，在各科鳥類中多少都有發現，且在許多馴養的變種中也容易產生，至於軀幹上羽毛的異常發達，則在鳥類全綱中都不多見，而在馴養的種類中更是罕見，或且絕跡。

①近來我已達到這個結論，就是：性擇並不是雄鳥發展裝飾羽毛的原因。看我的《達爾文主義》第十章。

現在我們從風鳥方面看出喉部的鱗狀羽毛，頭上的羽冠，以及尾上的長捲鬚，都已發展完全以後，體旁的絨毛方才逐漸出現；這正和以上種種事實相合。如其不然，這些雄鳥並不由於陸續的變異發生這些特別的羽毛，乃是最初出現於地球時早已如此，那麼，這些羽毛陸續出現的步驟至少要變成我們不能理解的事實，因為這些變化為何不在同時進行，或用相反的次序進行，不免絕無理由可說了。

赤霧鳥所有已知的習性，以及土人捕捉的方法，都已說明在前。

赤霧鳥的產地很是狹小，完全限於威濟烏這個小島，位於新幾內亞的西北極端，其他島嶼所有相近的種類在威濟烏都由牠來代替。②

以上所說明的三種風鳥自成一組，在一般構造上的各點，比較上的碩大，軀幹，翼，尾的棕色，以及雄鳥裝飾羽毛的特別性質，一律互相符合。這一組風鳥差不多分佈於風鳥科全科所棲息的全地面，但是每一種都有各自的領域，在一領域以內絕無兩種出現。風鳥屬的屬名（Paradisea），即真風鳥，現為牠們所有，很是切當。③

其次的一種就是林奈取名的 **Paradisea regia**，即王風鳥，和以上三種大不相同，的確應該另

②季勒馬德博士說，赤霧鳥在巴坦塔島也有出現（見於《馬奇棐的游弋》卷二，二二五頁）。

③現在已有三種很有區別的風鳥屬於新種，發現於新幾內亞東南部，此外還有二種區別較少的局部的種類。

有屬名，所以現已取名為 Cicinnurus regius。馬來人叫牠做「部龍拉惹」（Burong rajah），就是「王鳥」（King Bird）；阿魯群島的土人又叫牠做「哥比哥比」（Goby-goby）。

這種可愛的小鳥只有六吋半光景長，有一半確是因為尾短的緣故，牠的尾只有普通角尾的長度。頭部，喉部，以及背面，概呈濃豔光亮的深紅色，額部加以橙色的渲染，額上的羽毛延至鼻孔以下，直達嘴部一半有餘。羽毛異常燦爛，在某幾種光下放射金屬的或玻璃的光輝。胸與腹為純粹的綢白色；介在綢白色和喉部的紅色之間有一闊帶，為濃厚的金屬綠色，每一眼上又有同色的一小斑。翼下體旁各有一簇精美的闊羽，約有一吋半長，呈現灰色，末梢有一綠柱石色的闊帶，闊帶內緣鑲有一絲淺黃色。這些羽毛隱在翼下，但能任意高舉，在肩上展成精緻的半圓扇。還有一種裝飾尤其奇特，並且更加美麗。尾上兩支正中的尾羽變為纖細的線狀羽桿，長近六吋，各在末梢向內一側生出綠柱石色的羽瓣，捲成螺旋形的圓盤，最是奇特可愛。嘴為橙黃色，腳為鈷藍色。

雌鳥著色極其樸素，初看簡直不能認為同種。牠的背面為幽暗的土棕色，僅在羽軸的邊緣稍有橙紅色的渲染。腹面為比較蒼白的黃棕色，兼有暗色的鱗斑和帶紋。幼稚的雄鳥剛和雌鳥相似，當然也和赤霧鳥一般，經過一套奇特的變化；可惜我自己不能獲得指證的標本。

這種小鳥慣棲森林濃密部分的小樹，專吃各種果實，這些果實和這種小鳥比照起來是很大的。牠的兩翼兩腳都很活潑，飛時呼呼有聲，略似南美洲的某種鳴禽類（即 manakins）。牠時常振動兩翼，展佈美扇；尾上有星點的線狀羽分歧為雅致的雙曲線。這種風鳥在阿魯群島頗為繁夥，所以早已連同大風鳥傳入歐洲。再在密索爾及新幾內亞各部分（博物學者足跡所到的各

部分）也有出現。

現在我們說到一種奇特的小鳥，叫做「華麗風鳥」（Magnificent Bird of Paradise），初由布封（Buffon）繪出，繼由波達厄特（Boddaert）取名 Paradisea speciosa，其後波那帕脫親王併入相近的一種，另立一屬，取名 Diphyllodes，因其脊部被有古怪的雙層斗篷。

牠頭部被有棕色的短絨毛，展覆於鼻孔上。後頸生出一團濃密的草黃色羽毛，約有一吋半長，覆於脊的上部，成為一層斗篷。這一層斗篷底下，又有第二層濃豔的紅棕色羽毛的斗篷，在大約三分之一吋以外成為一帶。脊上其餘部分為橙棕色，尾筒及尾為暗古銅色，兩翼為淺橙黃色。腹面全部被有豐富的羽毛，概從胸部的邊緣生出，呈濃厚的深綠色，兼有變動不定的紫色。胸部正中有一闊帶直穿而下，成於同色的鱗狀羽毛，而腮與喉則為濃厚的古銅色，兼有金屬光澤。尾上正中伸出兩支濃鋼青色的狹羽，約有十吋長。這兩支狹羽單在向內一側生出羽瓣，各自向外彎成圓圈。

我們從近似種的已知的習性看來，可以斷定這種風鳥所有十分發達的羽毛展成顯異的狀態。腹面大簇的羽毛大約展成半球形，脊上美麗的黃色斗篷當然高聳而出，和土人所保存的乾燥扁平的鳥皮大有區別，但在目前我們只有這些鳥皮。牠的腳似乎是暗藍色。

這種稀罕雅致的小鳥只在新幾內亞內地及密索爾島上有所發現。

比以上一種更加稀罕美麗的是 Diphyllodes wilsoni，喀辛先生（Mr. Cassin）曾用費城博物館的一張土鳥皮來說明。其後波那帕脫親王把牠改名為 Diphyllodes respublica，本斯泰因博士又改名為 Schlegelia calva——他在威濟烏竟得新鮮的標本。

這種風鳥的上層斗篷為硫黃色，下層斗篷及兩翼則為純紅色，胸部的羽毛為暗綠色，伸長的正中尾羽比近似種著實更短。但是最古怪的區別卻在頭部的裸出，那裸出的皮肉為濃鈷藍色，又有若干行的黑絨毛交叉其上。

牠在大小方面和上一種大約相當，顯然完全限於威濟烏一島。雌鳥（據本斯泰因博士的描畫和說明）和王風鳥的雌體十分相似，腹面也有相似的帶紋；因此我們可以斷定牠密切的近似種——即「華麗風鳥」——的雌鳥至少總是同樣的樸素，不過那種雌鳥的標本至今尚無所獲。

「優雅風鳥」（Superb Bird of Paradise）初由布封作圖，繼由波達厄特取名 Paradisea atra，因其羽毛以黑色為地。這種風鳥構成微厄羅特所稱的 Lophorina 屬，為風鳥全科中最稀罕最燦爛的一種，僅有殘缺的土鳥皮見知於世。牠比「華麗風鳥」稍稍大些。羽毛的底色是濃黑色，但

在頸部兼有美麗的古銅色的反射，頭部又有燦爛的金屬綠色和藍色的羽毛概呈鱗狀。胸前懸有盾狀物，係由堅硬的狹羽構成，向著各邊伸長，呈出純粹的藍綠色，兼有緞光。還有一種尤其奇特的裝飾，就是頸背所展佈的東西——形式上和胸部盾狀物相似的東西，呈出絲絨的黑色，兼有古銅色和紫色的光輝。其外緣的羽毛比鳥翼長出半吋，在高聳時，加以胸部盾狀物的外突，全鳥的外觀當然為之一變。嘴為黑色，腳似為黃色。

這種奇怪的小鳥只產於新幾內亞北半島的內地。我和阿倫先生在任何島嶼，或在新幾內亞沿岸的任何部分，概無所見。這是真的：這種風鳥，雷森曾由沿岸土人手中得來；但在一八六一年阿倫先生寄跡索龍（Sorong）時，他已探悉這種風鳥須在三天遠路的內地才有發現。由於這些「黑風鳥」（Black Birds of Paradise）——土人所取的名稱——在貿易上不很值錢的緣故，現在似乎罕為土人所保存，所以我在新幾內亞沿岸和摩鹿加群島度了好幾年，竟不曾得到一張鳥皮。因此，我們對於牠的習性和牠的雌鳥全無所知，不過那雌鳥當然和本科的其餘各種是同樣樸素的。

金風鳥或稱「六羽風鳥」（Golden, or Six-shafted Paradise Bird），也是稀罕的一種，最先由布封作圖，至今未曾獲得完美的標本。波達厄特把牠取名 Paradisea sexpennis，微厄羅特替牠另立 Parotia 屬。這種奇鳥大約和雌的赤霧鳥大小相當。羽毛初看似為淡黑色，但在某幾種光下兼有古銅色和深紫色。喉部胸部有濃金色的闊扁羽蓋成鱗狀，在某幾種光下變作綠色和藍色。頭後有一條反彎的羽毛闊帶，其燦爛難以形容，不似一種有機的物質，倒似綠柱石和黃玉的光輝。額上有一片純白的羽毛，射出緞光；並且頭部兩側生出六支奇怪的羽毛，就是取名「六羽風鳥」的來歷。這六支羽毛形似細線，長有六吋，末梢附以卵形的小羽瓣。除了這種裝飾以外，胸部兩側又各有大簇的絨毛，在高舉時當然可以遮覆兩翼，使得鳥身在外觀上加大一倍。嘴黑而短，頗為堅實，羽毛延至鼻孔，和王風鳥相似。這種奇特燦爛的鳥類和「優雅風鳥」產地相同，但是我們對於牠的一切情形，除出新幾內亞土人所保存的鳥皮可供考察以外，實在絕無所知。

「奇翼鳥」（Standard Wing）即格雷先生取名的 Semioptera Wallacei，是風鳥的一種新種，由我自己在巴羌島發現出來，其特異處在於每一翼角出生一對白色的狹長羽，在短羽中翹然特出，可以任意高舉。這種風鳥一般的色彩是精緻的橄欖棕色，在脊部正中轉為一種古銅的橄欖

奇翼鳥

色，又在頭上變為精緻的灰藍紫色，兼有金屬光輝。遮蓋鼻孔、延下鳥嘴中途的羽毛鬆散而向上彎曲。再在腹面尤其美麗。胸部鱗狀的羽毛鑲以濃厚的金屬藍綠色，並且喉部，頸側，以及胸部兩側所生尖長的羽毛，直至翼梢相近，都是這種色彩。不過這種鳥類最古怪的獨一無二的特色，卻是翼角所生兩對狹長的奇羽。我們揭起牠的覆雨羽時，可以看出每一對奇羽都有一對管狀的角質鞘。這角質鞘從腕骨的接合點相近處分歧而出。這兩對長羽起伏自由，在興奮時直挺挺的豎起，與兩翼成為直角，從六吋長到六吋半，前一支，比後一支稍長。鳥身的全長有十一吋。嘴為角質橄欖色，睛簾為深橄欖色，腳為鮮橙色。

雌鳥非常樸素，全身都是暗淡的土棕色，僅在頭部稍有灰藍紫色的渲染；幼稚的雄鳥剛和雌鳥相似。

這種風鳥慣棲林中較低的樹木，並且和大半的風鳥一般，時時運動不息——在樹枝中間飛來飛去，緊附在嫩椏上，或直滑的樹幹上，幾乎和啄木鳥一樣容易。牠不斷地發出一種粗糙轆軋的叫聲，彷彿介在大風鳥的叫聲和王風鳥的比較和諧的叫聲之間。雄鳥時時張翼鼓翼，豎起兩肩的長羽，並且展出胸部雅致的綠色盾狀物。

這種風鳥出現於巴羌和濟羅羅，從濟羅羅得來的一切標本，胸部綠色的盾狀物較為延長，頭上的藍紫色較為暗黑，腹面綠色的鱗狀羽較為堅強。這是摩鹿加地域所發現的唯一的風鳥，其餘一切都限於巴布亞群島和北澳大利亞。

我們現在要說到 Epimachidae，就是「長喙風鳥」（Long-billed Birds of Paradise），這些風

鳥正如上文所說一般，不應該和風鳥科分作兩起。其中最顯異的一種就是「十二線風鳥」（Twelve-wired Paradise Bird），也就是布盧門巴哈（Blumenbach）取名的 Paradisea alba，不過現已列入雷森的 Seleucides 屬。

這種風鳥約有十二吋長，其中壓縮彎曲的長嘴即已佔去二吋。胸部和背面的色彩初看似乎近黑，但是細看卻看出內中並無一處缺少彩色；再在各種光中看來，最濃厚最光亮的著色歷歷可見。頭部被以短絨毛，這種絨毛在腮部比上嘴延伸更遠，呈出帶紫的古銅色；脊部及兩肩為濃厚的古銅綠色，而翼與尾則為最燦爛的藍紫色，一切羽毛都有精美的絲光。胸部的大簇羽毛的確近於黑色，僅有綠色和紫色的微光，但其外緣卻鑲有閃爍的綠色帶。腹面全部為濃厚的軟皮黃色，連同體旁所生伸出尾外一吋半的大簇羽毛都是如此。鳥皮露在光下時，那黃色轉成暗白色，其學名即從此而來。體旁所生的羽毛，每一旁在最內部的約有六支的羽軸伸長為纖細的黑線，這些黑線折成直角，並且略微向後彎到十吋光景的長度，構成一種離奇特出的裝飾品。嘴為黑玉色，腳為鮮黃色。

雌鳥雖比有些種類稍微華麗，而見於雄鳥的彩色或裝飾品卻無所有。頭頂與頸背為黑色，其餘上面概為濃厚的紅棕色；下面全是黃灰色，胸部近黑，並有波狀的淡黑色狹帶交叉其上。

「十二線風鳥」出現於薩爾瓦底及新幾內亞西北部，常在開花的樹木——尤其是西穀樹與露兜樹——吮吸花朵，用著異常強大的腳站在花上或花下。牠的動作十分敏捷；稍在一株樹上停留片刻以後，就要飛射到別株樹去。牠的叫聲尖利宏大，遠方都可聽見，格格的叫了五六聲，聲音依次低落，叫到最後一聲往往就要飛開。雄鳥慣於孤獨，但有幾次大約也要結群，和那真風鳥一般。我的助手阿倫先生最後一次往遊新幾內亞，射得這種風鳥，剖開以後，胃中都只有一種棕色的甜汁，大約就是牠們所吃的花蜜。不過牠們當然也吃果實和昆蟲，因為我在某隻荷蘭輪船上所見的一隻活標本愛吃蟑螂和番瓜。這隻風鳥有一種古怪的習慣：每逢正午，用嘴朝天休息。牠死在前往巴塔維亞的航程上，我獲得去皮的軀體，製成全副骨骼，顯然表出牠的確是一種風鳥。舌很長，且能擴大，舌端稍有纖維質，形狀扁平，剛和真正的風鳥屬相似。

薩爾瓦底土人在森林中搜尋這種風鳥棲宿的地方，他們看見地上的鳥糞，即能指出牠的所在。這種風鳥往往棲在樹枝叢生的低樹上。他們夜間上樹，或用鈍箭射擊，或且用布活捉。而新幾內亞土人則用威濟鳥土人誘捕赤霧鳥的方法捕捉牠們，那種方法已在前描述過。

「長尾風鳥」（Long-tailed Paradise Bird，原註學名：Epimachus magnus）又是這些奇鳥的一種，僅有土人所保存殘缺不全的鳥皮為我們所知。牠的暗色絨毛射出古銅色和紫色的光輝，和「十二線風鳥」相似，但有顯異的長尾，長到二呎有餘，上面射出最強的蛋白石光的藍色。但牠主要的裝飾卻在胸部兩側所生大批的闊羽，這些闊羽在末梢處擴大出來，兼有最鮮豔的金屬藍色和綠色的帶紋。嘴長而彎，腳黑，和牠相近的種類相似。鳥身的全長在三四呎之間。

這種華美的風鳥棲息於新幾內亞的高山，和「優雅風鳥」、「六羽風鳥」的區域相同，聽說近海的山上有時候也有出現。我有好幾次聽見土人切實的說，這種風鳥在地下或岩下洞中作巢，常擇兩孔相通的所在，故從一孔鑽入，可從別一孔鑽出。依照我們的推測，牠的習性似乎不應該如此，但是土人的話如果不確，我們卻難明白這種話的由來；並且一切旅行家都知道土

長尾風鳥

人所報告的動物習性，雖則很是古怪，卻都正確無訛。

「鱗胸風鳥」（Scale-breasted Paradise Bird，原註：即居維葉〔Cuvier〕取名的 Epimachus magnificus）現在往往和澳大利亞的「賴夫爾風鳥」（Australian Rifle birds）一同列在 Ptiloris 屬內。這種風鳥雖很美麗，但牠副羽的裝飾卻比以上幾種都要隱晦些——牠主要的裝飾就是發達不等的金屬綠色硬羽的胸鎧，以及胸部兩側小簇似毛的羽毛。脊與翼為絲絨黑色，在某幾種光下略有濃紫色的光輝。兩支正中的闊尾羽為蛋白石光的蒼藍色，表面柔滑如絲絨，頭頂的羽毛恰似亮鋼的鱗片。有一大三角塊包含腮，喉及胸各部，密密蓋以鱗狀的羽毛，射出鋼藍色或綠色的光輝，兼有柔滑的表面。這個三角塊的下緣鑲有一條黑色的狹帶，接上光亮的古銅綠色，再接上濃紅酒色的毛羽，延至尾上轉為黑色。體旁成簇的絨毛和真風鳥的絨毛有些相似，但不豐富，其長與尾相當，且呈黑色。頭部兩側呈出濃藍紫色，並且絲絨般的羽毛在嘴上兩側延至鼻孔。

我在多蕾獲得一隻幼穉的雄鳥，羽毛的狀態顯然和長成的雌鳥相同，正和一切相近的種類一般。背面，翼，及尾為濃厚的紅棕色，腹面則為蒼灰色，兼有波狀的狹黑帶密密橫斷而過。眼上也有一條帶紋，又有暗黑的長條紋從會合線延至頸側。這種風鳥長十四吋，而長成雄鳥的土鳥皮卻只有十吋光景，因為土鳥皮力求胸部裝飾的羽毛格外顯現，遂將鳥尾塞入不少。

在約克角（Cape York）及北澳更有一種密切相近的種類，就是 **Ptiloris alberti**，其雌鳥與上文所說幼穉的雄鳥十分相似。更有澳大利亞美麗的「賴夫爾風鳥」——和這些風鳥很是相似的風鳥——稱為 **Ptiloris paradiseus** 及 **Ptiloris victoriæ**。「鱗胸風鳥」似乎限於新幾內亞內地，比以外幾種稍稍普通。

還有三種新幾內亞的鳥類，有些著述家一律歸入風鳥，其羽毛幾乎同樣的顯異，應該在此申述一番。第一種是「極樂鵲」（Paradise pie，原註：即雷森的 **Astrapia nigra**），大小和赤霧鳥相當，但有很長的尾，體的上面射出濃藍紫色的光輝。脊部為古銅黑色，腹面綠色，喉與頸鑲有深銅色的鬆散闊羽，而在頭頂及頸上，這些闊羽更射出綠柱石色的光芒。頭部四周的羽毛一律很長，且能直豎，活時展開以後，當然顯出奇觀，真風鳥大約也不過如此。嘴黑，腳黃。我以為 **Astrapia** 這一屬頗有幾分近於風鳥科和 **Epimachidæ** 科的中間物。

又有一種相近的種類，有了裸出而有肉冠的頭部，已被命名為 **Paradigalla carunculata**。大家相信這一種和上一種都棲息在新幾內亞的多山內地，但這一種非常稀罕，唯一已知的標本藏在費城博物館。

「極樂鶯」（Paradise Oriole）又是一種美麗的鳥類，現在有時候也歸入風鳥之列。從前博物學者給牠取名 Paradisea aurea 和 Oriolus aureus，現在卻往往和澳大利亞的別墅鳥（Regent Bird）（原註學名：Sericulus chrysocephalus）列為同屬。但是嘴的形狀和羽毛的性質似乎都大不相同，所以應該自成一屬。牠全身幾乎都是黃色，只有喉，尾，以及翼和脊的一部分是黑色；但牠主要的特徵卻在一宗光亮的濃橙色的長羽毛，這些羽毛從頸部延至脊部中央，幾乎和鬥雞的頸部羽毛相似。

這種美麗的金鶯棲息在新幾內亞內地，並在薩爾瓦底也有發現，但很稀罕，我只能得到一張殘缺的土鳥皮，其習性如何不得而知。

現在我要把一切已知的風鳥列成目錄，附以我們所信的產地。內中附有＊的各種風鳥，都在本書初版印行以後發現出來。

1「大風鳥」——阿魯群島及新幾內亞中部。

2「小風鳥」——新幾內亞西北部，密索爾，及佐比群島。

3 赤霧鳥即「紅風鳥」——威濟烏及巴坦塔。

＊4 Paradisea decora——當特累卡斯都群島（D'Entrecasteaux Islands）。這種美麗的風鳥所有

紅色的羽毛，比赤霧鳥還要豐富些，且其基部又有若干紅色更深的較短的羽毛。胸部呈出溫柔的淡紫色，頭部及喉部幾與「小風鳥」相同。

*5 Paradisea Raggiana——新幾內亞東南部。這種風鳥和大風鳥有些相似，但有紅色的羽毛。

6 Paradisea Guilielmi II——德屬新幾內亞。頭，頸，及喉為綠色，脊為黃色。長成的雄鳥尚無所知。

*7 Paradisea novæguineæ——「大風鳥」的一種，棲息於新幾內亞南部。

*8 Paradisea Finschi——「小風鳥」的一種，發現於新幾內亞東南部。

9 王風鳥——新幾內亞全部，密索爾，阿魯群島。

10 「華麗風鳥」——新幾內亞西北部及密索爾。

11 Diphyllodes wilsoni 或 D. respublica，即紅色的「華麗風鳥」。——威濟鳥。

*12 Diphyllodes chrysoptera——新幾內亞東南部。與「華麗風鳥」相近，但有更濃厚更複雜的色彩。

*13 Diphyllodes Jobiensis——從佐比島來的一種相近的種類。

*14 Diphyllodes Hernsteini——又是一種，兩翼紅色，頭上棕色，從東南新幾內亞的和斯叔山（Horseshoe Mountains）而來。

*15 Diphyllodes Guilielmi III——豔麗的一種，脊部有橙紅兩色，並有綠尖的扇形物，和王風鳥相似，從威濟鳥東部而來。

16 「優雅風鳥」——西北新幾內亞的阿爾法克山。

*17 Lophorina minor——比較纖小的一種「優雅風鳥」，從東南新幾內亞的阿斯特洛雷山（Astrolabe Mountains）而來，在頸部盾狀物的形狀上既有差別，在色彩上也有幾分不同。

18 金風鳥——西北新幾內亞的阿爾法克山。

*19 Parotia Lamesi——從阿斯特洛雷山來的金風鳥的代表種，在著色上及胸部羽毛的形狀上微有不同。

20 「奇翼鳥」——巴羌及濟羅羅諸島。

21 「長尾風鳥」——西北新幾內亞。

*22 Epimachus Macleayi——一種稍微不同的種類，從東南新幾內亞的阿斯特洛雷山而來。

*23 Epimachus Meyeri——另外一種相近的種類，從東南新幾內亞的和斯叔山而來。已知的只有雌鳥。

*24 Epimachus Elliotti——一種較不燦爛的種類。產地未詳。

25 「十二線風鳥」——新幾內亞西北部到東南部。

26 「鱗胸風鳥」——新幾內亞全部。

27 Ptiloris Alberti，即亞爾伯特王子（Prince Albert）的風鳥。——北澳。

28 Ptiloris paradisea，一種「賴夫爾風鳥」。——東澳。

29 Ptiloris Victoriæ，即維多利亞女王（Queen Victoria）的「賴夫爾風鳥」。——東北澳大利亞。

*30 Ptiloris（Craspedophora）intercedens，從東南新幾內亞來的一種，和「鱗胸風鳥」極為切近。

31 「極樂鵲」——西北新幾內亞的阿爾法克山。

32 Paradigalla carunculata，即有肉冠的極樂鵲。——阿爾法克山。

以下幾種和以前所知的各種大有區別，故須列入新屬：

*33 Drepanornis Albertisi

*34 Drepanornis cervinicauda　這三種自成一組，頗為纖小，裝飾並不顯異，由新幾內亞各部分而來。

*35 Drepanornis Bruijni

*36 Astrarchia Stephaniæ，一種華麗的鳥類，從奧文史坦利山（Owen Stanley Mountains）而來，和「極樂鵲」相近。

*37 Paradisornis Rudolphi——東南新幾內亞的和斯叔山。軀體纖小，但有鮮藍色的體旁絨毛與伸長的正中尾羽（末梢為藍色的小薄片）為其特徵。

我在拙著《科學與社會之研究》（*Studies, Scientific and Social*）卷一第二十章內，附有以上最後一種以及另外三種新風鳥的圖形，後三種都從新幾內亞山中而來。內中有一種取名Pteridophora Alberti，大約是全科中最奇特的鳥類，眼角上生出美藍色羊齒狀的附屬物。

這幾種再加上以外若干種，連同以上各種，合成五十種風鳥，內中大約有四十種概為新幾內亞所產。如果我們再就那些和新幾內亞由一淺海相連一起的島嶼來著想，即可尋出二十三種風鳥為其所有，此外則有三種為澳大利亞東北兩部分所產，一種為摩鹿加群島所產。其中一切格外奇特壯麗的種類完全限於巴布亞地域。

我雖然費去許多時間專門搜尋這些奇鳥，但在阿魯群島，新幾內亞，及威濟烏各地住了許多月，僅僅獲得五種。阿倫先生遊歷密索爾的結果，又不曾添多一種，但我和他都聽說新幾內亞有一個叫做索龍（Sorong）的地方，接近薩爾瓦底，可以獲得我們所想望的一切種類。因此，我們決意由他前往，直入內地，和那射擊並剝製風鳥的土人直接交易。他坐著我在哥蘭配置完好的小普牢船，並得德那第的荷蘭駐使好意相助，由提多列的蘇丹派出一個副官和二個兵士護送他，並且幫助他僱用人夫和遊歷內地的各種事宜。

無奈阿倫先生這一次航程卻遇著意外的困難。要了解這些困難，須先考慮風鳥本是一種商品，又是沿岸各村頭目專利的商品，他們向山居的土人賤買而來，用以轉賣於布吉商人。有一部分風鳥又須逐年進貢於提多列的蘇丹。所以土人十分妒忌外地人——尤其是歐洲人——來妨礙他們的營業，尤其是來入內地直接和山居人交易。他們當然以為那個歐洲人不免在內地抬高價格，搜求貨物，對於他們大為不利；並且以為他如果取去一宗稀罕的種類，他們的貢物不免也要漲價；況且他們看見一個白種人這樣不辭勞苦，不惜費用，來到他們這個地方，單單要買風鳥，自然要生出一種無謂的驚慌，以為他總有某種祕密的目的，因為他們知道他在德那第，望加錫，或新加坡盡可買得許多風鳥——普通黃色的風鳥，他們所貴重的唯一風鳥。

因此，阿倫到了索龍，對土人說了自己要往內地尋覓風鳥的主意以後，土人紛紛反對。他們告訴他說，從索龍前往計有三四天路程，到處都是濕澤和高山；又說，那山居人都是食人的蠻民，當然要來殺他；並且村中絕無一人敢和他同去。這樣討論了幾天以後，因為他仍舊執意要去嘗試，並且聲明提多列的蘇丹許他自由遊歷，並由各地頭目盡力相助，所以後來他們只得替他備辦一隻小船，由一河道泝流而往；但在同時，他們暗中命令內地各村不准出賣任何食品，以便逼他回頭。他們到了上岸走陸的村莊以後，陪他同來的海濱土人一律回去，丟下阿倫自行設法前進。他吩咐提多列副官替他僱人充當嚮導，並運送行李。無奈這一層卻不容易辦到。土人竟和副官爭論起來，不肯服從他的傲慢的命令，並且取出刀槍來攻擊他和他的兵士；於是阿倫只得親身出來保護那些護送他的人。土人對於白種人本有相當的敬重，兼以阿倫及時分送他們幾件贈品；所以取出小刀，手斧，和細珠給他們看，說明自己願意把這些東西報酬那些伴送他的人以後，立刻恢復了和平。次日，阿倫走過一帶非常崎嶇的地方以後，來到山居人的村莊。他在此留住一月，並無翻譯員可以傳達語言。但是他利用記號，贈品，和慷慨的交換物，進行倒很順利，有些土人每天陪他同往林中射擊，並且在他有所捕獲時受了他的小贈品。

但是風鳥這件大事卻沒有什麼成績。他所覓得加多的種類只有「十二線風鳥」一種，這一種，他在薩爾瓦底已經獲得一隻標本；不過他探悉別些種類（他把圖形給他們看的種類）都在二三天遠路的內地才有出現。我從多蕾差出傭人前往安柏巴啟的時候，他們也聽到剛剛相同的消息——就是：比較稀罕的種類須在幾天遠路的內地才有出現，剛在崎嶇的山嶺當中，並且鳥皮又為海濱土人從未看見的野蠻民族所剝製。

自然界彷彿有意要使這些上等的珍品不致過於普通而受人間的輕視。新幾內亞的這部分北岸既然暴露於太平洋的風波，並且崎嶇而無港口。全片地面多岩多山，到處都有茂密的森林，在濕澤，懸崖，及鋸齒狀的脊岡上列成屏障，和那未知的內地幾乎隔絕；並且住民又是凶險的蠻人，野蠻到極點。在這種地方並且這種民族之間，出現了自然界這些奇怪的產物，就是各種風鳥，這些風鳥的形態和色彩的優美，以及羽毛的特別，足以激發最文明最優秀的人類的驚異和讚美，足以供應博物學者以無窮研究的材料，供應哲學者以無窮思索的材料。

我搜索這些美鳥的旅行從此結束。航往牠們所棲息的地域的各部分計有五次，每次費去半年有餘，但在該地域所有已知的十四種當中僅僅獲得五種。這五種都棲息在新幾內亞的沿岸以及附近諸島，其餘各種似乎絕對限於北半島的中部山脈；我們在多蕾和安柏巴啟（接近這個半島的一頭）以及薩爾瓦底和索龍（接近它的另一頭）歷次搜索的結果，使我能夠有些把握來斷定這些稀罕可愛的鳥類的產地，這些鳥類的良好標本在歐洲至今尚無所見。

這一層不免有些可怪，就是我在蘇拉威西，摩鹿加群島，和新幾內亞遊歷五年，竟不能買得四十年前、雷森在這些地方駐足幾星期、所得種類的半數。我相信現在一切種類，除了貿易上普通的種類以外，即使比較二十年前也要難得得多；我以為這大概是由於荷蘭官員已經假手提多列的蘇丹來搜求這些種類的緣故。因為逐年過來採辦貢品的頭目們都已奉有命令，來搜羅一切風鳥的稀罕種類，所以他們很有充分的藉口，可以少付或者不付鳥皮的價錢，所以沿岸各村的頭目將來難免不肯再向山居人去買這些鳥皮，反而專門去買那些比較普通的種類，這些種類雖不是愛美家所喜歡的東西，卻是更可獲利的商品。這一類原因，往往使得未開化各地的住民遮瞞他們所能發覺的礦產或別些天產，因為他們恐怕洩漏以後，不免要納加多的貢物，或者要有強迫的新勞動。

第十二章
巴布亞群島的自然界

新幾內亞及其附近由一淺海和它相連的島嶼構成巴布亞群島，在其所產生物的特殊的形態上，彼此之間顯有十分密切的類似。我在論列阿魯群島及鳳鳥的各章既已敘出本群島自然界的一些細節，故在本章僅將本地域所產的動物，及其與世界上各地的關係，概括的敘述一番。

新幾內亞大約是地球上最大的大島，比婆羅洲略微大些。長近一千四百哩，最闊的部分闊也四百哩，似乎到處都有茂盛的森林。所有已知的各種天然產物差不多都從西北半島及其四周少數島嶼而來。①這個半島和這些島嶼沒有新幾內亞全島十分之一的面積，並且和新幾內亞這樣隔絕，所以它們的動物界本來很可以有些差別；但是所產陸棲鳥經過局部的探檢以後，已有二百五十種之多，幾乎全數都是其他各地所未知，並且內中又有幾種最古怪最美麗的鳥類。這一層正可不消說起：就是這個大島的更廣大的未知部分——至今仍待博物學者探檢的部分，並且

①這一說現已不確，在德屬及英屬新幾內亞（東南部）現已有了很廣泛的採集品，這些採集品增加鳥類的種數竟至一倍有餘。

大約又是可以發現新奇不測的生物形態的唯一部分——含有極大的興趣。不過現在卻有——我可以欣然報告大家——一種機會，可以使得我們逐漸明瞭這一大片地方。因為荷蘭政府已經許可一隻設備完善的輪船運送一個博物學者（洛贈柏先生，前文已有說起）和一班助手到新幾內亞來，打算用著幾年的工夫環航全島，從各大河泝流而上，遠入內地，以製成天然產物的廣泛的採集品。②

新幾內亞及其附近諸島業經發現的哺乳類僅有十七種。其中有二種是蝙蝠，一種是特殊的豬（原註學名：Sus papuensis），其餘都是有袋類。蝙蝠顯然還有更多的種類，但是我們卻有各種理由，可以預料新奇的陸棲哺乳類將來如有發現，一定屬於有袋類這一目。有袋類當中，有一種是真正的袋鼠，和澳大利亞有些大小折中的袋鼠十分相似，原是歐洲人所看見的第一種袋鼠。牠棲息在密索爾和阿魯群島（有一種相近的種類出現於新幾內亞），勒布朗曾於一七一四年用巴塔維亞的活標本來說明。還有樹棲袋鼠尤其奇特，從新幾內亞發現的計有二種。這些袋鼠和地棲袋鼠，在形態上並無十分顯著的差別，對於樹棲的生活似乎僅有殘缺不全的適應，因其行動頗為遲鈍，在樹枝上也不見得站得十分穩固。肌肉發達的尾巴已失跳躍的能力，強固的腳爪已可助其攀爬，但就其餘各方面而論，這種動物似乎更適應於地面的行走。這樣殘缺不全

②近來遊歷過新幾內亞的最重要的博物學旅行家，計有義大利人柏卡里（Beccari）和達爾柏替（D'Albertis），德人邁爾（Meyer）和芬斯（Finsch），佛白斯先生，以及若干英國和德國的採集家。

的適應也許由於這種事實而來：就是新幾內亞並無食肉類，並無何種須用敏捷攀爬來逃避的仇敵。再有四種東方鼴和一種小飛鼴，也棲息在新幾內亞；又有其他五種更纖小的有袋類，內中有一種剛和老鼠一樣大小，並且替代老鼠進入住宅，覓取食物。③

新幾內亞的鳥類則與哺乳類大不相同，因為鳥類更加繁夥，更加美麗，並且比地球上其餘各島呈出更新奇，更古怪，而且更雅致的形態。除了風鳥以外（詳述於前），又有一宗別的古怪的鳥類，這些鳥類在鳥類學者看來，差不多可以標出地球上一個基本的區分。在其所產三十種鸚鵡當中，有黑色大白鸚，有硬尾小 Nasiterna，一大一小各走極端。又有禿頭的 Dasyptilus，更是一種最奇特的鸚鵡；而美麗的長尾小 Charmosyna，及色彩華美的各種「刷舌鸚」，尤其奇特無雙。再就鴿論，約有四十種，內有宏大的有冠鴿，已在我們養鳥室中這樣出名，並且在大小上和美麗上也很特出；又有古怪的 Trugon terrestris，近於薩摩亞所產稀奇古怪的「齒嘴鳩屬」（Didunculus）；還有一個新屬（原註屬名：Henicophaps）為我自己所發現，生有很長很健的嘴，和各種鴿都不相同。④再在十六種魚狗當中，有古怪的鉤狀嘴的 Macrorhina 屬，及一種紅藍兩色的 Tanysiptera 屬——那美麗的一屬的最美麗者。在棲宿的鳥類當中，則有形似烏鴉的一屬歐椋鳥，顯出燦爛的羽毛（屬名：Manucodia）；有古怪的灰色烏鴉（學名：Gymnocorvus sen-

③近來發現的最有趣的哺乳類當中有一種針鼴（Echidna），和澳大利亞有刺的食蟻獸相近。

④至今我們所知棲息在新幾內亞及其附近巴布亞群島的鳩鴿科已近九十種，鸚鵡科也已增加到八十種光景。現今知名的巴布亞陸棲鳥計有八百種相近。

ex）；有異常的紅黑兩色的鶲科（學名：Peltops blainvillii）；小巧古怪的船狀嘴的鶲科（屬名：Machærirhynchus）；及雅致的藍色的「鶲鷦」（flycatcher-wrens，屬名：Todopsis）。

博物學者對於新幾內亞產物的繁複和趣味大約可得一個更加明白的觀念，如果聽說新幾內亞的陸棲鳥分為一百零八屬，內有二十九屬為其特產；又有三十五屬則為摩鹿加群島和北澳的有限區域所共有，並且這個區域所產這三十五屬的種類完全從新幾內亞傳播而來。再者新幾內亞所產一百零八屬，大約總有二分之一出現於澳大利亞，三分之一於印度及印度馬來諸島。

還有一樁很古怪的事實一向未受充分的注意，就是：在新幾內亞鳥類當中，有一種純粹的馬來成分。我們可以從中尋出兩種 Eupetes，本是馬來的古怪的一屬，與叉狀尾的「美洲鶲」（Waterchats）相近；兩種 Alcippe，本是印度和馬來的類似歌鶇的種類；一種 Arachnothera，與麻六甲的捕捉蜘蛛的蜜雀十分相似；兩種 Gracula，即是印度的白頭翁；還有一種小巧古怪而呈黑色的 Prionochilus，一種鋸狀嘴的「啄果鳥」（fruit-pecker），顯然和馬來的種類相近，雖則大約別為一屬。以上這些鳥類，並沒有一種相同的或者相近的種類出現於摩鹿加群島，或於（只有一個例外）蘇拉威西或澳大利亞；況且牠們大半都是不能遠飛的鳥類，所以牠們究用什麼方法，或在什麼時候，穿渡現在隔離牠們和牠們最接近的相近種類的一千餘哩的間隙，真是我們很難揣測的事情。這種事實指示著海陸的變遷是大規模的，且用種變所需的時間推測起來，又宜說是急激的。我們推究這些變遷的時候，很可以看出局部移殖的波浪怎樣沖入新幾內亞的情形，以及移殖的一切痕跡怎樣被後來居間陸地的失蹤而消滅的情形。

地質學的研究所教訓我們的東西，除了地球表面極端的不安定以外，再沒有別種更確定更

醒目的東西。我們到處在腳下尋出種種證據，來證明現在有些陸地從前是海，現在有些海洋從前卻是陸地；並且這種滄海桑田的變遷，在無數過去的時期中，不僅發生了一次二次，乃是再三再四的許多次。但是目前地球表面動物分佈的研究，卻使我們把這種海陸的變遷——這種大陸的製造和破壞，以及島嶼的上升和滅跡——看作一種有效果的實在，已經隨時隨地不斷進行，已經做著生物聚散於地表的狀況的主要動因。我們不斷地遇著上面所說這一類小小的破例的時候，都可以在那些絡繹不斷的上升和下陷中（它們在有機自然界的表面上留下了神祕而易解的記載），找出這些破例的唯一合理的解釋。

新幾內亞的昆蟲比鳥類較不著名，但其精緻的形態和燦爛的色彩卻和鳥類幾乎同樣的顯著。魁偉的綠色和黃色的「馬來巨蝶科」很是豐富，並且大概都從西端向西伸張到印度。在比較纖小的蝶類當中，有蛺蝶科和小灰蝶科的特殊的若干屬，其顯異處在於軀體偉大，斑紋奇特，或著色燦爛。最大最美的透翅蛾（原註學名：Cocytia d'urvillei）在此出現，還有壯美的綠色蛾（原註學名：Nyctalemon orontes）也是如此。甲蟲類供給我們以許多種軀體偉大，金屬光澤最燦爛的種類，其中有一種 Tmesisternus mirabilis，是金綠色的「長鬚甲蟲」；兩種異常燦爛的金龜子科（rosechafers），就是 Lomaptera wallacei 和 Anacamptorhina fulgida；一種最優美的吉丁蟲科，就是 Calodema wallacei；還有 Eupholus 屬的若干種美藍色的蛄螘，大約都是最顯異的甲蟲。其餘各目昆蟲，幾乎一律供給我們以魁偉的或奇特的形態。古怪的有角蒼蠅，前文已有說明；而在直翅類中，又有碩大而有盾狀物的蚱蜢最為顯異。前頁所描的一種（原註學名：Megalodon ensifer）胸腔上蓋以一個三角形的角質大盾，計有二吋半長，邊緣做鋸齒狀，表面略有波狀而下凹，兼有隱約可辨的中央線，故與樹葉十分相似。牠的光亮的前翅（在伸張時，橫闊有九吋多），呈美綠色，兼有美麗的翅脈，摹仿熱帶的燦爛大葉很是逼真。軀幹很短，雌體的末尾有一彎長似劍的放卵管，腳都很長，兼有硬刺。這種昆蟲懶於行動，幸虧類似叢葉，兼有角質大盾，葉狀前翅，及有刺的腳，故能保其安全。

新幾內亞迤東諸大島，我們所知無多，但有深紅色的「刷舌鸚」（為澳大利亞所無），及白鸚（與新幾內亞及摩鹿加群島的相近），足以表示牠們隸屬於巴布亞組；並且我們又可從此劃定馬來群島的界線向東伸展到所羅門群島。再就別方面說，新喀利多尼亞（New Caledonia）及新赫布里底（New Hebrides）似乎與澳大利亞更為切近；至於其餘的太平洋島嶼雖在生物的各種形態上十分貧乏，卻又具有幾種特點強迫我們劃成分離的一組。我為便利起見，雖已常將摩鹿加群島與新幾內亞分立，而自成動物學上的一組，但在同時，我已揭出摩鹿加群島的動物界大半起源於新幾內亞，正與帝汶的動物界大半起源於澳大利亞相似。假使我們單用動物學的宗旨來劃分澳大利亞地域，我們應該把牠分成三大組：第一組包括澳大利亞，帝汶，及塔斯馬尼亞；第二組包括新幾內亞，及由部魯直至所羅門群島的諸島；第三組包括更大的一部分太平洋群島。

新幾內亞的動物界和澳大利亞的關係很是密切。這種關係在哺乳類中最為顯著，因為有袋類很是豐富，其餘一切地棲種類幾乎完全缺乏。在鳥類中雖然沒有這樣顯著，但是仍舊十分明顯，因為一切舊世界顯著的形態，凡是澳大利亞所缺乏的，在新幾內亞也是同樣的缺乏，例如雉，松雞，兀鷹，及啄木鳥；而白鸚，闊尾鸚鵡，Podargi，及蜜雀與營塚鳥二大科，與其他許多種類，足足包括陸棲鳥的二十四屬，都在澳大利亞和新幾內亞十分普通，並且完全限於它們這兩個地域。

我們想到這兩個地域在從前認為足以判斷生物形態的那一切地文現象上既有奇怪的殊異——澳大利亞有空曠的平原，多石的沙漠，乾涸的河流，及有變化的溫帶氣候；而新幾內亞則有茂盛的森林，一致的炎熱，潮濕，和常綠植物——故在產物方面竟有這樣顯著的類似，簡直令人吃驚，因為這種類似分明指示著一個共同的起源。至於昆蟲方面的類似便不見得有這樣顯著，其理由顯然在於這一綱動物比鳥類和哺乳類格外直接的依靠植物和氣候。再者昆蟲又有格外有效的分佈工具，能夠廣播於發展和增殖都是相宜的各地。因此，魁偉的「馬來巨蝶科」已從新幾內亞擴張於全部馬來群島，直達喜馬拉雅山的山麓；同時雅致而有長角的角蚌科則在相反的方向從厤六甲擴張到新幾內亞，只因情境不相宜的緣故，所以不能立足於澳大利亞。而澳大利亞卻已發展出許多種常來花上的金龜子科（Chafers）和吉丁蟲科，以及大宗碩大古怪的地棲鈷蟞，內中簡直沒有一種能夠適應新幾內亞陰濕的森林——在這些森林中所發現的都是完全不同的種類。但是新幾內亞卻有幾群昆蟲彷彿是澳大利亞地域熱帶部分古代物種的殘餘，這幾群昆蟲至今幾乎仍舊完全限於這個地域，例如「長鬚甲蟲」的有趣的亞科，即 Tmesisternitæ；吉丁蟲科的最顯異的一屬，即 Cyphogastra；以及構成 Eupholus 屬的美麗的鈷蟞。再在蝶類當中則有 Mynes Hypocista，及 Elodina，與特異而有眼狀斑的 Drusilla 等屬，這最後一屬獨有一種出現於爪哇，但不於其他西方諸島。

植物分佈的便利比昆蟲還要大些，並且當代卓著的植物學家都以為植物學上與動物學上不同，不能標出這樣界線分明的區域。促成散播的各種原因在植物方面最有效力，並且早已造成鄰近各區域植物界的混合難分，所以現在只有廣大的並且一般的區分才能發現出來。這種理論對於劃分地球表面的大區域的問題佔有一個重要的位置，這些大區域都用天然產物的根本差別來辨別。我們現在知道這種差別直接由於多少不能渡越的障礙發生長久的隔離而來；因為海洋及氣候的隔絕對於一切陸棲生物形態的散播，既然是兩種最大的障礙，所以地球的基本劃分在大體上應該適用於一切陸棲的有機體。無論氣候的作用怎樣不同，分佈的工具怎樣不等，但是終究不能完全消滅長久隔離的根本作用。這是我堅決的信念，就是：新幾內亞及其四周諸島的植物學及昆蟲學如果明瞭到現在哺乳類及鳥類的程度，也會明白指示出馬來群島的印度馬來與澳洲馬來兩區域的根本區別。

第七編

馬來群島的人種

我打算在此全書結束的一章，綜述自己對馬來群島各部分住居的人種所抱的見解，綜述他們身心兩方面主要的特徵，他們彼此之間以及對於四周諸族的類緣，他們的遷徙，以及他們或然的起源。

有兩種截然相反的人種住居馬來群島：一種是馬來人，幾乎絕對佔有馬來群島較大的西半部；一種是巴布亞人，以新幾內亞及其附近若干島嶼為根據地。在位置上介在這兩種人種中間的諸族，在各種主要的特徵上也介在他們中間；要判斷這些居間的民族是否隸屬於那兩種人種的一種，或者由於那兩種的混合成功，有時候倒是微妙的一點。

馬來人顯然居於重要的地位，因為他們最是開化，和歐洲人接觸最多，並且在歷史上也只有他們佔得一點位置。一切可稱真正馬來人種的人們——和其餘各種稍稍含有馬來成分的人們在語言上彼此有別——顯出頗為一致的身心兩方面的特徵，但是文化及語言卻有極大的差別。他們包含著四大種及幾小種半開化的民族，還有幾種可稱蠻民的民族。馬來本族住在馬來半島，及婆羅洲與蘇門答臘的沿岸各地。他們都說馬來語，或馬來語的方言；都寫阿拉伯字母，信奉回教。爪哇人住在爪哇，蘇門答臘一部分，馬都拉，峇里，及龍目一部分。他們說爪哇語和卡尉（Kawi）語，用土字寫出土語。住在爪哇的現在都是回教徒，住在峇里和龍目的卻是婆羅門教徒。布吉人是蘇拉威西大部分的住民，在松巴窪似乎有一種相近的民族。他們說布吉語和望加錫語，兼有方言，又有兩種土字用以寫出土語。他們都是回教徒。第四大族就是塔加拉人（Tagalas），住在菲律賓群島，因我未曾往遊，不能詳述。他們有許多是基督教徒，並且說西班牙語和他們的土語，即塔加拉語。摩鹿加馬來人（Moluccan Malays）大半住在德那第，提多列，巴羌，和帝汶，可以稱為半開化的馬來人的第五種民族。他們都是回教徒，但是語言古怪而複雜，似由布吉語和爪哇語攙入摩鹿加群島野蠻諸族的語言混合成功。

野蠻的馬來人種有婆羅洲的達雅人，蘇門答臘的巴塔克人（Battaks）和別些蠻族，馬來半島的查坎人（Jakuns），及北蘇拉威西，薩拉群島，和部魯一部分的土人。

這一切紛歧的民族，膚色概為淡紅棕色，多少帶有一點橄欖色，雖散居於與南歐全部一樣廣大的一個範圍，卻不曾變化到任何重要的程度。頭髮也是同樣的沒有變化，黑色而直，並有頗為粗糙的組織，所以稍有較淡的著色，或者稍有波狀或鬈曲，幾乎都是混有外族血統的確證。面上幾近無髭，胸及四肢無毛。體高頗為一律，常在歐洲人平均體高以下；身體強壯，胸部發達，腳短小而厚，手小而頗纖弱。面略闊，近於扁平；額頗圓，眉低，眼黑而稍斜；鼻頗小，並不突出，而正直美觀，鼻尖稍圓，鼻孔闊而微露；顴骨頗為突出，口大，唇闊而相稱，但不突出，下頷圓而優美。

在上文的描述中似乎絕少不美的所在，但就整個看來，馬來人卻又當然不合美觀。而在青春時期，他們往往很是美觀，並且有許多男女兒童到十二或十五歲為止都很可愛，還有若干兒童面貌著實不錯，就他們本族而論，幾乎無以復加。我往往以為他們因有各種惡習慣及不規則的生活，不免損失許多美觀。他們自幼咀嚼蒟醬和煙葉，幾乎無時間斷；他們出門捕魚或做別種事務的時候，飽受窮乏和暴露的困苦；他們往往即在交替的挨餓和盛饌，遊手好閒和過度勞動之中，度過一生，這樣一來，自然發生早熟的老年和粗陋的面貌。

在品性上，馬來人是痲木不仁的。他有一種韜晦，猜疑，甚且羞怯的態度，這種態度很有幾分惹人注意，並且引起觀察者想到大家所說這種民族凶暴好殺的品性一定言過其實。他是不善表情的。他的驚異，讚美，或恐懼的感情，絕不明白流露出來，並且他的感情大約也不強烈。他的談吐遲緩而審慎，即有特別的事件，也要紆紆曲曲的引入本題。這些都是他品性上主要的特色，他的一舉一動都有這些特色。

小孩和婦女很是怯懦，猝然看見一個歐洲人，就要驚喊奔竄。他們處在男人中間緘默無言，往往安靜而服從。馬來人在獨居時絕不作聲，既不說話，也不唱歌。若有若干人同在獨木舟中划槳時，他們偶或唱出一支平淡無趣的歌曲。他到處小心，不肯得罪於同伴。他對錢財事項罕有爭論；即對正當的貸款也不肯再三去討，往往寧願拋棄貸款，不願和債務人爭論。實地的調笑完全和他的性情相逆；因為他對失禮或干涉個人自由特別容易感覺。我為舉例起見，可以說出一件事實，就是：我想差出一個馬來傭人去喚醒別一個傭人，總是十分為難。他雖會大聲叫喚，卻不會伸手接觸，尤其不會搖撼他的同伴。我在陸上或海上旅行時，往往必須親身去喚醒一個酣睡的傭人。

高等的馬來人非常客氣，並且都有歐洲上流人物的鎮靜和威嚴。但是這種溫厚的儀容卻和蠻橫，殘忍，以及輕視人命，同時並存，因為這就是他們品性上黑暗的一方面。所以這一層本無可怪，就是：各人關於馬來人所做的報告全然相反——一個稱讚他們的寧靜，謙恭，及和善；別一個責罵他們的欺詐，奸猾，及殘酷。老旅行家尼科羅・康堤（Nicolo Conti）在一四三〇年的著述中說道：「爪哇和蘇門答臘的居民，在殘忍方面超過其他一切民族。他們以殺人為兒戲，並不加以何種懲罰。若有一人買得一柄新劍，要想試它一試，就會刺入他所遇見的第一個人的胸膛。過路的人看看死者的傷痕，如果看見凶手用劍直刺而入，就會稱讚他的本領高強。」但是德類克說及爪哇南部，卻說：「這些人（和他們的君主一般）是一種十分親愛，真實，並且正直的民族。」克洛福德（Mr. Crawfurd）也說，他自己所洞知的爪哇人是「一種和平，馴良，寧靜，質樸，並且勤勉的民族」。再者巴部薩（Barbosa）曾在一六六〇年在摩鹿加看見他們，他說：「他們是一種極端機警的民族，行動十分狡猾；十分惡毒，一味欺騙，少說真話；蓄意為惡，預備戕身。」

馬來人的智慧似乎頗為欠缺。他們除了種種觀念最簡單的混合以外，毫無所有，求知識的志趣和能力也是不多。他們所有的一點文明似乎並非固有，因為這種文明完全限於那些已經皈依回教或婆羅門教的民族。

現在我要同樣的綜述馬來群島的另外一種人種，就是巴布亞人種。

巴布亞人種的代表民族，就許多方面而論，都和馬來人剛剛相反，並且從前各家的描述都不完備。他們的膚色是深黑棕色或黑色，有時近於（但絕不等於）有些黑種人的黑玉色。不過他們的膚色比馬來人變化更大，並且有時候竟是暗棕色。頭髮很是特別，粗糙，乾燥，而且髮曲起來，作成小簇或小渦，在少年時代很短，又很糾結，後來卻是很長，變成滿頭蓬勃的鬈髮，這是巴布亞人自鳴得意的地方。面上有髭，鬈曲的性質與髮相同。四肢及胸部也都多少被有性質相似的毛。

巴布亞人的體高顯然超過馬來人，大概等於或且高於歐洲人平均的體高。腿長而細，手腳都比馬來人大些。面部略微伸長，額稍扁平，眉很突出；鼻高大，頗近半圓狀，基部粗大，鼻孔闊，隱而不露，鼻尖伸長；口大，唇厚而突出。他們有了大鼻，所以比馬來人格外類似歐洲人；他們鼻子形狀既然特別，加上格外突出的眉宇，以及頭上，面上，軀幹上的毛髮的性質，使得我們一看就能夠區別出這兩種人種來。我已觀察得這些特徵大半都在十歲或十二歲的兒童中即已和成年人同樣的分明可見，而鼻的特別狀況則在他們雕作房屋裝飾品的形像中，或雕作圍掛頸上的護身符中，都有表示出來。

巴布亞人品性上的特徵似乎也和馬來人有同樣明顯的區別。他在言動上富於衝動而能表情。他的情緒和情慾表現在高喊，大笑，歡呼，和狂跳中。婦孺們參加各種討論，看見外地人或歐洲人似乎也少驚訝。

這種民族的智慧，我們很難判斷，但我不免認為頗有幾分高出馬來人以上，雖則他們至今未曾走上文明的路。這一層必須記住：馬來人已受印度人，中國人，和阿拉伯人幾百年來遷居入境的影響，而巴布亞人則只受馬來商人局部的影響。巴布亞人具有著實更加旺盛的活力，這種活力當然可以大大的輔助他的智力的發展。巴布亞奴隸和馬來人相比，在智力上不惟不相形見絀，反而相形見優；並且他們在摩鹿加群島各地時常被人家抬高到頗受信任的地位。巴布亞人對於藝術也比馬來人有更大的感情。他用精緻的雕刻裝飾他的獨木舟，住屋，及各種家具——這種習慣在馬來族中罕有所見。

再在親情和德性方面，巴布亞人似乎很是欠缺。他們對待兒女往往凶戾而殘忍；而馬來人則幾乎一律慈愛而溫和，簡直不去干涉兒女們的嬉戲和娛樂，不論他們年紀大小，都給他們以完全的自由。不過這種父子之間很和平的關係，顯然有一大部分由於冷淡無情的民族性而來，這種民族性絕對不致引起幼者對於長者嚴重的反抗；而巴布亞人比較粗暴的訓練，也許大半由於心靈的能力比較堅強而來，這種能力遲早總要引起弱者對於強者的反抗，人民對於治者的反抗，奴隸對於主人的反抗，或者兒女對於父母的反抗。

所以不論我們就他們肉體上的結構，精神上的特徵，或智力上的才具來說，馬來人和巴布亞人都有顯著的差別。馬來人短身，棕膚，直髮，無髭，體上光滑。巴布亞人長身，黑膚，鬈髮，有髭，體上多毛。前者臉闊，鼻小，眉平；後者臉長，鼻大而顯，眉突出。前者羞怯，冷淡，鎮靜，不善表情；後者勇敢，急躁，喧呶，易於興奮。前者莊嚴寡笑；後者快樂多笑——一則隱藏情緒，一則發洩情緒。

既已稍稍詳述馬來人和巴布亞人肉體上，智力上，和精神上的大差別以後，我們又須考慮許多島嶼的居民，這些居民和馬來人或巴布亞人都不十分相合。奧比巴羌諸島以及濟羅羅南部三半島，絕無真正土著的居民；但其北部一半島則住有一種土著的民族，即所謂薩胡和加雷拉的阿爾佛洛人。他們和馬來人全然有別，和巴布亞人也差不多如此。他們長身美貌，兼有巴布亞人的特色和鬈髮；並且面上有髭，四肢多毛，但在膚色方面卻和馬來人一樣淺淡。他們是一種勤勉勇邁的民族，種植稻禾和蔬菜，並且搜尋鳥獸，魚類，海參，珍珠，和玳瑁，孳孳不捨。

在西蘭大島上也有一種土著的民族，和北濟羅羅的民族十分相似。部魯似乎住有兩種民族——一種短身圓臉的民族，具有馬來人的面貌，也許大約從蘇拉威西取道薩拉群島而來；還有一種長身有髭的民族，和西蘭的民族相似。

遠在摩鹿加群島以南，有一個帝汶島，住著若干民族，比摩鹿加群島的各種民族格外接近真正的巴布亞人。

內地的帝汶人是暗棕色或淺黑色，有蓬鬆的鬈髮及巴布亞人的長鼻。他們體高適中，身體頗為纖小。他們普遍的衣服就是一條纏腰的長布，裝置流蘇的兩頭懸在膝下。據說，他們是些大竊賊，並且各族之間時時發生戰爭，但是他們並不十分勇敢或好殺。在此稱為「坡馬力」（pomali）的「禁忌」（tabu）的風俗十分通行。一切果樹，住宅，稻禾，以及各種財產，都用這種儀式來保護，以免被劫，他們對於這種儀式非常敬重。一條棕櫚樹枝橫跨於一個洞開的開戶，表示這座住宅懸有禁令，這種禁令防禦劫掠的效用，比什麼鐵鎖門閂都要大些。帝汶各地的屋舍和其他島嶼的屋舍都不相同；他們的屋舍似乎全是屋頂，因為屋頂的茅篷披出低牆以外，落到地面，只有一個缺口用作門戶。在帝汶西端幾部分及塞卯（Semau）小島上，所有屋舍和霍屯督族（Hottentots）的屋舍更為相似，其屋狹小而做卵形，只有一個三呎光景高的門戶。這些屋舍築在地上，至於東部各地的那些屋舍卻架在幾呎高的樁柱上。單就他們容易興奮的性質，高聲的談笑，和勇邁的舉止而論，帝汶人和新幾內亞人真是密切相似。

在帝汶以西諸島，遠如弗洛勒斯及三多爾烏德（Sandalwood），又有一種很相似的民族，向東展佈到帝汶，就是真正的巴布亞民族開始出現的所在。但在帝汶西方的薩伏和洛提兩小島，卻有一種各別的並且有幾方面特殊的民族。這種民族很是秀麗，有許多特徵近於印度人或阿拉伯人和馬來人混合成功的民族。他們當然和帝汶人或巴布亞諸族有別，並且必須劃歸馬來群島人種學上的西部，而非東部。

新幾內亞大島，克厄和阿魯兩群島，及密索爾，薩爾瓦底，威濟烏諸島，幾乎一律住著代表的巴布亞人。我尋不出什麼別種民族住在新幾內亞內地的痕跡，只有沿岸的住民有幾處和摩鹿加群島較近棕色的諸族相混合。這種同樣的巴布亞民族似乎展佈到新幾內亞以東諸島，遠至斐濟群島為止。①

此外更須注意菲律賓群島和馬來半島所有頭髮如羊毛的黑色民族，前者稱為「涅格里托人」（**Negritos**），後者稱為「塞芒人」（**Semangs**）。這兩種人我都不曾親眼看見，但就書籍中所有許多精確的描述看來，我已不難斷定他們和巴布亞人罕有類緣或類似，雖則他們和巴布亞人一向被大家混在一起。在大半重要的品性上，他們和巴布亞人比和馬來人區別更多。他們身材很短，平均只有四呎六吋到四呎八吋，比馬來人少了八吋；而巴布亞人顯然又比馬來人更長。他們的鼻一律是纖小，扁平，或鼻尖向上倒捲，而巴布亞人最普遍的特徵卻有突出的大鼻，鼻尖向下伸長，即在他們自己所雕粗陋的木偶上都是如此。這些矮小民族的頭髮和巴布亞人相合，但和非洲的黑人也相合。涅格里托人和塞芒人，在肉體的特徵上，彼此之間以及和安達曼島民（**Andaman islanders**）之間，都有很密切的符合，但和各種巴布亞民族卻有顯著的差別。

我把以上各種民族比較東亞，太平洋群島，及澳大利亞的各種民族，加以詳細的研究以後，對於他們的原始和類緣，已經發生一個比較簡單的見解。

①在新幾內亞的東南半島上，現已尋出若干顯係玻里尼西亞人的民族，叫做摩圖人（Motu）。他們大約早已留居此處，和土著的巴布亞人已有多少的混合。

假使我們畫出一條界線，起自菲律賓群島以東，沿濟羅羅西岸而下，穿過部魯島，繞過弗洛勒斯西端，再傍三多爾島德折回，包入洛提，即可劃分馬來群島為兩部分，這兩部分的民族各有顯然不同的特點。這一條界線，可以把馬來民族及一切亞洲民族從巴布亞民族及一切住居太平洋的民族分隔出來；雖則沿著雙方會合的界線上已經發生交互遷徙和混合的事實，但是這個區分，在大體上卻和馬來群島動物學上相應的區分幾乎一樣的界限分明。

我必須簡括的解釋自己所以把這種大洋種族的區分認為真實和自然的理由。馬來人種，就整個看來，顯然和東亞的民族（從暹羅到曼德楚利亞〔Mandchouria〕）很密切的相似。我在峇里島時，看見中國商人穿起當地的服裝，竟和馬來人罕有區別；我又看見爪哇的土人在相貌上也很可以冒充中國人。再者最有代表資格的馬來民族又住在亞洲大陸的一部分，和那民族出現以後大概還是亞洲一部分的各大島。涅格里托人固然和馬來人完全各別；但是他們有些人既然住在大陸的一部分，別些人又住在孟加拉灣（Bay of Bengal）的安達曼群島，所以也須認為大概起源於亞洲，而不是玻里尼西亞。

現在再就馬來群島的東部各地而論：我用自己的觀察同著最可靠的旅行家和教士們的報告比較起來，已經發覺一切島嶼東至斐濟群島為止，所有的民族在一切主要的特點上都和巴布亞人相同；而在斐濟群島以外則有棕色的玻里尼西亞民族，就是居間的種族，散佈於太平洋之上。這後一種民族的描述往往剛和濟羅羅西蘭兩島棕色土人的特徵相合。

這一層應該特別注意，就是：棕色的和黑色的玻里尼西亞民族彼此密切相似。他們所有的特色幾乎完全相同，所以紐西蘭人或奧塔嘿特人（Otaheitan）的肖像往往恰好可以代表巴布亞

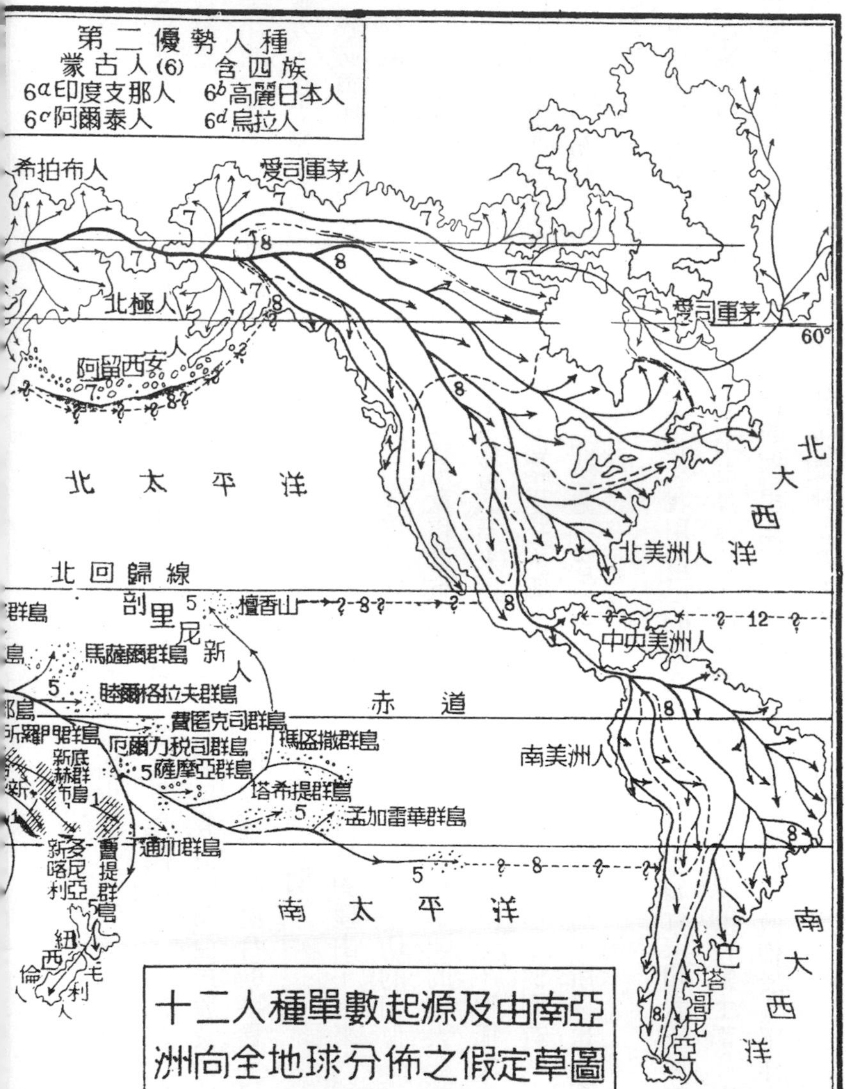

十二人種單數起源及由南亞洲向全地球分佈之假定草圖

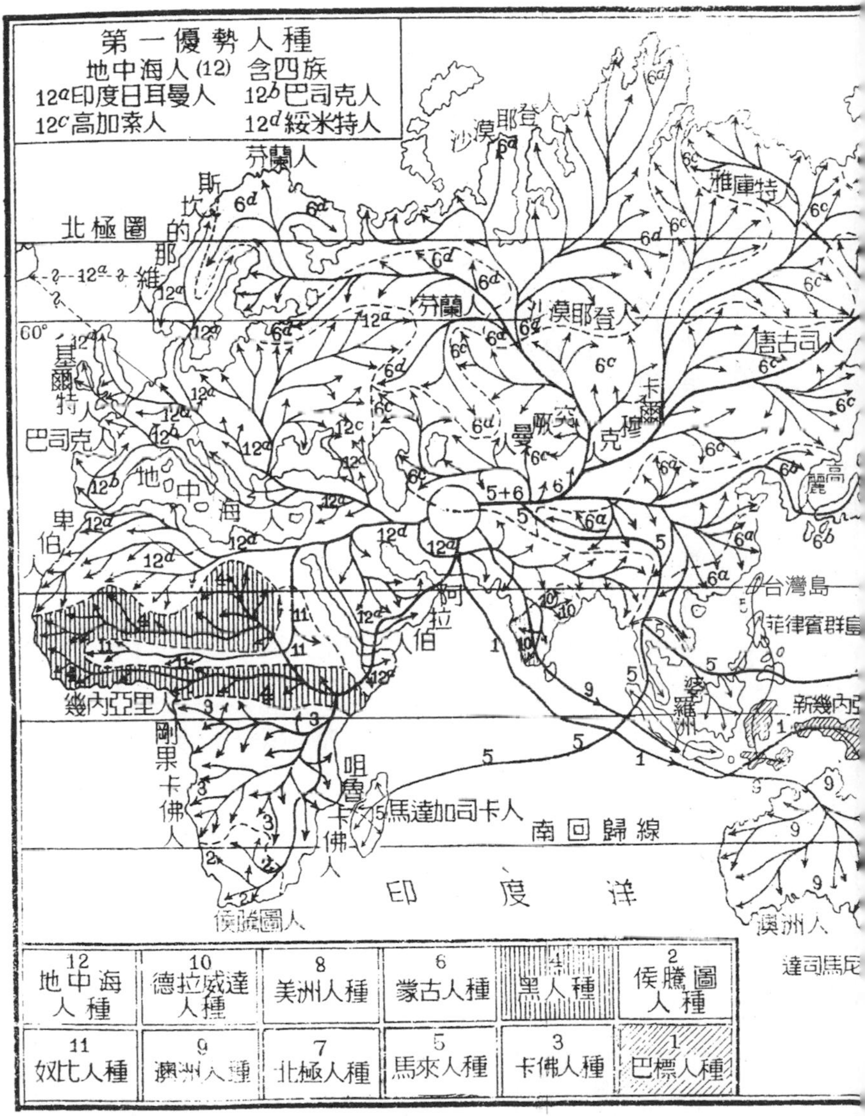
第一優勢人種
地中海人(12) 含四族
12a印度日耳曼人　12b巴司克人
12c高加索人　12d綏米特人
芬蘭人
斯坎的那維人
北極圈
沙漠耶登人
雅庫特人
芬蘭人
沙漠耶登人
唐古司人
基爾特人
巴司克人
卡爾穆克人
曼脈究人
地中海人
高麗
阿拉伯人
台灣島
菲律賓群島
卑伯人
幾內亞里人
婆羅洲
新幾內亞
剛果卡佛人
咀魯卡佛人
馬達加司卡人
南回歸線
印度洋
僥儱圖人
澳洲人
達司馬尼
12 地中海人種
10 德拉威達人種
8 美洲人種
6 蒙古人種
4 黑人種
2 僥儱圖人種
11 奴比人種
9 澳洲人種
7 北極人種
5 馬來人種
3 卡佛人種
1 巴標人種

人或帝汶人，因為彼此唯一的差別原在後者膚色比較的暗黑，以及頭髮比較的鬈曲。他們這兩種人都是高大的民族。在藝術的愛好以及裝飾的式樣上也是彼此相符。他們體強力富，善於表情，快樂多笑——這一切特點都和馬來人截然不同。

所以我相信太平洋無數島嶼所有許多中間的形態，並不單是這些民族混合的結果，並且在某種程度上的確是居間的或過渡的民族；我又相信棕色的和黑色的玻里尼西亞人，巴布亞人，濟羅羅和西蘭的土人，斐濟人，桑威奇群島（Sandwich Islands）和紐西蘭的居民，一律都從一種大洋的或玻里尼西亞的大民族變化出來。

不過這一層也很可能，並且大約近於可信，就是棕色的玻里尼西亞人原是馬來人或某種膚色較淡的蒙古族和暗黑的巴布亞人一種混合的產物；但這一層即使可信，這種混合既已發生在這樣古遠的時代，並且又已這樣借助於地理狀況和天然淘汰的不斷的影響，而促成適合這些狀況的一種特別民族的保存，所以這種民族確已變成一種固定的民族，既無雜種的記號，且又顯出巴布亞人種的這樣鮮明的優勢，所以最好還是把他們認作巴布亞人種的一種變相。玻里尼西亞語言中所含一種鮮明的馬來成分，顯然對於這種遠古的血統結合並無關係。這完全是一種新近的現象，起源於主要的馬來諸族的漂泊習慣。這一層可用一樁事實來證明，就是我們可以尋出馬來語和爪哇語的真正現世的字流用於玻里尼西亞，雖因發音不同的緣故，稍有改頭換面的地方，但都容易辨認出來，因為這些流用的字，並不單是語言學者經過精細的研究才能發覺的馬來字根——如果這些字早在玻里尼西亞民族最初出現的時代已經輸入，至今當然只能留下一些字根了。其實這種民族，在精神方面也和肉體方面一般，和馬來人截然不同。

關於這個問題還有一層也很重要，就是指出馬來群島人種區分的界線和動物區分的界線所有相互間的協調，這一層我早已有過充分的解釋和指證。這兩條界線固然並不完全相合；但我以為這的確是一種顯著的事實，不單是一種偶然的契合，就是這兩條界線既然穿過相同的地帶，並且彼此又接近到這樣的程度。再者現在可以劃出動物學上印度馬來和澳洲馬來這兩個區域的界線的所在地帶，如果從前的確是被一個比現在著實更闊的海面佔據著，並且那時候如果人類的確已經存在於地球之上，那麼，我們就有很好的理由，可以說明亞洲和澳洲兩方面的民族現在竟在那條界線附近一帶互相接觸並且局部的互相混合了。

近來赫胥黎教授（Professor Huxley）所主張的一說，以為巴布亞人和非洲的黑人的關係比和任何民族更要密切些。在肉體和精神兩方面的特徵上，他們彼此的類似的確時常引起我的注意，但是他這一說要想認為可信或可能，卻有種種困難隨著發生，這些困難使我至今不敢十分重視那些類似點。就地理學，動物學，及人種學各方面考慮起來，這一層幾乎是確定的事實，就是：假使這兩種民族確有一個共同的起源，這個起源也只能發生在一個非常古遠的時代，那個時代比我們一向所加在人種上的任何時代都要古遠得多。況且即使他們共同的起源有可證明，也絕對不致影響到我所主張的巴布亞人和玻里尼西亞人密切的類似，不致影響到他們兩者和馬來人根本的各別。

玻里尼西亞顯然是一個沈陷的地域，那些散佈很廣的大組珊瑚礁標出從前陸地和島嶼的位置。澳大利亞和新幾內亞所有豐富、複雜、而孤獨、奇異的產物，也表示一個廣大的陸地範圍，一切特別的形態都在那個範圍發展出來。所以現在住在這些地方的種族，大概都是從前住在這些大陸和島嶼的各種民族的後裔。這是一個最簡單最自然的假定。即使我們在世界上其他任何部分的居民和玻里尼西亞的居民之間尋出任何直接類緣的記號，我們也不能從此認定後者即從前者而來。在太平洋諸島以內固然確有廣大的遷居的證據，並且從桑威奇直到紐西蘭這一帶語言的共通性，也從這種遷居發生出來；但從任何四周各地新近遷入玻里內尼亞的證據卻是毫無所有，因在其他各地並無一種民族，在身、心兩方面主要的特徵上，和玻里尼西亞民族充分相似。

假使這些雜色民族的過去歷史含糊不明，他們的未來歷史也要同樣的含糊不明。為什麼呢？因為住在太平洋極遠小島的真正的玻里尼西亞人。顯然注定一個盡先滅種的運命。但是人數更多的馬來種族，似乎即使在國土和政府已經歸入歐洲人掌握以後，也可以做著土壤的耕種者，延長他們的生存。如果這種殖民的潮流轉到新幾內亞的時候，巴布亞種族的盡先滅種的確是不必多疑的。他們這種頑強好鬥的種族既然不肯俯首帖耳的忍受亡國奴的恥辱，必定和狼虎一般的絕跡於白種人之前。

我的任務從此結束了。我已或詳或略的敘述了自己在地球表面所點綴的最宏大最茂盛的島嶼中間八年的漫遊。我已盡力傳達了自己對於這些島嶼的風景，動植物，和人類所得的各種印象。我已討論了這些島嶼貢獻於自然學者的各種有趣的問題。但是我和讀者告別以前，還要發表自己對於一個更有興趣並且更加重要的題目的觀察，這個題目是對野蠻生活的沈思默慮所引起的，我以為文明人類，在這個題目上很可以從野蠻人類得到一些教訓。

我們大概都相信我們高等民族已經進步，並且繼續向前進步。假使真是如此，我們就應該有一種美滿的境況，一個終極的鵠的，這種境況或鵠的，我們也許絕對不能達到，但是一切真正的進步都應該使我們逐步接近。試問這種理想上美滿的社會狀態，人類已經向著它並且繼續向著它前進的，究竟是什麼？我們第一流的思想家，都主張那種狀態應該是一種各人完全自由自治的狀態，那種狀態由於我們天性上德，智，體三方面等量的發展和適度的平衡而使之可能，我們在那種狀態中，由於各人皆知何者為善，並且同時又有實現其善的不能反抗的衝動，因而各人皆已十二分美滿的適合於社會的生存，所以一切法律和刑罰皆非必要。在這種狀態中，各人皆有充分平衡的心智組織，能夠了解道德律的一切細目，並且各人只消憑藉天性上自由的衝動，即能服從這種道德律，而不須有其他任何的動機。

但是說來可怪，在文明程度很低的人類中間，我們卻發現某程度的接近這種美滿的社會狀態。我在南美洲和馬來群島曾與野蠻團體同居共處，看見他們並無法律或法庭，只有自由發表的全村公意。各人小心翼翼的尊重他人的權利，並且那些權利的任何侵害罕有或者絕無發生。在這種團體中，大家幾乎一律平等。內中絕無各種畛域，絕無智愚，貧富，主僕之分，這些畛域都是我們文明的產品；更無大規模的分工，這種分工若在增加財富時，兼且產生勢不兩立的利益；又無激烈的生存競爭，或財富競爭，這種競爭在人口稠密的文明各國絕難避免。所以大罪惡的各種誘因既然沒有，小罪惡則有一部分為公意的勢力所抑制，但在大體上則為正義及權利的天然意識所抑制，這種意識似乎是一切人類某程度的固有的意識。

再就我們自己來說，雖則在知識的造詣上已經脫離野蠻狀態向前猛進，但在道德上卻不曾有相等的前進。在有些階級當中，既無不易供給的需要，卻有勢力偉大的公意，則他人的權利皆受充分的尊重：這固然是真的。我們權利的範圍已經擴大了許多，並且內中包含一切人類的友愛：這固然也是真的。但是我們仍舊可以說：我們一般的民眾絕對不曾脫離野蠻的道德法典而前進，並且有許多事件反而墮落在這種法典以下。所以道德的欠缺實在是現代文明的大汙點，是真正進步的大障礙。

在最近這一個世紀內，尤其是最近這三十年內，我們知識上和物質上的進步太快，使得我們趕不上去收穫它的充分的利益。我們征服自然力的結果，就是人口的劇增和財富的積聚；但是同時帶來這一宗的貧窮和罪惡，並且助長這許多的卑劣感情和凶惡氣燄，所以一般民眾精神上和道德上的地位平均計算起來，是不是已經低落，所結的惡果是不是已經超過善果，的確是一個疑問。我們政府的制度，裁判的制度，國家教育的制度，以及全部社會和道德的組織，倘若和我們物質科學及其實際應用的驚人的進步比較起來，不免覺得仍在野蠻狀態中（見附註）。假使我們繼續盡力於物質科學的實用，以求商業和財富的向前發展，則其相伴而來的惡果也許會繼續擴大到我們無法挽回的地步。

我們應該及早認清少數人的財產，知識，和文化不能構造文明，並且不會鼓勵我們向著「美滿的社會狀態」前進。我們大規模的製造制度，以及龐大的商業，和擁擠的城市，都在維護並且造作民眾的困窮和罪惡，使其繼長增高，永無已時；一面又在設置並且供養繼續增加的軍隊，使其畢生服從兵役，他們眼看四圍遍地的快樂，舒適，和奢侈，卻無絲毫分沾的希望，相形之下不免格外難堪；所以就這一點而論，他們的境遇簡直比蠻民的境遇還要不如。

這種結果並不是可以自誇或自慰的結果；並且除非我們這種文明的失敗取得更普遍的認識

以後——這種失敗的由來，大半在於我們忽略更澈底地訓練並發展我們天性上的同情心和德性，在於我們未曾許可這種同情心和德性在立法上，商業上，和全部社會組織上佔有更偉大的勢力——我們就全部社會立論，比較略微高等的野蠻民族絕對不會有什麼實在的或重要的優越。

這就是我觀察未開化人類所得的教訓。現在我就要向讀者諸君告別！

附註

那些相信我們社會狀況已經漸臻美滿的人們，不免以為「野蠻」二字流於苛刻失當，但我覺得可以確切應用在我們身上的，卻只有「野蠻」二字。我們固然是世界上最富裕的國家，但是我們差不多有二十分之一的人口是教區的貧民，三十分之一是已知的犯人。此外還有未知的犯人，以及大部分或一部分仰給於私人救濟的貧民（據和克斯利博士〔Dr. Hawkesley〕計算，這種私人救濟，單在倫敦一處，每年達到七百萬鎊），所以我們很可以斷定十分之一以上的人口是實際的貧民和犯人。這兩種人遊手好閒，不能生利，兼以犯人幽在獄中，每人每年所費更在務農的良民每人每年所得的工資以上。我們明知這十萬餘人除作惡以外無以為生，乃竟任其自由自在，任其擾亂社會，且更坐令幾萬小孩生長在愚蠢與罪惡中，來補充下代訓練有素的犯人。我們素以財富的劇增，工商業的龐大，機械技術和科學知識的進步，以及高等的文明和純正的基督教自誇於人，但在我們國內竟有這樣的情形，所以我只得說它是「社會的野蠻狀態」。我們又自誇愛好正義，自誇法律平等保護貧富人民，但是我們至今沿用罰金抵罪的制度，以及訴訟納費的制度——這都是違反正義的制度，或是否認貧民享受正義的制度。再者我們的法律更有這種流弊，就是單為疏忽法定格式的緣故，一個人的財產也許違反己意，竟轉入局外人的手中，而他自己的子女反而一貧如洗。這種事件概由地產繼承法的手續而發生；這種事件的發生無非表示我們處在社會的野蠻狀態中。此外還有一件事情可以證實我所採用的『野蠻』二字，並且我已做過這件事情。我們許可本國土地為私人所絕對享有，對於不享有土地的大多數人並不給以法律上的土地使用權。一個大地主盡可依法將其全部財產變成森林或獵場，而將一向在此住居的人們逐出境外。在人口稠密的地方，例如英格蘭一般，每一畝土地既然各有其所有者與佔有者，所以這種權力簡直就是依法撲滅同輩的權力；這樣的權力既然存在，既然可由個人行使，那麼，在程度上雖然很低，也可表示我們依然處在野蠻的狀態中。

馬來群島科學考察記 ／ 華萊士(Alfred Russel
Wallace)著；呂金錄譯. -- 再版. -- 臺北市 :
臺灣商務, 2010.11
面 ; 公分.
譯自：The Malay Archipelage: the land of the
orang-utan and the bird of paradise
ISBN 978-957-05-2552-6(平裝)

1.自然史 2.民族學 3.遊記 4.馬來群島

300.839 99019770